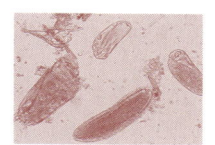

ルミノロジーの基礎と応用

高泌乳牛の栄養生理と疾病対策

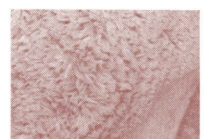

小原嘉昭 編

農文協

序

わが国における反芻動物の消化，代謝，栄養などに関する生理学すなわちルミノロジーの研究は，第二次世界大戦後の深刻な食糧不足を背景として，良質なタンパク質であるミルクや食肉の増産を図ることを目的として開始され，乳牛の栄養障害をはじめとする畜産現場の課題解決に大きく貢献してきた。搾乳牛の年間乳量はここ30年間で3,000kg/頭にも及ぶ伸びを達成し，乳脂肪などの乳質改善も進んだ。学問としてのルミノロジーの進展もめざましいものがあり，国際的な科学雑誌にも多くの研究論文が発表されるようになった。

こうしたわが国のルミノロジー研究の創始者である故梅津元昌教授は，1948年，東北大学農学部に家畜生理学講座（現動物生理科学分野）を開講し，「研究テーマは農家の庭先から探せ」を研究の基本思想として，反芻家畜の消化と栄養についての基礎研究を大きく進展させるとともに，乳牛の代謝・消化器障害の原因究明をはじめとする応用研究に取り組んだ。そして，それらの研究成果は，梅津元昌編『乳牛の科学―ルミノロジー・消化と栄養の生理―』1966年に集大成され広く世に出された。その後，梅津先生の研究と研究思想は，同講座の歴代教授に引き継がれ，研究の領域や研究者の幅を広げながら深化・発展し，その成果は津田恒之（第2代教授）監修『新 乳牛の科学』1987年，佐々木康之（第3代教授）監修『反芻動物の栄養生理学』1998年にまとめられた。

1998年からは，筆者がこの伝統ある講座を引き継いだ。教授在籍8年という短い期間ではあったが，「子ウシの離乳前後における生理機能の変化とウシの栄養特性の発現機構の解明」「ウシ乳腺上皮細胞における泌乳生理機構の解明」などの研究に精力的に取り組み，多くの成果を国際的な科学雑誌にも公表し，日本におけるルミノロジー研究を世界的に不動のものとすることができた。同時に筆者は，1971年に家畜衛生試験場（現動物衛生研究所）に勤務して以来，試験場と大学の双方において，一貫して反芻家畜の栄養生理研究に取り組んできた経験から，ルミノロジーの基礎研究と畜産現場における応用研究の重要性とそれらの連携の重要性について身をもって認識することができた。

思い返せば，ちょうど筆者が家畜衛生試験場で反芻家畜の栄養障害の研究を開始した1971年には，梅津先生の発案と関係者の協力で「ルミノロジー研究

者の集い」が開かれるようになり，その後10年間にわたり全国各地で開催された。そこでは，ルミノロジーの基礎研究と応用研究のトピックスについて話題提供がなされ，基礎研究の成果がウシの臨床・飼養の分野に応用されていくという，すばらしいシステムがつくられていた。しかし，この「集い」は1982年以降休止のやむなきに至った。筆者らが昨年，開催にこぎつけたシンポジウム／ルミノロジー研究者の集い「ルミノロジーの基礎と応用」は，かつての「集い」の復活をめざしたものであったが，このシンポに対する研究者の期待の大きさとシンポの成功が本書の発行につながったといっても過言ではない。

　本書の編集にあたっては，わが国のルミノロジー研究のそれぞれの専門領域において第一線で活躍されている先生方に執筆をお願いし，最新の知見やデータを盛り込むとともに今後の研究方向を提示するように心がけたが，とりわけ基礎研究と応用研究の連携を重視し，現在の畜産現場で重要問題になっている飼養管理や疾病対策について詳述した。反芻家畜に特有な二価イオンの障害や乳牛の周産期疾病の予防について，臨床の側から詳述されているのも大きな特徴であろう。栄養生理の基礎的領域については，ルミノロジーの各分野を網羅した概説書として今なお定評のある『反芻動物の栄養生理学』と重複しないように配慮し，近年の研究成果や今後の研究方向に重点をおいて記述した。本書の姉妹書として，『反芻動物の栄養生理学』もあわせてご活用いただきたい。

　学問における基礎と応用の連携はいつの時代にも重要であるが，高泌乳段階の栄養管理や疾病予防，環境保全や持続性に配慮した畜産技術開発などの新たな重要課題に直面している現在，その必要性は一層大きくなっている。梅津先生が日頃から話されていた「研究テーマは農家の庭先から探せ」という言葉は，今も厳然と生きているように思える。若い研究者や学生，指導者・技術者などにルミノロジー研究とその研究思想が継承され生産現場との連携を密にして，わが国と世界の畜産・酪農がなお一層発展していくことを期待してやまない。

　最後に，本書の企画の段階から編集・製作にいたるまで，細部にわたりお世話になった農文協の関係者に厚く御礼申し上げる。

2006年8月

小原　嘉昭

目　次

序 ……………………………………………………………………………………1

緒論　乳牛の代謝・泌乳特性の解明と酪農技術への応用

　1. ルミノロジー研究の進展と変遷 ……………………………………………11
　2. ルミノロジーの研究分野と領域 ……………………………………………14
　3. 乳牛の代謝・泌乳特性の解明と酪農技術開発への応用
　　　——ルミノロジー研究の現在 ……………………………………………16

　　参考文献 …………………………………………………………………………22

第1章　ルーメンの世界と乳生産のルミノロジー

第1節　ルーメン内の環境とルーメン微生物 ……………………………………25
　1. ルーメン内の主な環境要因 …………………………………………………26
　　（1）嫌気度 …………………………………………………………………26
　　（2）pH ………………………………………………………………………27
　　（3）浸透圧 …………………………………………………………………28
　　（4）温　度 …………………………………………………………………28
　2. ルーメン微生物生態系とその変化 …………………………………………28
　3. ルーメン細菌の存在様式 ……………………………………………………30
　　（1）遊離型菌群 ……………………………………………………………30
　　（2）固形性飼料固着菌群 …………………………………………………31
　　（3）ルーメン上皮固着菌群 ………………………………………………31
　　（4）プロトゾア固着菌群 …………………………………………………31

第2節　ルーメンにおける栄養素の代謝 …………………………………………32
　1. 炭水化物の種類と分解 ………………………………………………………32
　2. 揮発性脂肪酸（VFA）の生成 ………………………………………………36
　3. 微生物の貯蔵多糖類 …………………………………………………………37
　4. メタンの生成 …………………………………………………………………38
　5. メタン生成の抑制 ……………………………………………………………39
　6. タンパク質・アミノ酸の代謝 ………………………………………………41
　7. 脂質の代謝 ……………………………………………………………………44
　8. ミネラルとルーメン微生物の増殖・代謝 …………………………………46
　9. ビタミンの作用とルーメン微生物 …………………………………………48

第3節　高品質牛乳生産のためのルーメン発酵管理 ······················· 50
1. ルーメンpHの安定的維持 ··· 50
2. ルーメン液の抗酸化活性の亢進 ··· 51
3. ルーメンでの繊維消化の促進 ·· 51

参考文献 ·· 53

第2章　ルミノロジーとウシの栄養・飼養

第1節　高泌乳牛に対応した栄養管理 ·· 56
1. エネルギー要求量の精緻化 ·· 56
   (1) 高泌乳牛のエネルギー要求量に関する研究 ··························· 56
   (2) 育成牛のエネルギー要求量に関する研究 ······························ 60
2. タンパク質要求量に関する研究 ··· 63
   (1) 飼料タンパク質の評価単位 ··· 64
   (2) 代謝タンパク質システムの提案 ··· 64
   (3) 分娩前後のタンパク質要求量 ·· 66
3. 乾物摂取量の予測式の精緻化 ··· 68
4. 栄養成分分析の精緻化による食品製造副産物の利用拡大 ················· 70
5. 近赤外分光法による飼料の迅速分析システム ································ 72
6. 栄養管理モニタリングシステム ··· 74
7. 健全性を高める乳牛飼養技術の開発 ··· 76

第2節　畜産環境問題の解決への応用 ·· 77
1. メタン発生量の推定と抑制 ·· 77
   (1) 地球温暖化問題と畜産業 ·· 77
   (2) 反芻家畜におけるメタンガスの発生経路 ······························· 79
   (3) 家畜由来メタン発生量推定の精緻化 ····································· 79
   (4) メタン発生抑制技術 ·· 80
2. 糞尿由来窒素排泄量の低減 ·· 82
   (1) 糞尿由来窒素排泄量の現状 ··· 82
   (2) バイパスアミノ酸の利用によるCP排泄量の低減 ···················· 83
   (3) 高泌乳牛用飼料のCP含量低減化を可能とする飼料設計基準 ····· 84
   (4) 新たな循環型飼養技術体系の確立 ·· 86

第3節　牛乳乳質の高品質化研究 ··· 88
1. 乳牛の暑熱対策技術研究 ··· 88
   (1) 夏季の乾物摂取量 ·· 89
   (2) 脂肪質飼料の活用 ·· 90
   (3) 気温の日較差の拡大 ··· 91

(4) 暑熱対策の早期開始 …………………………………………………92
　2. 牛乳への機能性成分（共役リノール酸など）の付与 ……………………93

　参考文献 ……………………………………………………………………94

第3章　栄養生理の解明と新たなアプローチ

第1節　反芻家畜の成長にともなう栄養生理機能の獲得 …………………97
　1. ルーメン機能の発達 ………………………………………………………98
　2. ルーメン粘膜における代謝機能の発達 …………………………………98
　3. ウシの発育にともなう血漿代謝産物および代謝性ホルモンの変動 ……99
　4. ルーメン機能の発達にともなうグルコース・尿素代謝の変動 …………100
　5. 発育にともなう肝臓における糖新生酵素，尿素サイクル酵素の変動 …101
　6. 胃腸管各部位における栄養素輸送体発現の離乳にともなう変動 ………102
　7. 発育にともなう耳下腺とルーメン粘膜中の炭酸脱水酵素活性の変動 …103
　8. ルーメンの発育にともなうレプチンおよびコレシストキニンの消長 …105
　9. 子ウシの消化管におけるHRPの小腸部位からの吸収 …………………106

第2節　ルーメン発酵と唾液分泌 …………………………………………107
　1. ルーメン発酵における耳下腺唾液分泌の重要性 ………………………107
　2. 耳下腺唾液分泌とルーメン内VFA発酵の関連性 ………………………108
　3. ルーメン内でのアンモニアの産生と唾液分泌 …………………………110

第3節　窒素代謝と炭水化物代謝の関連性 ………………………………112
　1. ルーメン内における窒素代謝の動態 ……………………………………112
　2. 窒素摂取量と血液尿素濃度および尿素の代謝回転速度の関係 …………113
　3. 易発酵性炭水化物の添加が窒素代謝に及ぼす影響 ……………………114

第4節　神経内分泌機構からみた栄養と繁殖機能 ………………………115
　1. 繁殖機能を制御する神経内分泌機序 ……………………………………116
　　(1) 雌性動物におけるGnRH分泌の2つのモード─パルス状分泌と
　　　　サージ状分泌─ ………………………………………………………117
　　(2) GnRHパルスジェネレーター …………………………………………118
　　(3) GnRHパルスジェネレーター活動の記録法 …………………………119
　2. 低栄養情報を伝達する代謝性シグナル …………………………………120
　　(1) グルコース ……………………………………………………………120
　　(2) 揮発性脂肪酸（VFA） ………………………………………………122
　　(3) 遊離脂肪酸（NEFA） ………………………………………………123
　　(4) ケトン体 ………………………………………………………………124
　　(5) インスリン ……………………………………………………………125

第5節　生理活性物質としてのVFA ………………………………………126
1. 微生物増殖抑制効果 ……………………………………………………126
2. 消化管の発育，保護，運動やイオン輸送促進効果 …………………127
3. 膵外分泌刺激による消化促進効果 ……………………………………128
4. 同化的代謝作用 …………………………………………………………129
5. ガン抑制効果 ……………………………………………………………130

第6節　生理活性物質による代謝・内分泌・免疫機能制御 ……………130
1. イムノグロブリン ………………………………………………………130
2. 核　酸 ……………………………………………………………………131
3. インスリン様成長因子-I（IGF-I） ……………………………………134
4. 腫瘍壊死因子（TNF-α） ………………………………………………135

参考文献 ……………………………………………………………………135

第4章　内分泌制御の解明と新たなアプローチ

第1節　成長にともなう内分泌機能の動態 ………………………………141
1. ソマトトロピン軸 ………………………………………………………141
   （1）GH分泌細胞および調節因子 ………………………………………141
   （2）成長ホルモン（GH）の遺伝子型と生産性 ………………………143
   （3）GH分泌と加齢 ………………………………………………………144
   （4）GH分泌と栄養 ………………………………………………………146
   （5）採食とGH分泌 ………………………………………………………146
2. HPA axis（視床下部-下垂体-副腎軸） ………………………………148

第2節　Rumeno-pituitary（ルーメン-下垂体）軸 ……………………150
1. VFAの動態とGH分泌抑制の機構 ……………………………………150
2. GH分泌抑制に関与する諸要因と抑制機構の解明 …………………151
3. ACTHの分泌抑制にも影響を及ぼす脂肪酸 …………………………155

第3節　泌乳牛におけるグルコース代謝と内分泌制御 …………………155
1. GRF刺激に対する乳牛のGH分泌ならびにIGF-Iおよび乳生産 ……155
2. 乳牛のグルコース・カイネティクスと内分泌制御 …………………156
3. 反芻家畜におけるグレリンの役割 ……………………………………159
4. 乳牛における糖代謝関連生理活性物質の遺伝子発現の特性 ………160

第4節　暑熱環境下における泌乳牛の内分泌調節 ………………………162
1. インスリンの分泌応答 …………………………………………………163
2. 成長ホルモンの分泌応答 ………………………………………………165

3. 甲状腺ホルモンの分泌応答 ……………………………………166
　　4. コルチゾールの分泌応答 ………………………………………167
　　5. 暑熱ストレス評価のための内分泌パラメーター ………………168

　参考文献 ……………………………………………………………169

第5章　泌乳生理の解明と新たなアプローチ

第1節　泌乳のメカニズムと泌乳生理の研究手法 …………………173
　　1. 泌乳を支配する内分泌（ホルモン）……………………………173
　　　（1）プロラクチン ………………………………………………173
　　　（2）成長ホルモン（GH）………………………………………174
　　　（3）反芻家畜の代謝の内分泌制御の特性 ……………………175
　　2. 泌乳生理の研究・実験方法の進展 ……………………………176
　　　（1）乳房還流実験 ………………………………………………176
　　　（2）乳房血流量の測定 …………………………………………177
　　3. 乳生産における体内物質代謝 …………………………………178
　　4. 乳腺組織における脂肪酸の合成 ………………………………179

第2節　乳腺細胞における泌乳生理研究 ……………………………180
　　1. 乳腺細胞におけるGHの作用機構 ……………………………180
　　2. 乳腺における細胞外マトリックスの重要性 …………………185
　　3. 乳腺上皮細胞・ミルク中の炭酸脱水酵素アイソザイムⅥの解析 ………186

　参考文献 ……………………………………………………………186

第6章　反芻家畜の消化器疾病と代謝障害

第1節　濃厚飼料多給にともなうルーメン機能変化 ………………190
　　1. ルーメン発酵の変動要因とその調節 …………………………190
　　2. ルーメン発酵の日内変動 ………………………………………192

第2節　内因性エンドトキシン生成と生体機能への影響 …………196
　　1. エンドトキシンとサイトカインの作用 ………………………196
　　2. エンドトキシンの増大と障害発生のメカニズム ……………198
　　3. エンドトキシン誘導によるサイトカインの産生 ……………201

第3節　ルーメン機能の異常による疾病 ……………………………204
　　1. ルーメンアシドーシス …………………………………………205
　　2. 第一胃不全角化―第一胃炎―肝膿瘍症候群 …………………207

  3．フィードロット鼓脹症 ……………………………………………208
  4．第四胃変位 …………………………………………………………208
  5．蹄葉炎 ………………………………………………………………209
  6．尿石症 ………………………………………………………………210

 参考文献 …………………………………………………………………212

第7章　臨床からみたルミノロジー
―カルシウムとマグネシウムの代謝障害

第1節　ルミノロジーと低カルシウム血症 …………………………………215
 1．低Ca血症の症例 …………………………………………………………216
  (1) 典型的な低Ca血症―乳熱（分娩麻痺，分娩性低Ca血症）………216
  (2) 活性型ビタミンD_3の反応性の遅い低Ca血症 …………………217
  (3) 心疾患を呈する低Ca血症 …………………………………………217
 2．なぜ乳牛は低Ca血症に陥りやすいのか ……………………………218
  (1) 腸管からの流入（吸収）量の減少 …………………………………218
  (2) Ca制御ホルモンの関与 ……………………………………………220
  (3) 骨からの流入（骨吸収）量の不全 …………………………………221
  (4) 腎臓からの再吸収量の減少 …………………………………………222
  (5) 乳汁へのCaの流出 …………………………………………………224
 3．低Ca血症は心循環機能を低下させる …………………………………226
 4．低Ca血症の予防は快適な飼養環境から ………………………………226

第2節　ルミノロジーと低マグネシウム血症 ………………………………228
 1．低Mg血症とは ……………………………………………………………228
 2．グラステタニーの発生時期 ……………………………………………228
 3．グラステタニーの発症原因 ……………………………………………229
  (1) 放牧2週間前後に異常上昇するルーメン液pH ……………………229
  (2) 骨からのMgの動員を妨げる要因 ………………………………230
  (3) 発症を左右する泌乳の有無 …………………………………………231
  (4) 尿中Mg排泄量には個体間で大きな違いがある …………………231
 4．低Mg血症から示唆されたこと …………………………………………232

 参考文献 …………………………………………………………………233

第8章　乳牛の周産期疾病の予防

第1節　ルーメン機能と周産期疾病の予防 …………………………………237
 1．周産期のルーメン機能の変化と飼養管理 ……………………………237

2. 乾乳期と移行期の栄養管理 ……………………………………………238
  3. ルーメンアシドーシスの防止 …………………………………………239
  4. ボディコンディションによる栄養状態の把握 ………………………240
  5. 代謝プロファイルテストを利用した栄養管理 ………………………241

第2節 低カルシウム血症の予防 ………………………………………………243
  1. 低Ca血症の関連疾病 ……………………………………………………244
    (1) 乳　熱 …………………………………………………………………244
    (2) ダウナー症候群 ………………………………………………………244
    (3) 第四胃変位 ……………………………………………………………245
  2. 低Ca血症と周産期疾病の関係 …………………………………………245
  3. 低Ca血症の予防対策 ……………………………………………………247

第3節 負のエネルギーバランス（NEB）の予防 ……………………………248
  1. 負のエネルギーバランスの関連疾病……………………………………249
    (1) ケトーシス ……………………………………………………………249
    (2) 脂肪肝 …………………………………………………………………249
  2. 負のエネルギーバランスと周産期疾病の関係 ………………………250
  3. 負のエネルギーバランスの予防対策……………………………………250
  4. 負のエネルギーバランスへの新たなアプローチ ……………………251
    (1) 分娩前の血糖および遊離脂肪酸値と分娩後のNEBの関係 ………251
    (2) 潜在性ケトーシスにおけるHBAと血糖，NEFAおよび
        ASTとの関係 ……………………………………………………………253
    (3) グリセロール経口投与による血中成分の変化とケトーシスの治療
        効果 ……………………………………………………………………255

第4節 免疫機能低下の予防………………………………………………………257
  1. 免疫機能低下の関連疾病 ………………………………………………257
    (1) 胎盤停滞と産褥熱（産褥性子宮炎）…………………………………257
    (2) 乳房炎 …………………………………………………………………258
  2. 免疫機能低下と周産期疾病の関係………………………………………258
    (1) 分娩前後における末梢血液中のリンパ球および好中球機能の変化 ……259
    (2) 周産期感染症におけるリンパ球機能の変化と血中成分のリンパ球機能
        への影響 ………………………………………………………………260
  3. 免疫機能低下の予防対策 ………………………………………………262
  4. 乳房炎の予防対策 ………………………………………………………264
    (1) 乾乳期治療と乳房炎コントロール …………………………………264
    (2) 臨床型乳房炎牛に対するビタミンB_2投与の効果 ………………265

第5節 周産期疾病予防の実際とプログラム …………………………………266

1．飼養管理プログラム ……………………………………………………267
　　2．疾病管理プログラム ……………………………………………………267

　参考文献 ……………………………………………………………………269

第9章　乳房炎への新たなアプローチ

第1節　ウシ乳房炎の診断と対策 ……………………………………273
　1．乳房炎とその現状 ………………………………………………………273
　2．主な乳房炎診断法 ………………………………………………………274
　3．乳房炎の予防・治療の基本 ……………………………………………274

第2節　化学発光を利用した乳房炎の診断・予察 …………………275
　1．化学発光法による乳房炎診断の原理と特徴 …………………………275
　　(1) 化学発光の原理 ………………………………………………………275
　　(2) 貪食細胞の貪食・殺菌作用と化学発光 ……………………………276
　　(3) 化学発光にもとづく乳房炎診断法の開発 …………………………276
　　(4) 乳房炎診断における化学発光法の特徴 ……………………………276
　2．化学発光法の酪農現場への応用 ………………………………………278
　　(1) 搾乳方式変換時の乳房炎発症予察への応用 ………………………278
　　(2) 乳房炎の集中検査への応用 …………………………………………278
　　(3) 乳質および乳房炎定期検査への応用 ………………………………280

第3節　乳房炎の炎症生化学的研究 …………………………………280
　1．乳汁中ライソゾーム酵素活性測定による乳房炎診断 ………………280
　2．乳牛を用いた乳房炎感染試験 …………………………………………281
　3．搾乳経過にともなうNAG活性の変化 …………………………………282
　4．ウシ乳房炎におけるNAG測定の意義 …………………………………283

第4節　乾乳期における乳房炎の診断・治療法の開発 ……………285
　1．乳房炎乳汁に増加するラクトフェリンの性状と生理的作用の解析 ……285
　2．Con A親和性ラクトフェリンの産生機構の解析 ………………………286
　3．低Con A親和性ラクトフェリンを指標とした乾乳期乳房炎診断法 …287
　4．乾乳期臨床型乳房炎に対するラクトフェリン・抗生物質の併用治療 …288

　参考文献 ……………………………………………………………………289

　索　引 ………………………………………………………………………292

緒　論
乳牛の代謝・泌乳特性の解明と酪農技術への応用

1. ルミノロジー研究の進展と変遷

　日本のルミノロジー研究は、1948年に東北大学農学部に家畜生理学講座を開講した故梅津元昌教授により開始され本格化した。梅津教授は、ルミノロジーの研究を始めるにあたり、連続発酵槽であるルーメンの微生物と宿主である反芻家畜との相互関係（Host-Parasite Relationship）に着目した。ルーメンは微生物発酵が行われている場であるが、恒常性が維持されており、このことが宿主動物の体内環境の恒常性の維持と密接な関連性をもつことを強調した。この概念を基礎として、梅津らは反芻家畜の栄養生理学の基礎を確立すると同時に、乳牛における代謝障害と消化器障害の原因究明のための応用研究を行い、ケトーシスの発見・解明など数々の輝かしい成果を上げた。1957年には農林省に設置された農林水産技術会議においても家畜の栄養および栄養障害の問題が取り上げられ、農林省畜産試験場（現畜産草地研究所）、家畜衛生試験場（現動物衛生研究所）、大学が協力して6年間にわたって研究が行われ、数多くの成果を上げた。このプロジェクトによって、日本のルミノロジー研究の基盤が築かれたといえる。

　その後も、日本におけるルミノロジーは着実に発展し、ウシを用いた産業の発展もめざましいものがある。そこで、わが国でルミノロジーの研究が開始されて60年近くが経過したこの時期に、ルミノロジー研究と畜産・酪農技術の足どりやそれらの背景などを整理してみた（図1）。この図からは、ルミノロジーの研究がその時代の社会状況や農業政策ともかかわりながら取り組まれ、それに対応する形で多くの成果を上げながら発展してきたことがうかがわれる。ルミノロジー研究の領域では、ルーメン（第一胃，反芻胃）機能そのものの解明から環境生理や泌乳生理の研究、ルーメン微生物の研究（図2）、さらには代謝や泌乳の内分泌制御の解明などへと広がり、世界的レベルでの研究も

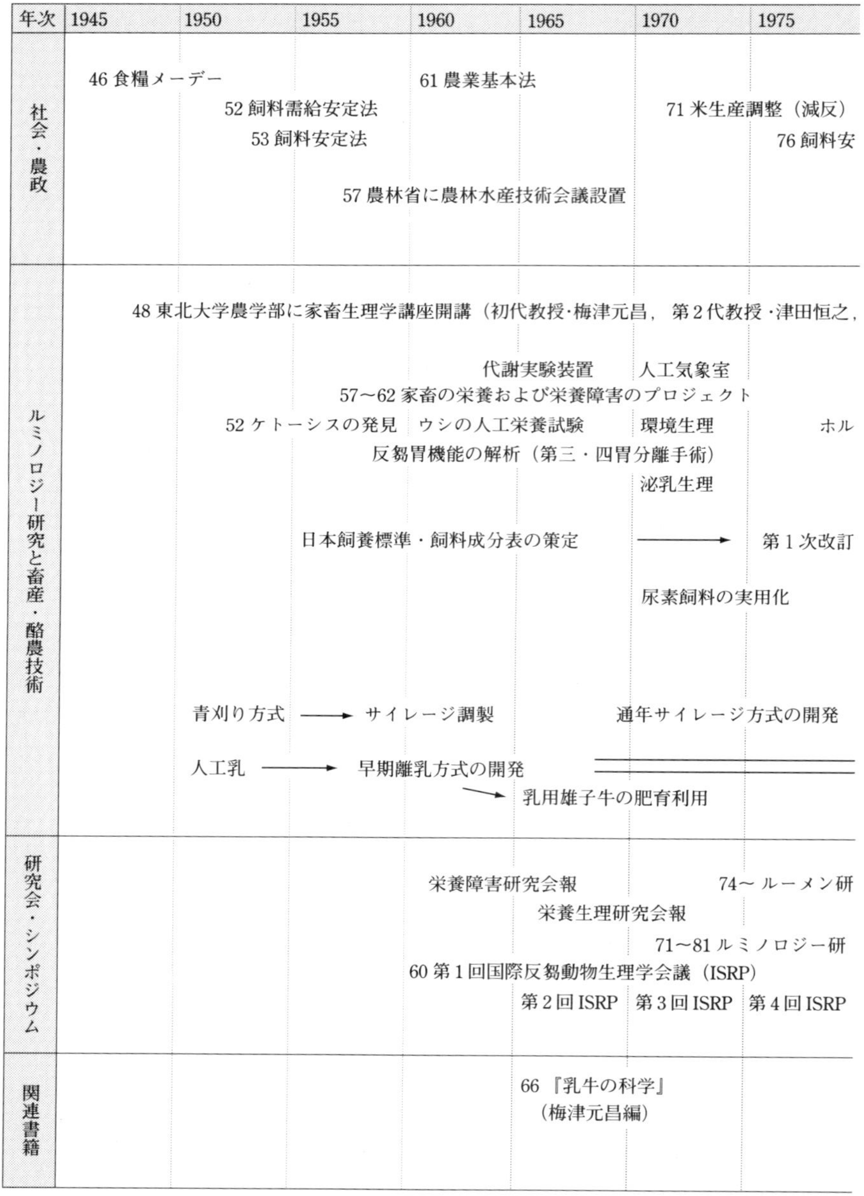

年次	1945	1950	1955	1960	1965	1970	1975
社会・農政	46 食糧メーデー	52 飼料需給安定法　53 飼料安定法		61 農業基本法　57 農林省に農林水産技術会議設置		71 米生産調整（減反）	76 飼料安
ルミノロジー研究と畜産・酪農技術		48 東北大学農学部に家畜生理学講座開講（初代教授・梅津元昌，第2代教授・津田恒之，　52 ケトーシスの発見　ウシの人工栄養試験　反芻胃機能の解析（第三・四胃分離手術）　57〜62 家畜の栄養および栄養障害のプロジェクト　代謝実験装置　人工気象室　環境生理　泌乳生理　日本飼養標準・飼料成分表の策定 ——— 第1次改訂　尿素飼料の実用化　青刈り方式 ——— サイレージ調製　通年サイレージ方式の開発　人工乳 ——— 早期離乳方式の開発　乳用雄子牛の肥育利用					ホル
研究会・シンポジウム				栄養障害研究会報　栄養生理研究会報　60 第1回国際反芻動物生理学会議（ISRP）　第2回 ISRP　第3回 ISRP		74〜ルーメン研　71〜81 ルミノロジー研　第4回 ISRP	
関連書籍				66 『乳牛の科学』（梅津元昌編）			

図1　ルミノロジー研究と畜産・酪農技術の足どりとその背景

	1980	1985	1990	1995	2000	2005	2010
開始 定法改正			91 牛肉自由化 生乳取引自主規制開始		99 食料・農業・農村基本法 99 環境三法 01 食品リサイクル法 飼料安定法改正 97 地球温暖化防止京都会議 01 BSE国内感染第1例		
	第3代教授・佐々木康之, 第4代教授・小原嘉昭) モン測定法の確立 ルーメン微生物の研究		代謝の内分泌制御 泌乳の内分泌制御 乳腺細胞・脂肪細胞での研究	第2次改訂	メタン発生量の制御 糞尿排泄物の制御 第3次改訂　第4次改訂	第5次改訂	
					食品残さの飼料化 リキッドフィーディング 稲発酵粗飼料（イネWCS）の普及 細断型ロールベーラの開発		
	──→	──→	ロールベール方式の普及 ──→				
	──→	──→	カーフハッチ		搾乳ロボットの導入 フリーストール・パーラー方式の普及		
究会 究者の集い 第5回ISRP		第6回ISRP	第7回ISRP （仙台開催）	第8回ISRP	第9回ISRP	05 シンポジウム/ルミノロジー研究者の集い「ルミノロジーの基礎と応用」 第10回ISRP	
		87『新乳牛の科学』 （津田恒之監修） 85『ルーメンの世界』 （神立誠・須藤恒二編）			98『反芻動物の栄養生理学』 （佐々木康之監修） 04『新ルーメンの世界』 （小野寺良次監修）		

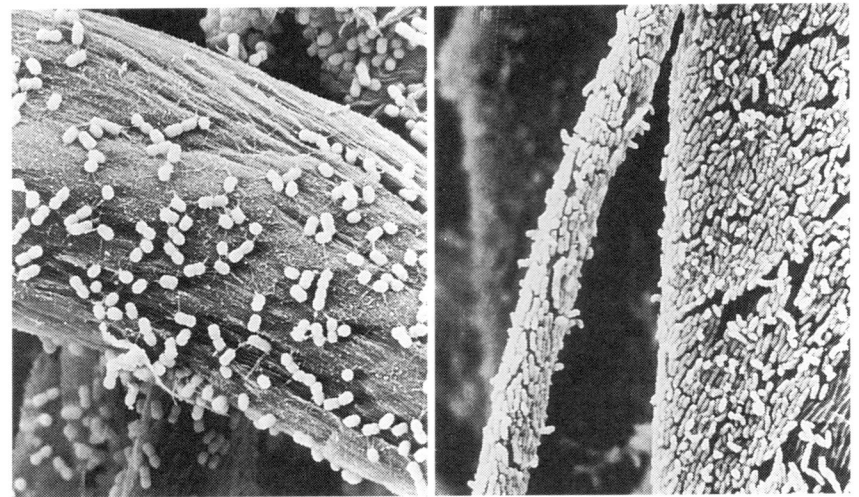

図2 反芻動物のルーメン内における細菌によるセルロース分解
粗飼料のセルロースが細菌によって分解されていることを示す位層差顕微鏡写真
工藤博士（国際農林水産業研究センター）提供（Cand. J. Microbiol.より）

数多く生まれてきている。例えば，環境と内分泌制御，代謝の内分泌制御について解明した佐々木らの研究は特筆されるものである。

　日本のルミノロジー研究においては，各種の研究会やシンポジウムもきわめて大きな役割を果たしている。前述した栄養障害のプロジェクトに呼応して家畜栄養障害研究会（のちに家畜栄養生理研究会に発展的に改称）が発足し，現在まで年2回の研究会開催や会報発行が継続されており日本のルミノロジーの発展に果たした役割は計り知れないものがある。「序」で紹介した「ルミノロジー研究者の集い」や「ルーメン研究会」の活動も特筆されるものである。1960年以来，世界各国で5年ごとに開催されている国際反芻動物生理学会議ISRP（International Symposium on Ruminant Physiology）も，世界の反芻動物生理学研究の発展に大いに寄与してきた。特に，第7回のISRPが仙台で開催されたことは意義深い。

2．ルミノロジーの研究分野と領域

　反芻動物の栄養生理学すなわちルミノロジーの研究は，関連する学問分野の

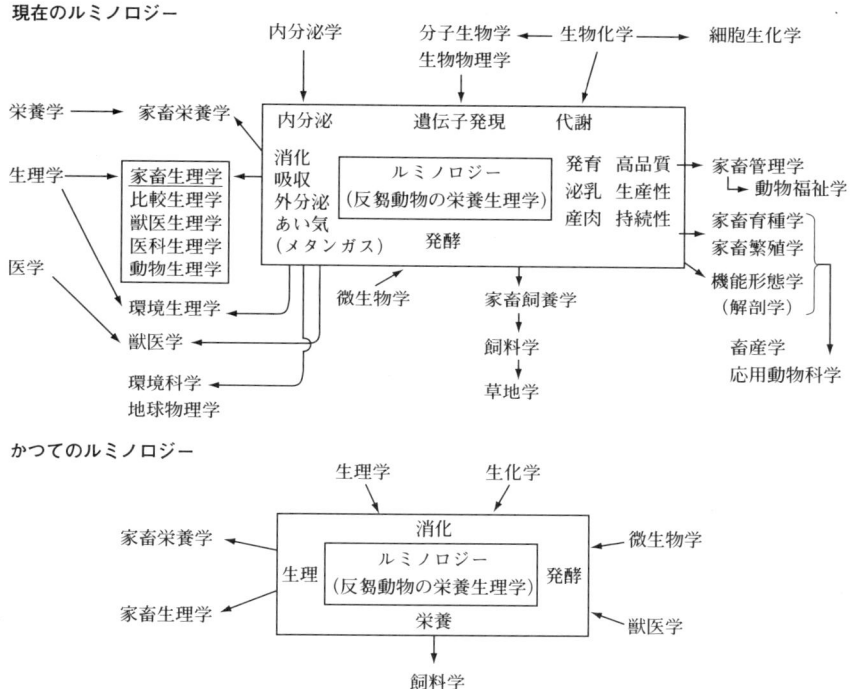

図3 ルミノロジー研究分野の領域と他学問分野との関連

進展・分化，実験装置・測定法の開発（図1参照）などと相まって，大きく変化・進展してきた。反芻動物はルーメンに生息する微生物が産生する揮発性脂肪酸（VFA）を主要なエネルギー源として，また，微生物タンパク質を窒素源として効果的に利用しているが，現在のルミノロジー研究においては，ミルク・肉などの良質な食糧を生産する反芻家畜の消化・代謝・内分泌などの諸機能の特徴を精査し，その生物学的意義を解明するために，個体，組織，細胞，分子レベルまでの幅広い研究が行われるようになってきている。現在のルミノロジー研究分野の領域と他学問分野との関連やつながりを図3に示した。

かつてのルミノロジーは，微生物学や獣医学，生化学，生理学などの知見を動員して反芻動物の消化，代謝，栄養などについて解明し，その成果を家畜栄養学や家畜生理学，飼料学などに生かしていこうとする，新たな学問領域ある

いは学際的研究ということができた。しかし，現在では，図3にみられるようにルミノロジーにかかわる事象が多様化するとともに各事象は多岐にわたる学問分野と深く関係するようになってきている。すなわち，現在のルミノロジー研究は，核となる領域そのものを拡大させながら，そこに多岐にわたる学問領域が融合して進展していくというように，きわめてダイナミックなかたちで進化・発展しているように思える。

3. 乳牛の代謝・泌乳特性の解明と酪農技術開発への応用
―――ルミノロジー研究の現在

　世界的な経済発展や人口増加にともない世界の食糧需給が増大するなかで，高品質な動物性食品を安定供給することが広く求められてきた。こうした要請に応えるためには，最も重要な乳肉生産資源であるウシの栄養生理特性の解明・開発を基盤とした安全で安定的な生産体系をつくり出すことが肝要である。このような背景のもとで，筆者は「ウシの栄養生理機能を生体膜での栄養素の移動と代謝としてとらえる」という新しい視点を構築し，消化・代謝・泌乳生理特性の解明と生産性機能の開発に関する研究を30余年にわたって展開してきた。

　この研究は，ウシ特有の栄養生理機能獲得に関与する要因，ルーメン発酵を支配する唾液分泌の重要性，尿素の再循環機構の解明と炭水化物代謝の関与，ウシ乳腺上皮細胞を用いた泌乳生理機構などについて生体・組織・細胞・遺伝子のレベルから解明し，酪農現場に直接関係した泌乳後期の乳量低下と内分泌の関与，暑熱ストレス時の乳量低下，乳房炎などの重要課題の解決に応用した総括的・体系的研究である。以下にその概要を紹介するが，この体系的研究は，進展を続ける現在のルミノロジー研究の一つの典型を示すものでもある。

①ウシ特有の栄養生理機能獲得を支配する要因の解明

　ウシの成長にともなう栄養生理機能特性の獲得を支配する要因を解明する目的で，子ウシの離乳（6週齢）前後とその後の発育における生理機能の変化について実験・解析を行った。その結果，以下に紹介するようにウシの栄養生理機能獲得を支配する要因は離乳，加齢により支配されており，特に下部消化管の機能に関していくつかの画期的な新知見が得られた。今後は，これらの成果

の酪農現場における利活用が大いに期待される。
・^{13}C-グルコースと^{2}H-グルコースの代謝回転速度とグルコースの再循環量は離乳によって有意に低下し，^{13}C-尿素の代謝回転速度と尿素再循環量は24週齢で有意に増加した（Hayashiら，2005）。
・ウシの耳下腺組織の炭酸脱水酵素（CA）は，ウシ特有の炭酸ソーダを主成分とする緩衝能の高いアルカリ性の唾液生成に関与した（Kitadeら，2002）。
・子ウシのルーメンおよび第四胃粘膜におけるレプチン（採食抑制作用を有する生理活性物質）発現とコレシストキニンCCK（レプチン発現を制御する生理活性物質）レセプターの発現は，VFA発酵により抑制された（Yonekuraら，2002）。
・子ウシの離乳前後における成長ホルモン（GH）やインスリンなどの分泌反応は，離乳前後で大きく変化した（Katohら，2004）。
・胃腸管各部位のグルコースのトランスポーター（SGLT1）と脂質のトランスポーター（CD36）の遺伝子発現は，離乳にともなって著しく減少した（Hayashiら，2005）。
・子ウシの空腸や回腸における異常プリオンタンパク質代替物質としてのホースラディッシュペルオキシダーゼ（HRP）の吸収能は，6週齢と比較して13週齢で著しく上昇した（Nittaら，2005）。

②反芻家畜における唾液分泌とルーメン内発酵の関連性

反芻家畜は，重炭酸ソーダを主成分とする緩衝能の高いアルカリ性の唾液を多量に分泌し，これがルーメン内で産生されるVFAを中和するなど，ルーメン内の恒常性を維持する大きな要因となっている。耳下腺唾液除去によりルーメン内の異常発酵，血液性状の変化が観察され，反芻家畜において唾液分泌は生命維持上不可欠なものであることを明らかにした（小原ら，1971）。

また，酢酸は唾液分泌を増加させ酪酸は唾液分泌を抑制するなど，唾液分泌反応は各VFAにより異なる反応を示した（Obaraら，1972）。酪酸の耳下腺唾液分泌抑制は迷走神経—耳下腺神経—中枢を介する神経経路によることを明らかにした。さらにルーメン内への尿素の添加は，ルーメン内のアンモニア濃度を増加させ耳下腺唾液分泌量を減少させるが，この反応は血液アンモニア濃度が400μg/dlを超える時点で劇的に起こることを発見した。またこの時，ルー

メン運動も同時に抑制された（ObaraとShimbayashi，1979）。

③反芻家畜における窒素循環機構の解明と炭水化物代謝の関与

　反芻家畜はルーメン内の微生物が非タンパク態窒素（尿素など）や草類のセルロースを利用できる特性を有し，ヒトの食糧とは競合しないという利点をもっている。反芻家畜の尿素利用の基礎となる尿素再循環機構については未解決の問題が残されていた。この研究では，①尿素の給与はルーメン内アンモニア，アミノ酸レベルを増加させ，VFA産生を高めること（小原ら，1975），②^{15}N-尿素はアンモニアに変換し，微生物やプロトゾアのタンパク質に組み込まれること（新林ら，1975），③尿素代謝回転速度，プールサイズ，尿中尿素排泄量は，摂取する窒素量による血清尿素濃度に影響されること（ObaraとShimbayashi，1980）を明らかにした。これらの成果は，反芻家畜への尿素の有効利用を促進し，尿素再循環機構が反芻家畜の栄養生理にとってきわめて重要であることをはじめて示したものである。

　また，易発酵性炭水化物を添加したときの窒素代謝のカイネティクスについて，^{15}Nと^{13}C同位元素希釈法を用いて追究した（Satohら，1996）。易発酵性炭水化物の添加により尿中尿素排泄量が抑制され，体内窒素蓄積量が増加し，総VFA，プロピオン酸産生が増加し，ルーメン内アンモニアの同化促進による微生物タンパク質合成量の増加，下部消化管への窒素の移行量の増加，消化管からのアミノ酸吸収の増加が観察された。さらに，プロピオン酸吸収量の増大は糖新生量の増加，インスリン分泌の増大，糖源性アミノ酸の末梢組織での取り込みを増大させ，体内のタンパク質合成速度を高めた。

　これらの成果は，反芻家畜の尿素再循環機構が炭水化物により効果的に制御できること，タンパク質飼料の節約と糞尿中への窒素排泄を低減化する新たなウシの飼養技術開発につながることを示唆しており，畜産環境問題を考えるうえでも画期的な研究である。

④ウシ乳腺上皮細胞のクローニングと泌乳生理機構の解明

　筆者らはウシ乳腺上皮細胞のクローニングに世界ではじめて成功し，クローン細胞（BMEC）を用いた泌乳生理に関する分子細胞生化学的研究を先駆的に進めてきた。その結果，①成長ホルモンはBMECに直接作用してカゼイン合成とアポトーシス抑制作用を促進させることによりウシ乳腺上皮細胞の機能分

化を調節すること（Sakamotoら，2005），②細胞外マトリックスはギャップジャンクション構成タンパク質であるコネキシンの発現を抑えるとともにBMECの分化を促進すること（Yanoら，2004），③オクタン酸と長鎖脂肪酸はBMECのトリアシルグリセリドの蓄積を導きCD36と脱共役タンパク質（UCP2）などの脂質代謝関連遺伝子の発現を著しく上昇させ，さらに遊離脂肪酸受容体（GPR40）発現に関与することを明らかにした（Yonezawaら，2004）。これらの成果は*in vitro*において，ウシ乳腺におけるカゼイン合成，脂質合成機構，アポトーシスを遺伝子レベルから明らかにした世界で最初のものである。

⑤泌乳牛の乳生産における内分泌制御

乳牛における泌乳時の糖代謝の内分泌調節機構を明らかにするために，乳糖の前駆物質であるグルコースのGHやインスリンによる代謝調節機構について，ユーグリセミック・インスリンクランプ法（図4）や^{2}H-グルコースによる同位元素希釈法を用いて解析を行った（Roseら，1996，1998）。泌乳中・後期の乳牛における乳量やインスリン抵抗性はGH投与により増加したが，泌乳最盛期ではその効果は観察されなかった。泌乳中・後期のインスリン抵抗性の亢進には，GH，インスリン様成長因子-I（IGF-I）が関連し，GHの上昇がインスリン依存性組織でのグルコース取り込みを抑制し，グルコースが乳腺に選択的に配分されることを明らかにした。これらの成果から，泌乳中・後期の乳量減少を栄養生理学的手法を駆使した内分泌制御により防止できる可能性を指摘した。

⑥暑熱環境下における泌乳牛の内分泌機能の変動

暑熱ストレスは，乳牛の乳生産効率を悪化させ，乳生産に甚大な影響を与えることから，日本の酪農における重要課題である。人工気象室（ズートロン）を用いて，泌乳牛の代謝ホルモンの分泌応答に対する暑熱ストレスの影響を解析し（図5），泌乳牛においてインスリン，GH，甲状腺ホルモン，コルチゾールの分泌応答は暑熱ストレスのマーカーとなることを明らかにした（Itohら，1998 a, b）。この成果は，農林水産省編「環境ストレス低減化による高品質乳生産マニュアル」に記載され，酪農の現場への普及が試みられている。

⑦多発する濃厚飼料多給による栄養障害発生要因の解明

濃厚飼料多給による代謝障害発症の要因を確かめるために，ウシの消化生理

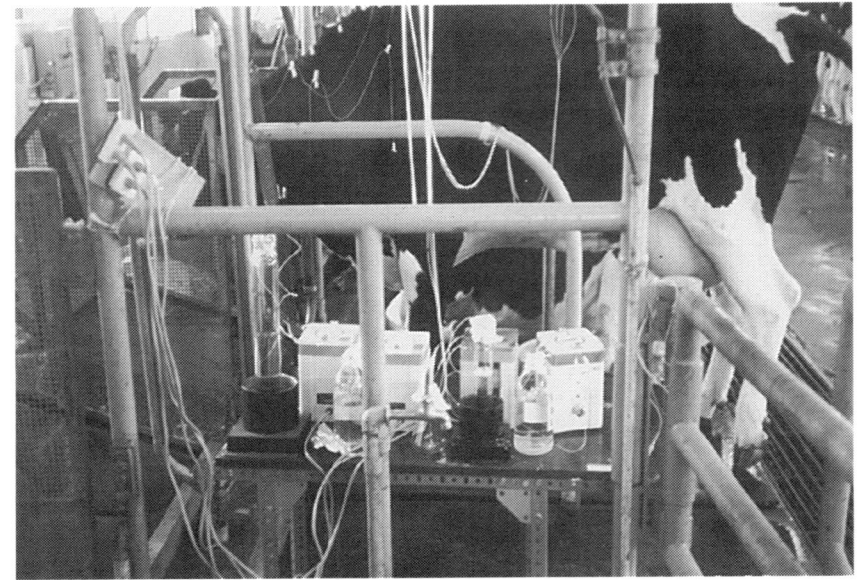

図4 泌乳牛における糖代謝の内分泌制御機構を解明するためのユーグリセミック・インスリンクランプ法による動物実験

両側の頸静脈にカテーテルを装着し，一方のカテーテルよりインスリンの連続注入を行い，他方のカテーテルから採血しグルコースアナライザーにより血糖をただちに測定して，低下した血糖をグルコース溶液の注入により一定のレベルに維持し続ける。このような状況でGH，安定同位体である^{2}H-グルコースを連続注入することにより，糖代謝のカイネティクスとインスリン抵抗性に対するGHの作用について観察する

機能に対する濃厚飼料多給の影響について解析した（Obaraら，1994）。その結果，①濃厚飼料多給時にはルーメン発酵が活発でプロピオン酸の産生割合が高く，甲状腺ホルモンの分泌増加などウシの代謝活性が増加すること，②濃厚飼料を限度以上に給与するとルーメンの恒常性が崩れ，「乳酸発酵の亢進→アシドーシスの発現→ヒスタミン，エンドトキシンの産生」の機構で代謝障害が起こることを明らかにした。これらの成果は，畜産現場の深刻な問題である生産病対策として，ウシの飼養法に重要な方向性を示した。

⑧ウシ乳房炎の炎症生化学的研究

乳牛において頻発し産業的被害が最も甚大な疾病であるウシ乳房炎について炎症生化学の立場から解析した。野外の酪農家における実験と *S. aureus* 感染

試験(図6)から、ライソゾーム酵素である乳汁中N-acetyl-β-D-glucosaminidase (NAG)が乳房炎診断上、最も有効な炎症マーカーであり、乳房炎の実用的な診断基準として応用できることを示した (ObaraとKomatsu, 1984)。この技術は、農林水産技術会議編「新しい技術」および農林水産省経済局編「家畜共済における特殊病傷の診療指針、乳房炎の診断指針」にとりあげられ、ウシ乳房炎対策として有効利用されている。

わが国における酪農をはじめとするウシを用いた産業をめぐる最近の情勢は、BSEなどの感染症の発生、飼養農家戸数の減少、家畜糞尿による環境問題の深刻化など厳しいものが

図5 大型人工気象室(ズートロン)内における泌乳牛の暑熱ストレス実験
ズートロンを気温28℃、湿度60%に制御して泌乳牛の生理機能に対する暑熱ストレスの影響を観察している

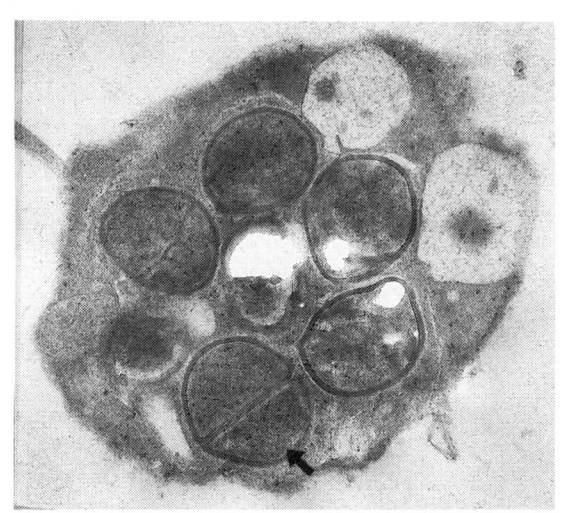

図6 乳房炎感染試験における乳腺細胞内のS. aureus
乳房内にS. aureusを実験的に感染させた時のミルク中の多型核白血球内における細菌の動態を電子顕微鏡写真で示したもの。白血球に貪食されたあとも細菌が分化(↑)していることがわかる

ある。こうした情勢のなかで，ウシに関するルミノロジー研究は，一定の生産性（乳量水準など）を維持しつつ，安全で高品質な乳・肉生産を実現し，低環境負荷型で持続的な飼養法を確立していくことが重要になってくると思われる。一方，新たな領域としては，乳牛における生理活性因子，機能性物質などの動態を解明する研究の発展が期待できる。さらに遺伝子操作技術や細胞培養技術の発達によって乳腺機能に関する知見が増加してくれば乳腺機能制御も可能になる。今後の研究の在り方としては，研究の成果を生産現場に役立て産業全体を盛り上げていくことが必要十分条件であると考える。最新の研究情報と実験手技を駆使して，ルミノロジー研究がより一層発展していくことを期待してやまない。

　以上，緒論で記述した内容は，筆者が，これまで勤務した農林水産省家畜衛生試験場（現動物衛生研究所），農林水産省畜産試験場（現畜産草地研究所），東北大学農学研究科において，40年近くの長きにわたって取り組んできた研究をまとめたものである。これらの研究は，多くの方々との共同研究として成されたものであり，この場を借りて関係者の方々に深く感謝申し上げたい。

（小原嘉昭）

参 考 文 献

1) Hayashi, H., T. Yonezawa, T. Kanetani, K. Katoh and Y. Obara (2005) Expression of mRNA for sodium-glucose transporter 1 and fatty acid translocase in the ruminant gastrointestinal tract before and after weaning. Anim. Sci., J, 76: 339-344.

2) Hayashi, H., M. Kawai, I. Nonaka, F. Terada, K. Katoh and Y. Obara (2006) Developmental changes in the kinetics of glucose and urea in calves (*Bos taurus*, Holstein breed) J. Dairy Sci., 89: 1654-1661.

3) Itoh, F., Y. Obara, M.T. Rose and H. Fuse (1998a) Heat influences on plasma insulin, glucagon, and metabolites to secretagogues in non-lactating cows. Domest. Anim. Endocrinol., 15: 499-510.

4) Itoh, F., Y. Obara, M.T. Rose, H. Fuse and H. Hashimoto (1998b) Insulin and

glucagon secretion in lactating cows during heat exposure. J. Anim. Sci., 76: 2182-2189.

5) Katoh, K., G. Furukawa, K. Kitade, N. Katsumata, Y. Kobayashi and Y. Obara (2004) Postprandial changes in plasma GH and insulin concentrations, and responses to stimulation with GH-releasing hormone (GHRH) and GHRP-6 in calves around weaning. J. Endocrinol., 183: 497-505.

6) Kitade, K., K. Takahashi, S. Yonekura, N. Katsumata, G. Furukawa, S. Ohsuga, T. Nishita, K. Katoh and Y. Obara (2002) Effects of weaning on carbonic anhydrase activity in the parotid gland, rumen and abomasum of Holstein calves. J. Comp. Physiol., B.172: 379-385.

7) Nitta, H., T. Sugawara, H. Sugawara, Y. Kobayashi, K. Katoh, and Y. Obara (2005) Absorption of horseradish peroxidase (HRP) *in vitro* across bovine jejunal and ileal epithelia around the time of weaning. Tohoku J. Agri. Res., 56: 1-10.

8) 小原嘉昭・渡辺亨・佐藤良樹・佐々木康之・津田恒之（1971）めん羊の一側耳下腺唾液除去が第一胃発酵および生理諸元におよぼす影響．日本畜産学会報，42: 559-565.

9) Obara, Y., Y. Ootomo, and T. Tsuda (1972) The effects of constantly maintained pH on the parotid saliva secretion of sheep. Tohoku J. Agri. Res., 23: 72-78.

10) 小原嘉昭・新林恒一・米村寿男（1975）尿素飼料給与時のめん羊の第一胃内性状の変動．日本畜産学会報，46: 140-145.

11) Obara, Y. and K. Shimbayashi (1979) Intraruminal injection of urea on changes in secretion of parotid saliva in sheep, Br. J. Nutr., 42: 497-505.

12) Obara, Y. and K. Shimbayashi (1980) The appearance of re-cycled urea in the digestive tract of goats during the final third of a once daily feeding of a low-protein ration. Br. J. Nutr., 44: 295-305.

13) Obara, Y. and K. Komatsu (1984) Relationship between N-acetyl-D-glucosaminidase activity and cell count, lactose or lactoferrin in cow milk. J. Dairy Sci., 67: 1043-1046.

14) Obara, Y., Y. Motoi and F. Kikuchi (1994) Diurnal changes in rumen fermentation and blood properties in Holstein steers fed a concentrate mixture for fattening and rolled barley. Anim. Sci. Technol. (Jpn.) 65: 217-225.

15) Rose, M.T., Y. Obara, H. Fuse, F. Itoh, A. Ozawa, Y. Takahashi, K. Hodate and S. Ohashi (1996) Effect of growth hormone-releasing factor on the response to insulin of cows during early and late lactation. J. Dairy Sci., 79: 1734-1745.
16) Rose, M.T., F. Itoh, M. Matsumoto, Y. Takahashi and Y. Obara, (1998) Effect of growth hormone on insulin independent glucose uptake in dairy cows. J. Dairy Res., 65: 423-431.
17) Sakamoto, K., T. Komatsu, T. Kobayashi, M.T. Rose, H. Aso, A. Hagino and Y. Obara (2005) Growth hormone acts the synthesis and secretion of α-casein in bovine mammary epithelial cells. J. Daily Res., 72: 264-270.
18) Satoh, M., Y. Obara and S. Miyamoto (1996) The effect of sacrose supplementation on kinetics of nitrogen, ruminal propionate and glucose in sheep. J. Agri. Sci. (Camb.) 126: 99-105.
19) 新林恒一・小原嘉昭・米村寿男 (1975b) In vitro 第一胃発酵による遊離アミノ酸の変動と尿素－^{15}N の微生物体への取り込み．日本畜産学会報. 46: 243-250.
20) Yano, T., H. Aso, K. Sakamoto, Y. Kobayashi, A. Hagino, K. Katoh and Y. Obara (2004) Laminin and collagen IV enhanced casein synthesis in bovine mammary epithelial cells. J. Anim. Feed Sci., 13 (Suppl.1): 579-582.
21) Yonekura, S., K. Kitade, G. Furukawa, K. Takahashi, N. Katsumata, K. Katoh and Y. Obara (2002) Effects of aging and weaning on mRNA expression of leptin and CCK receptors in the calf rumen and abomasum. Domest. Anim. Endocrinol., 22: 25-35.
22) Yonezawa, T., S. Yonekura, Y. Kobayashi, A. Hagino, K. Katoh and Y. Obara (2004) Effects of long-chain fatty acids on cytosolic triacylglycerol accumulation and lipid droplet formation in primary cultured bovine mammary epithelial cells. J. Dairy Sci., 87: 2527-2534.

第 *1* 章 ルーメンの世界と乳生産のルミノロジー

　乳牛をはじめとする反芻家畜の栄養上の特徴は，膨大なルーメンのなかで，多数の嫌気性微生物により飼料成分が分解され，揮発性脂肪酸（VFA）が生成・利用されるとともに，増殖した微生物の細胞が良質なタンパク質源として利用されることである。通常，反芻家畜はこれらの発酵産物により，生体の維持と増体，乳（ミルク）・肉などの生産に必要な栄養素をほぼまかなうことができる。

　しかし，高泌乳牛のように生産レベルが高まるとルーメン発酵産物だけでは栄養要求量を満たすことができないので，給与する飼料の改善や添加物の利用が必要となる。こうして，飼料の高エネルギー化やバイパス油脂の利用が進み，タンパク質についてはルーメン非分解性（バイパス）タンパク質やバイパスアミノ酸の利用が重要になりつつある。一方で，ルーメン微生物の生態や代謝機能についてはまだ明確でない部分が残されているが，分子生物学的手法などの導入でしだいに明らかにされてきた。ルーメン内の各種の微生物の特徴をよく理解し，これらの代謝機能を十分発揮させるとともに飼料給与法の改善によって栄養素の吸収と利用を高めることが望まれる。

　また，近年では飲用乳の需要の伸びの停滞が大きな問題になっているが，これを打開するために牛乳や乳製品の新たな機能とその増強に関するルーメンの研究も重要になっている。以下，安全かつ良質な牛乳生産のためのルミノロジーについて述べてみたい。

第1節　ルーメン内の環境とルーメン微生物

　ウシのルーメンは，成牛で100〜150lの膨大な容積をもち，複胃全体の約80％，消化管全体の約50％を占める。ルーメンには，外部からの飼料や飲水，

表1.1.1 ルーメン内の物理化学的性状

事項	観測値
温度	38～41℃
pH	5.3～7.5
酸化還元電位	－150～－350mV
表面張力	45～60ダイン/cm^2
浸透圧	250～300mOsm/kg
水分	83～90%
総N	1.8～2.0g/100g
総NPN	0.08～0.09 〃
NH$_3$-N	0.02～0.05 〃
総VFA	32～184mM
酢酸	41～81 〃
プロピオン酸	13～34 〃
酪酸	2.4～19 〃
イソ酪酸	0.4～2.5 〃
バレリアン酸	0.3～3.1 〃
イソバレリアン酸	0.2～6.9 〃
2-メチル酪酸	0.2～1.7 〃
HCO$_3^-$	飽和
K	100～180mg/100g
Na	140～200 〃
PO$_4^{3-}$-P	30～160 〃
Cl	40～90 〃
Ca	10～20 〃
Mg	7～20 〃

(堀口，1994)

付着微生物の流入が絶えず行われ，嫌気度，pH，浸透圧，温度その他の環境要因は常にほぼ一定の範囲内に保たれ，恒常性が維持されている。このような環境の下で各種の嫌気性微生物が多数生息し，発酵により飼料成分を分解している（表1.1.1）。

1．ルーメン内の主な環境要因

(1) 嫌気度

ルーメン内はきわめて嫌気的な環境である。ガス相の酸素分圧は低く，約0.6％に過ぎない。飼料を摂取した時には空気中の酸素がルーメンに混入し，また，血液中の酸素はルーメン壁を通じて一部ルーメン内に拡散するが，これらは飼料とともに侵入する好気性菌やルーメン粘膜に付着する通性嫌気性菌によってただちに消費される。こうして，ルーメン内の酸化還元電位（Eh）は－150～－350mVと低く維持される。ルーメン細菌の大多数は偏性嫌気性菌であるが，これらの細菌は酸素を利用できないだけでなく，酸素の存在は偏性嫌気性菌にとっては有害である。

一方，プロトゾアは酸素を消費することができ，その程度は好気性細菌類によるものとほぼ等しく，ルーメン内での酸素除去に大きく寄与している。プロトゾアや真菌にはミトコンドリアがなく，チトクロームもほとんど検出されないが，ヒドロゲノソームをもち，酸素を消費する。ヒドロゲノソームは絶対嫌気性の真核微生物がもつエネルギー代謝を担う細胞小器官であり，ミトコンドリアのようにATP（アデノシン三リン酸）を生産する。プロトゾアのなかで全毛類はさらにNADH（ニコチン酸アミドアデニンジクレオチド）オキシダ

ーゼ，NADHペルオキシダーゼおよびカタラーゼにより酸素消費に関与している。ルーメン内からプロトゾアを除去すると，飼料給与後にルーメン内酸素濃度が一時的に上昇するので，菌相が変化し水素とメタン生成は阻害されることが知られている。

(2) pH

ルーメン液のpHは通常では5.3～7.5に維持されている。飼料を給与すると発酵がすすみ，揮発性脂肪酸（VFA）の生成が増加してpHは3程度に低下するはずであるが，これが微酸性に維持されるのはルーメン粘膜からのVFAの速やかな吸収と，流入する唾液中の重炭酸（HCO_3^-），リン酸（$H_2PO_4^-$），NaやKなどによる緩衝作用（バッファー）のためである。唾液のpHは8.3前後で，その分泌量は飼料の構成や給与回数などによって異なるが，ウシでは1日に100～150lと多く，内容物の酸性化を防いでいる。

しかし，濃厚飼料を多給するとルーメン液のpHは低下する。これは水溶性糖類やデンプンなどの易利用性炭水化物が多量にルーメン内に流入して発酵され，ルーメン微生物（*Streptococcus bovis*など）により多量のVFAや乳酸が生成することによる。通常，乳酸は乳酸利用菌やプロトゾアに利用されるので，ルーメン内の濃度は7mM以下と低いが，これらの微生物による処理量を超えるほどの乳酸が生成されるとルーメン内pHは低下しはじめる。pH6以下の状態が長く続くと，ルーメン粘膜の損傷や第一胃炎，肝膿瘍および蹄葉炎などの疾病を引き起こす。

また，ルーメン細菌のpH抵抗性は菌種により異なるが，主要なルーメン細菌の発育のための至適pHは6.1～6.7である。細菌のなかでもセルロース分解菌は低pHに特に弱く，pH6以下では発育速度は急激に低下し，溶菌するものもある。その他の細菌もpHの低下につれて増殖速度や細胞収率は低下する。また，プロトゾアのpH抵抗性も種類によって異なり，小型の*Entodinium* sp.は低pHに対する抵抗性が比較的強いが，それでもpH6以下の状態が長く続くと生存できなくなる。各種のプロトゾアは易利用性炭水化物から貯蔵多糖類を合成し急激な発酵を抑制するとともに乳酸を利用するので，ルーメンpHの安定化に寄与している。

(3) 浸透圧

ルーメン液の浸透圧は通常では250～350mOsm（ミリオスモル）/kgの範囲で維持されている。これには採食量，飲水量や唾液分泌量が関係している。浸透圧の変化は微生物のなかではプロトゾアに影響することがあるが，細菌などはあまり影響をうけない。通常，飼料給与直後にプロトゾアや細菌の密度は低下するが，これは主に飲水や唾液の流入による内容物の希釈のためであり，浸透圧自体の変化のためではない。

(4) 温　度

ルーメン内の温度は通常では39℃前後であるが，かなりの変動幅がある。ウシで環境温度を20℃にした場合，ルーメン内の温度は31℃まで低下し，逆に33℃にした場合には43℃に上昇した。また，ルーメン内の下層部は微生物による発酵が最も活発な部位であるが，発酵熱によりルーメン内で温度は最も高くなっており，上層部にいくにつれて温度はやや低下する。ウシの体温は約39℃であり，ルーメン内の温度がそれ以上に高まると熱はルーメン粘膜に分布する血管を介してウシの体内に移り，体温の上昇を引き起こすことになる。

体温上昇は特に夏季に認められるが，これは飼料摂取量の低下を引き起こし生産性に大きく影響するので，飼料給与法の改善などでできるだけ防ぐ必要がある。ルーメン細菌は温度に対する増殖応答から中温菌とされている。プロトゾアは温度に敏感で至適温度は39℃である。しかし，ルーメン内の温度が細菌の構成に及ぼす影響については明らかにされていない。

2．ルーメン微生物生態系とその変化

上記の安定したルーメン環境のなかで，細菌，プロトゾアおよび真菌など多種類の微生物が相互に影響しあいながら生息している。これらの微生物と飼料の流入によって，ルーメン内では嫌気的発酵がつねに行われるので，連続培養型のルーメン微生物生態系といわれる。この生態系はきわめて安定で，宿主である反芻動物とのみごとな共生が営まれている。

通常，ルーメン微生物の生息密度は内容物1g当たり細菌；10^{10}～10^{11}個，プロトゾア；10^5～10^6個，真菌；10^4～10^5の範囲である。これらのなかで，

バイオマス（生物量）としては細菌が最も多いが，プロトゾアの体積は細菌の1,000〜10,000倍になるので，その量は細菌に匹敵する。

反芻家畜は出生後，母獣などとの接触により多種類の微生物がルーメン内に侵入するようになる。子ウシの場合，ルーメン内の細菌数は出生後の急速に増加し，はじめは連鎖球菌と大腸菌が優占菌種となり10^7〜10^8/gの菌数となる。その後，これらの細菌は減少するが，代わりに相当数の偏性嫌気性菌が定着しはじめる。初期の連鎖球菌（streptococci）は*Streptococcus faecium*であるが，しだいに*S. bovis*が優占菌種となる。2週齢頃からは乳酸菌群が認められ，*Lactobacillus acidophilus*，*L. platarum*，*L. fermentum*などが多くなり，10^6〜10^8/gで推移する。

セルロース分解菌は比較的はやく出現し，生後1週齢から認められ，乾草をかなり採食できるようになる3カ月齢では成牛とほぼ同じレベルとなる。キシ

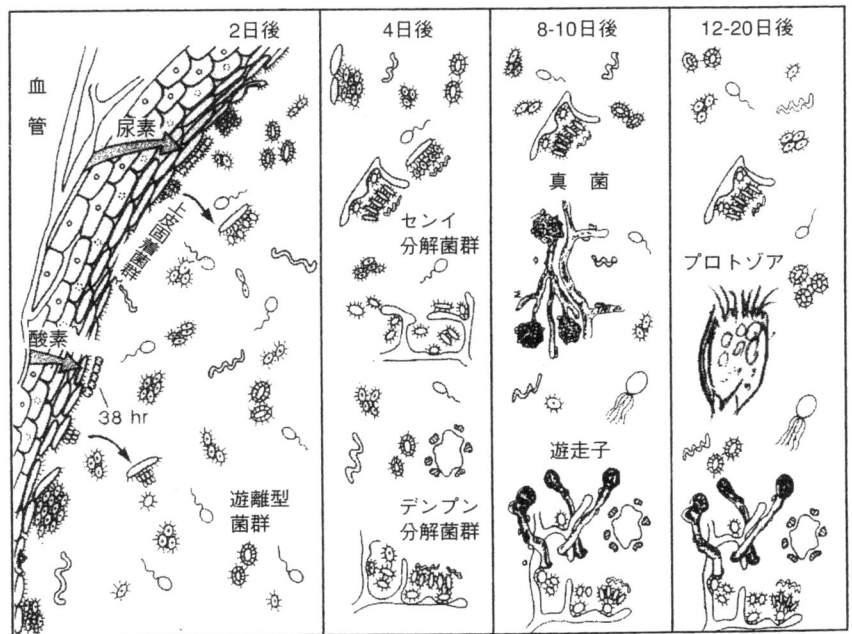

図1.1.1 ルーメン微生物の出現経過と存在様式に関する模式図（数字は幼畜の生後日数）
(Chengら，1991.一部変更)

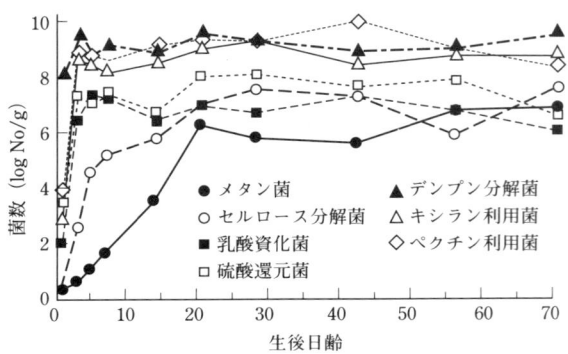

図1.1.2 子ウシのルーメン生菌数の生後日齢にともなう変化 （Minatoら，1992より作成）

ランやペクチンを分解する菌群の変化もほぼ同様である。メタン菌や真菌はこれらに比べやや遅れて定着する。ルーメン細菌はこれまでに同定されたものだけでも60種以上に及ぶが，主要な菌群は20種程度とされている。ルーメン真菌は*Neocallimastix*など5属17種が知られている。

ルーメンプロトゾアは約60種が検出されているが，繊毛の分布により，貧毛類と全毛類に大別される。プロトゾアは母獣などのかみ戻しに含まれるものが接触により経口的に子ウシのルーメンに侵入し定着するが，これは生後約2週間頃からである。はじめに貧毛類で小型の*Entodinium*が侵入し，しだいに中型の*Diplodinium*，*Epidinium*や大型の*Polyplastron*，さらには全毛類の*Isotricha*や*Dasytricha*が定着し，2～3カ月齢では成牛と同程度の10^5/gの生息密度となる（Minatoら，1992，図1.1.1，1.1.2参照）。

3．ルーメン細菌の存在様式

ルーメン内は複雑な不均一な構造であり，胃壁部，液状部，固形部および気相部の4つの部分から構成されている。液状部と固形部に存在する細菌の種類構成には差が認められ，さらにルーメン細菌は，その生息している場から遊離型菌群，固形性飼料固着菌群，ルーメン上皮固着菌群，プロトゾア体表固着菌群に分けられる（湊，1985）。

(1) 遊離型菌群

ルーメン内容の液状部には各種の細菌が浮遊した状態で生息している。これ

らは，広食性のセルロース分解菌およびデンプン分解菌，ヘミセルロース分解菌，グルコースなどの水溶性糖類分解菌，コハク酸などの中間産物利用菌および脂質分解菌などから構成されている。

(2) 固形性飼料固着菌群

飼料に付着しルーメン発酵の活性に最も重要な役割を果たしている菌群で，菌群全体の50〜75％を占める。セルロース分解菌，デンプン分解菌など各種の菌群から構成されている。固形飼料のルーメン内滞留時間は液状部に比べると長いので，飼料に付着する菌群はルーメン内に長く生存でき，数的にも優位を保ち主要な菌群となる。これらが分泌する消化酵素は液状部に拡散することなく，飼料に直接作用してそれを分解することができ，分解産物は細菌に効率的に取り込まれる。したがって，遊離型菌群に比べ飼料の分解活性は高い。

(3) ルーメン上皮固着菌群

ルーメン粘膜の上皮には血管が多く分布し，それにより血液中の酸素の一部がルーメン内に拡散するが，そこには主にグラム陽性の通性嫌気性菌が生息し，酸素を利用している。これにより，ルーメン内の酸素は除去され嫌気度は低く保たれる。また，上皮細胞は常に一部が剥離し脱落するが，これに多数のタンパク質分解菌が付着しそれを消化する。さらに，血液に含まれる尿素の一部が流入するが，これは上皮に固着する尿素分解菌により分解されアンモニアが生成される（図1.1.1参照）。

ルーメン上皮固着菌群の数は全ルーメン細菌の約1％と少ないが，このように独特な機能によってルーメン発酵に重要な役割を果たしている。

(4) プロトゾア固着菌群

プロトゾアの体表には数種の細菌が付着し，プロトゾアが生成する発酵産物を利用している。このなかで特に注目されるのはメタン菌である。プロトゾアは水素を発生するが，メタン菌は二酸化炭素を水素により還元しメタンを生成する。水素は微生物の発酵に阻害的に働くので，メタン菌による水素の除去（消費）はプロトゾアの発酵能の増強に寄与しており，両者は栄養的に相利共

生の関係にある。

メタン菌は各種のプロトゾアに付着するが，全毛類に属するプロトゾアでは付着は観察されていない。近年，細菌はプロトゾアの体表よりも細胞内に多く生息していることが明らかとなった。また，メタン菌はほかの細菌に比べ増殖速度は遅いが，プロトゾアに付着することで，ルーメンからの流下が遅れ生存に有利になる。この点はメタン生成を抑制するうえで考慮する必要がある。

このように，ルーメン細菌にはそれぞれ特有な生存様式があるが，細菌をはじめとした微生物は互いに共生的な関係にあることが重要な点である。ルーメン内に流入した飼料は，セルロース分解菌やデンプン分解菌などの一次分解者によって分解されるが，これらの細菌の増殖にはほかの細菌が産生する脂肪酸が必要であり，また，発酵で生じた水素がメタン菌により除去されることでセルロース分解活性が維持される。さらに，中間産物利用細菌はほかの微生物が生成し，あまり利用しない有機酸類などの発酵生成物を利用し，生存している。

このように，ルーメン内では基質あるいは発酵生成物の授受を通して各種の微生物間で複雑な関係がつくられている。これにより，ルーメン微生物生態系は全体として強固で安定したものとなり，さまざまな飼料に対して微生物が適応することが可能となり，反芻家畜を健康に維持できることになる。

（板橋久雄）

第2節　ルーメンにおける栄養素の代謝

1. 炭水化物の種類と分解

炭水化物は，構造性のものと非構造性のものに分けられる。前者にはセルロース，ヘミセルロースがあり，リグニンとともに植物の細胞壁を構成し，後者はデンプン，糖，ペクチンなどで細胞内容物の成分である。植物細胞壁を構成する多糖はヘテロで複雑な構造をしている。

セルロースは細胞壁の主成分で，微生物はこれを分解し，多量のVFAを生成する。微生物により分泌されるセルラーゼは，その起源によって特異性があるだけでなく，同一生物でも基質特異性を異にした多成分から構成されており，

第1章 ルーメンの世界と乳生産のルミノロジー　*33*

セルロースの分解はそれらの相補的な作用によって効率よく進むと考えられている。繊維分解の主体は細菌とプロトゾアであるが，真菌には難分解性の繊維を分解するという特徴がある。

　セルロースは直鎖グルカン分子が集まったミクロフィブリルからなり，D-グルコースがβ-1,4結合したものが基本構造である。このグルカン鎖は60～70本束ねられて微結晶単位を形成する。セルロースの束にはエクステンシンやその他のグリシン―リッチあるいはプロリン―リッチな特殊な構造性タンパク質が含まれており，これらは細胞壁中のミクロフィブリルを束ね，物理的強度を高め，その間隙をキシラン，ペクチン，グルコマンナン，そしてリグニンが充填しているので，リグノセルロースと呼ばれる。したがって，植物細胞壁の分

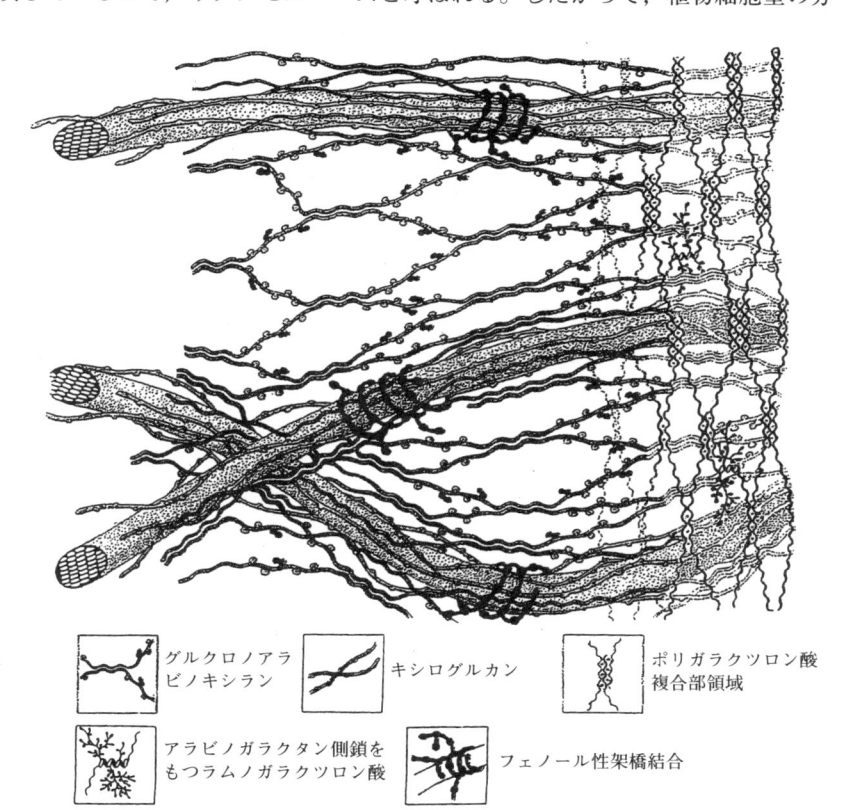

凡例：
- グルクロノアラビノキシラン
- キシログルカン
- ポリガラクツロン酸複合部領域
- アラビノガラクタン側鎖をもつラムノガラクツロン酸
- フェノール性架橋結合

図1.2.1　イネ科牧草の細胞壁リグノセルロースの構造　　　　　　　　（Carpitaら，1993）

解にはさまざまな酵素が必要である。植物細胞壁分解の速度や程度に影響を与える主な要因はリグニン含量であり，その含量が高まると分解率は低下する。また，リグニン関連物質としてパラクマル酸やフェルラ酸などのフェノール化合物があるが，これらも飼料分解の障害になっている（図1.2.1）。飼料分析ではセルロースは酸性デタージェント繊維（ADF）とリグニンの差で求められる。

　セルロースの加水分解は，エンドグルカナーゼ，エキソグルカナーゼおよびβ-グルコシダーゼの3つの異なった酵素の作用による。このなかでエキソグルカナーゼが分解速度を律速するとされており，これはセルロース分子の非還元末端側からグルコース2分子からなるセロビオース単位で切断していく。生成したセロビオースは，微生物細胞内に取り込まれてからβ-グルコシダーゼの作用によってグルコースに分解される。セルラーゼの発現はセロビオースによって誘導されることもあるので，セロビオースの飼料添加で繊維分解が高まる可能性がある（本章第3節参照）。

　セルロースの分解では，微生物がつくった酵素を有効に機能させるために，微生物は特殊な機構をもっていることが知られている。その1つはセルロソームと呼ばれるセルラーゼ複合体で，多くの嫌気性菌に認められる（図1.2.2）。細菌の表面には多くの突起物が存在し，そのなかに酵素複合体が含まれている。複合体はセルラーゼ，キシラナーゼなど十数種類の酵素によって構成され，その周りは吸着機能をもつ物質で覆われ，微生物菌体を繊維質に吸着固定し，繊維を分解して栄養源を取り込む。菌体と飼料とが近接しているので分解産物を他の微生物に奪われることなく確保できる仕組みになっている。このセルラ

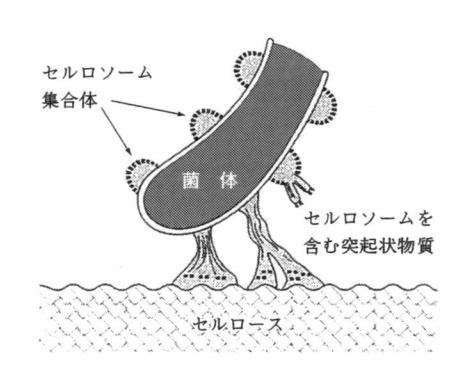

図1.2.2　セルロソーム（セルラーゼ複合体）の菌体表面における局在性を示す模式図　　　　　　　　　　（大宮，2004）
　　突起状物質はセルロソームの集合体として菌体表面に存在する。それが成長して管状に伸び，セルロース表面と結合しセルロソームをセルロースに付着させ，分解を行う

ーゼ複合体のシステムをもつことにより，この種の微生物は少量の酵素生産で繊維の分解を効率的に行うことができる。

　ヘミセルロースはセルロースのように特定の分子を示すものではなく，飼料分析では中性デタージェント繊維（NDF）とADFの差で求められる。ヘミセルロースの主要な成分はキシロースがβ-1, 4結合したキシログルカン鎖であるが，その分解には各種の酵素が関与し，最終的にキシロースを生ずる。

　リグニンはルーメン真菌などによりわずかに分解される。構造性炭水化物は飼料の物理性（かさ）を供給する点でも重要である。その物理性によって，膨大なルーメン内を満たし粘膜を刺激し，ルーメン運動，反芻行動や唾液分泌を促すので，必須の成分である。

　ペクチンはガラクツロン酸がα-1, 4結合することでできた直鎖状分子である。コロイド状の細胞間充填物質で柔軟で親水性が高い。テンサイ，カブなどの根菜類に多く含まれ，牧草にも数％含まれるが，マメ科牧草の方が含量が多い。ペクチンは酸・アルカリ処理で抽出されるので，飼料分析では可溶無窒素物（NFE）に含まれる。牧草などのペクチンはセルロースなどよりも容易に分解される。ペクチンは各種の繊維分解菌やプロトゾアによって分解され，最終的にはVFAや乳酸を生成する。

　繊維分解の微生物は，繊維に付着すると基質利用性の異なる複数の種が共存するコンソーシアムを形成し，複雑な化学組成の植物細胞壁を分解する。繊維分解性の細菌は，セルロース分解性の*Fibrobacter succinogenes*，*Ruminococcus albus*, *R. flavefaciens*，ヘミセルロース分解性の*Prevotella ruminicola*，ペクチン分解性の*Lachnospira multipara*などに分けられる。

　プロトゾアはデンプンを最もよく分解するが，繊維成分ではセルロースよりヘミセルロースに対する分解活性が高い。近年，プロトゾアも独自のエンドグルカナーゼを分泌することが明らかにされた。ルーメン真菌は各種の細胞壁分解酵素によりセルロースやキシランを分解するが，特にセルロース分解活性は高い。しかし，ペクチン分解活性は認められない。

　デンプンは300〜3,000個のグルコースがα-1, 4結合したアミロースと，アミロースの糖鎖に分枝した糖鎖がα-1, 6結合した1万〜10万個のグルコースで構成されるアミロペクチンとからなる。デンプンはトウモロコシやムギ類な

どの穀類に多く含まれ，易発酵性のエネルギー源の主体である。ルーメンでのデンプンの分解率は穀類の種類によって異なり，大麦はトウモロコシやソルガムに比べ消化されやすい。

　デンプンは主に細菌とプロトゾアのα-アミラーゼによって分解される。デンプンを分解する主要な細菌は*Prevotella ruminicola*, *Ruminobacter amylophilus*, *Butyrivibrio fibrisolvens*, *Selenomonas ruminantium*, *Streptococcus bovis*などである。

　プロトゾアでは，*Entodinium*, *Epidinium*, *Polyplastron*, *Isotricha*, *Dasytricha*など多くの種類がデンプンを分解するが，特に*Entodinium*などはデンプン粒を取り込み消化する。デンプンの消化は速やかに行われるが，プロトゾアはそれを体内で緩やかに消化するので，急激な発酵が抑えられ，pHの低下や乳酸の蓄積などルーメン環境の急変を招かないようになる。

2．揮発性脂肪酸（VFA）の生成

　炭水化物の消化で生じたグルコースなどの単糖は解糖系によってピルビン酸に異化され，これより酢酸，プロピオン酸，酪酸などの揮発性脂肪酸（VFA）とメタン，二酸化炭素などが生成される（図1.2.3）。イソ酪酸，イソ吉草酸などの分枝鎖VFAも少量生成されるが，これらはセルロース分解菌などの増殖

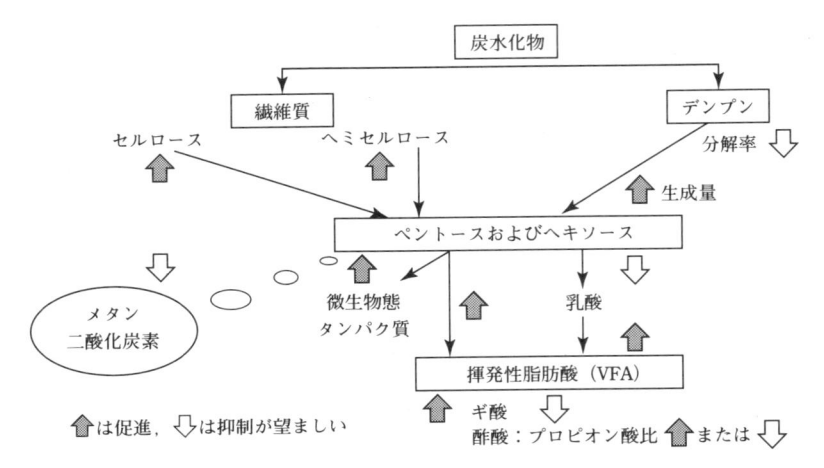

図1.2.3　炭水化物の消化・代謝によるVFAの生成

に不可欠の因子である。

　代謝の中間産物として，乳酸，コハク酸，ギ酸および水素もつくられるが，これらは他の微生物による発酵の基質として速やかに利用されるため，ふつうはルーメン内からはほとんど検出されない。

　ルーメン内でピルビン酸から酢酸がつくられる経路は菌種によって異なり，2つの方法がある。その一つはピルビン酸がリン酸化されてギ酸とアセチルリン酸を生じ，アセチルリン酸から加水分解により酢酸が作られる反応である。もう一つの経路はピルビン酸がコエンザイムA（CoA，補酵素Aともいう）化されて，アセチルCoAとギ酸を生じ，アセチルCoAまたはアセチルリン酸が酵素分解されて酢酸が生じる反応である。どちらの経路でもピルビン酸1モルから酢酸，水素と二酸化炭素とATPが1モルずつ生成される。

　プロピオン酸の生成は，コハク酸経路（ジカルボン酸経路）とアクリル酸経路（直接還元経路）によって行われる。コハク酸経路はホスホエノールピルビン酸からフマル酸が生成され，さらに還元されてコハク酸となりメチルマロニルCoAを経てプロピオン酸が生成される。コハク酸経路ではピルビン酸から乳酸が生成され，アクリルCoAを経てプロピオン酸が生成される。いずれの経路でもピルビン酸1モル代謝の過程で微生物の生育に有害な水素を2モル消費し，ATP1モルを生じる。通常はコハク酸経路が優勢であるが，濃厚飼料の給与割合が多くなるとアクリル酸経路の寄与が大きくなる。例えば，乾草給与ではプロピオン酸の92％はコハク酸経路で生成されるが，穀類多給ではアクリル酸経路は23％という報告がある。

　酪酸の生成経路も2つある。一つは酢酸2分子の縮合でアセト酢酸ができ，その還元反応で酪酸ができる反応で，脂肪酸の分解反応であるβ酸化の逆反応である。もう一つはピルビン酸からアセチルCoAを経る高級脂肪酸の合成反応であるマロニルCoA経路である。酪酸生成におけるこれら2つの経路の寄与の程度についてはわかっていない。なお，酢酸を生成する細菌は酢酸と同時に酪酸も生成し，プロピオン酸生成菌は同時に酢酸も生成することが多い。

3. 微生物の貯蔵多糖類

　非構造性炭水化物から，微生物はさらに貯蔵多糖類を合成し，蓄積する。そ

のほとんどはグルコースからなるが，細菌のものはグリコーゲン様物質が多く，プロトゾアのものはアミロペクチンが多い。貯蔵多糖類の含量は飼料給与後1～2時間目で最大となり，乾草などの粗飼料単独の場合には微生物乾燥重量の10％程度であるが，デンプンや糖類あるいは濃厚飼料を併給するとその割合は数倍になる。特にプロトゾアは貯蔵多糖類を活発に合成し，その割合が40％になることもある。貯蔵多糖類は飼料給与後2時間目頃から減少するが，これは微生物により分解されるためで，プロトゾアでは水素，二酸化炭素，酢酸，酪酸や乳酸が生成される。通常，小腸に流入するα-グルカンの大半は微生物由来貯蔵多糖類である。

一般に穀類などが多給されると急激な発酵によりVFAや乳酸の生成が高まりpH低下などルーメン環境の悪化が進むが，主にプロトゾアによる貯蔵多糖類の合成はそれを防ぎ，デンプンなどの急激な発酵を抑えルーメン発酵の安定化の役割を果たしている。

4．メタンの生成

ルーメン内では炭水化物代謝の最終産物の1つとしてメタン（CH_4）が常に生成される。メタンは難溶性なために血中にはほとんど吸収されず，あい気（げっぷ）として口から排出されるが，それにより損出するエネルギーは飼料エネルギーの3～12％になる。また，メタンは温室効果ガスの一つであり，大気中のメタンは毎年約1％の割合で増加しているとされているが，ルーメンからのメタンはその約15％を占めるので，メタン抑制は重要な課題になっている（浅沼・日野2004，柴田・板橋1999）。

メタンの生成は*Methanobrevibacter ruminantium*, *Methanomicrobium mobile*, *Methanobacterium formicium*などのメタン菌によって行われるが，これらは他の細菌と生化学的性質が異なる古細菌（アーケア）に属する。メタン菌は酸化還元電位（Eh）が－300mV以下のきわめて低い嫌気度でないと生育できない偏性嫌気性菌で，他の細菌に比べ増殖速度は遅い。また，メタン菌は低pHに弱いので，ルーメン内pHの低下によりメタン生成は減少する。

メタン菌は主にH_2とCO_2とからメタンを生成し，ギ酸，メチルアミン，メタノールからもある程度メタンを生成する。メタン生成の経路は複雑であり2

種類の補酵素が関与している。代謝経路の最後の段階に関与するものは補酵素Mであり，メチル基転移反応に関与しており，メチル-補酵素Mレダクターゼによって必要とされる因子である。この補酵素はメタン菌以外では検出されていない。

　嫌気発酵では多量のH_2を生成するが，H_2が蓄積するとヒドロゲナーゼ反応によるH_2生成が抑制され，微生物の活性は低下し，増殖が阻害される。こうして，発酵を活発にするためには水素分圧を低く保つ必要があり，メタン生成はH_2除去のための重要な手段となっている。これにより，プロトゾアや繊維分解細菌の活性を高めることになる。つまり，メタン菌はプロトゾアや細菌と共生関係にあるので，メタン菌を完全に抑制することはできない。メタン菌の多くはプロトゾアの体表や細胞内に生息しているので，何らかの方法でプロトゾアを除去するとメタン生成は20〜35％減少するが，繊維の消化が著しく低下するという問題がある。

　したがって，メタン生成を完全に抑制することは得策とはいえず，水素処理をプロピオン酸生成でより多く行うことが現実的な一つの方法である。

5. メタン生成の抑制

　メタン生成は給与飼料の種類や構成により変化し，一般に粗飼料の給与割合を低くし濃厚飼料の割合を高めると低下する。これは濃厚飼料の給与によりプロピオン酸生成菌が多くなるためであり，飼料の栄養バランスの改善はメタン生成の抑制のための基本といえる。

　乳牛ではメタン発生量は乳量が多くなるにつれて増加するが，乳量当たりのメタン発生量は逆に減少する。乳脂補正乳（FCM）量が20kgから30kgに増加すると，FCM量1kg当たりのメタン発生量は約23％低下する。また，脂肪含有率の高いビール粕やトウフ粕などを飼料中に約10％添加すると，メタン発生量は約10％低減する（永西ら，2002）。

　このような飼料給与法の改善と並んで，古くから各種の添加物によるメタン生成の減少が試みられてきた。これらの研究では，①代謝性水素のメタン以外の還元生成物の増強，②メタン菌やプロトゾアの抑制，の二つの面から検討されてきた。前者の代謝性水素の処理としては，プロピオン酸生成の前駆物質の

利用，長鎖脂肪酸や天然油脂の添加があり，後者ではハロゲン化合物などのメタン阻害剤やモネンシンなどのイオノフォアの利用がある。しかし，多くの場合，これらの添加によりメタン生成は抑制されても同時にプロトゾアの著しい減少で繊維の消化が低下したり，化学物質に対するメタン菌の適応が生じたりするので，まだ効果的な抑制法は確立されていない。

以下，①についてフマル酸を用いた場合，②についてサイクロデキストリン包接ブロモクロロメタン（BCM-CD）を用いた場合のメタン抑制効果を紹介する。

①フマル酸はルーメンでのプロピオン酸生成の一つのルートであるコハク酸経路での前駆物質なので，その添加により還元反応が促進されプロピオン酸生成が増加し，メタン生成が低下する。この場合，プロピオン酸の増加量とメタンの減少量は化学量論的にほぼ等しいとされ，100gのフマル酸が還元されるとメタンが約5l減少することになる。

ウシに粗飼料（ソルガムサイレージ）のみを給与し，フマル酸を飼料の2%添加すると，メタン発生量は約23%低下し，二酸化炭素発生量も約20%低下した。ルーメンのVFA濃度には変化は認められなかったが，プロピオン酸の比率は増大し，酢酸の比率は低下した。アンモニア-N濃度も低下したが，プロトゾア数には変化は認められなかった。フマル酸添加により，血漿のグルコース濃度は上昇し，尿素-N濃度は低下し，乾物と総繊維の消化率は変わ

表1.2.1 ウシのルーメン発酵とメタン発生量に及ぼすフマル酸とBCM-CDの影響

	フマル酸		BCM-CD	
	対照区	添加区	対照区	添加区
ルーメン液性状				
総VFA (mmol/dl)	6.5	6.9	7.1	6.5
酢酸 (mol%)	60.5	61.5	57.4	52.7
プロピオン酸 (mol%)	23.5	28.4*	26.3	26.6
アンモニア-N (mg/dl)	27.2	22.9*	27.7	25.1
プロトゾア数 (×10^5/ml)	5.9	5.9	3.8	4.8
血漿成分				
グルコース (mg/dl)	64.3	78.3*	102.1	113.8*
尿素-N (mg/dl)	8.4	6.8*	7.8	6.8
消化率 (%)				
DM	57.4	57.6	57.4	54.2
NDF	71.2	69.8	71.0	69.6
CP	54.4	58.9	52.4	53.8
CH$_4$発生量 (l/kg.DMI)	27.0	21.1*	22.8	1.1*
CO$_2$発生量 (l/kg.DMI)	353.8	286.9	301.1	348.7

注 ルーメン液と血液は飼料給与後2時間の試料，*$p<0.05$
(Bayaruら，2001)

らなかったが，粗タンパク質の消化率はやや高まった（表1.2.1）。これらは，プロピオン酸の増加により糖新生が促進されメタン生成が低下し，飼料エネルギーの利用効率が向上したことを示している。また，フマル酸を乳牛飼料に添加給与すると，乳量の増加と乳タンパク質率の向上が認められたが，これもグルコース生成が増加したためと考えられる。なお，乾草＋濃厚飼料給与の場合には，フマル酸添加によるメタン抑制は約7％と少なく，給与飼料の種類によってフマル酸の効果はやや異なることが示された。

②BCM-CDを飼料の0.1％添加すると，メタン発生量は約95％抑制され，二酸化炭素発生量はやや増加した（Ajisakaら，2002）。ルーメンVFAの濃度と組成やプロトゾア数には大きな変化は認められなかった。BCM-CDの添加により，血漿のグルコース濃度は上昇し，尿素-N濃度は低下し，飼料の消化率は変わらなかった。BCMはメタン生成の最後の段階に関与してメチル基転移反応を阻害することが知られており，このためにメタン生成が著減したと考えられる。繊維の消化などは低下しないので，メタン阻害剤として利用できる可能性があるが，BCMはハロゲン化合物であることから使用量が微量とはいえ環境汚染が懸念されるので，現時点では実用化は困難と考えられる。

また，植物由来のサラサポニンの飼料添加でメタン生成は10～20％低下することも明らかとなった。今後はフマル酸やこれらの天然物質の併用でルーメン発酵に著しい影響をもたらさずにメタンを低減させ，エネルギー利用効率の向上を図ることが重要である。

6．タンパク質・アミノ酸の代謝

ルーメン内では，飼料タンパク質および遊離アミノ酸や硝酸塩などの非タンパク態窒素化合物（NPN）のほとんどは微生物によって分解され，ペプチド，アミノ酸を経てアンモニアとなり，その後，微生物タンパク質が合成される（図1.2.4）。アンモニアは細菌のみによって利用される。プロトゾアは飼料や細菌のタンパク質を取り込み自らのタンパク質を合成する。飼料タンパク質の一部は分解されずに第三胃より小腸に移行するが，これを非分解性（バイパス）タンパク質という。小腸で吸収される微生物タンパク質とバイパスタンパク質を合わせたものは代謝タンパク質（MP）と呼ばれる。

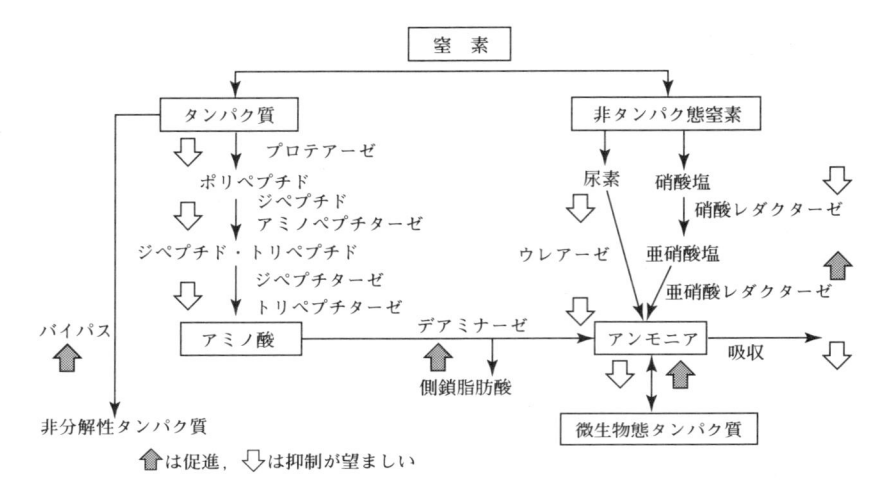

```
                        ┌─────┐
                        │ 窒 素 │
                        └─────┘
              ┌───────────┴───────────┐
         ┌─────────┐              ┌───────────┐
         │ タンパク質 │              │ 非タンパク態窒素 │
         └─────────┘              └───────────┘
            ↓ プロテアーゼ          ↓      ↓
           ポリペプチド           尿素    硝酸塩
            ↓ ジペプチド                  ↓ 硝酸レダクターゼ
              アミノペプチターゼ          亜硝酸塩
         ジペプチド・トリペプチド          ↓ 亜硝酸レダクターゼ
            ↓ ジペプチターゼ      ウレアーゼ
              トリペプチターゼ        ↓        ↓
         ┌─────┐  デアミナーゼ   ┌─────────┐
  バイパス│アミノ酸│─────────→│ アンモニア │ 吸収
         └─────┘     ↓         └─────────┘
                  側鎖脂肪酸          ↓ ↑
    非分解性タンパク質            ┌──────────────┐
                                 │ 微生物態タンパク質 │
                                 └──────────────┘
              ⇧は促進，⇩は抑制が望ましい
```

図1.2.4 ルーメン内におけるタンパク質・アミノ酸の代謝

　ルーメン内のアンモニア濃度は微生物タンパク質の合成効率の指標となり，5〜10mgN/100ml が至適濃度である。それ以上の濃度ではルーメン粘膜より吸収されるアンモニア濃度が増加し，肝臓での尿素合成が高まり，尿中への窒素損失量が増加する。一方，それ以下では細菌の増殖に必要な窒素の供給が不足する。ルーメン内で合成される微生物タンパク質のうち，細菌態は50〜60％を占め，残りはプロトゾア態である。微生物タンパク質は植物タンパク質に比べ，必須アミノ酸の割合が多く，栄養価が高い。プロトゾアには特にリジンが多く含まれているが，これはプロトゾアがリジンを合成する能力をもっているからである（OnoderaとKandatsu，1973）。

　しかし，ルーメン微生物のタンパク質合成能力には限度があり，乳牛では1日2.5kg前後である。1日乳量45kgの場合，乳腺では約1.5kgのタンパク質が合成されるが，消化吸収率や利用効率を考えると粗タンパク質（CP）としては約4kgが必要となる。この不足分は飼料からの非分解性（バイパス）タンパク質で補わねばならない。飼料タンパク質のルーメン分解率は加熱処理によって低下するので，大豆（粕）などではこの処理が行われている。

　多くの研究によれば，乳牛飼料の主要タンパク質源が大豆（粕）などのマメ科である場合にはメチオニンが，穀類由来のタンパク質が多い場合にはリジン

が最も不足しやすいアミノ酸とされている。また，特に乳タンパク質率を高めるためには代謝タンパク質の必須アミノ酸のなかで，リジンは15％，メチオニンは5.3％必要とされている。そのため，これらを比較的多く含みバイパス率が高い加熱大豆（粕）などの利用が一般に行なわれるが，これらのバイパスアミノ酸製剤の利用もすすめられている。バイパスアミノ酸製剤の添加により，乳量と乳タンパク質率の増加のみならず窒素の排泄量の低下の可能性も示されている。バイパスアミノ酸の利用のねらいは消化吸収されるアミノ酸のバランスを改善し，それによって飼料のCP水準を下げ，飼料コストを低減することにあるが，その前提としてエネルギーとタンパク質の給与を適切に行い微生物タンパク質の合成を高めることに留意する必要がある（板橋，1998）。

プロトゾアは摂取したタンパク質を分解し，アミノ酸やペプチドを体外に放出する。ここで生じた遊離アミノ酸は主に細菌によって速やかに分解されアンモニアになるので，通常，遊離アミノ酸の蓄積は少ないが，これらは細菌の代謝を活発にし生育を促進する。遊離アミノ酸の分解速度は種類によって異なり，必須アミノ酸のうちで最も早く消失するのはアルギニンとスレオニンであり，リジン，フェニルアラニン，ロイシン，イソロイシンが中間でこれに続き，最も緩慢に消失するのはバリンとメチオニンである。

プロトゾアは特殊なアミノ酸から特殊な化合物を生成する。例えば，リジンからピペコリン酸を，メチオニンとスレオニンから2-アミノ酪酸を，メチオニンからメチオニンスルホキシドを，アルギニンからシトルリンやオルニチンを生成する。このなかでピペコリン酸は脳の安定化に関与する神経伝達物質ギャバ（GABA，γ-アミノ酪酸）の脳内放出を促進する神経変調物質であることが知られており，ウシが落ち着いて鎮静な状態を保つのに関係していると考えられている。ルーメン液と血漿のピペコリン酸濃度は飼料給与後1～2時間後に高くなる。最近，プロトゾアを除去したウシではそれが存在するウシに比べ，ルーメン液および血漿中のピペコリン酸

表1.2.2 ウシのルーメン液と血漿のピペコリン酸の濃度に及ぼすプロトゾアの影響

飼料給与後時間 (hr)	ルーメン液（μM）			血漿（μM）		
	0	2	5	0	2	5
プロトゾア存在牛	18.3	65.0*	52.2*	7.4*	10.6*	7.8*
プロトゾア不在牛	20.6	41.9	14.3	2.1	4.8	3.3

＊$p<0.05$ （Hussain-Yusufら，2003）

濃度が低下することが明らかにされたが（表1.2.2），プロトゾアの存在によりウシの脳が鎮まり安定化され，乳生産にも寄与することが考えられる（Hussain-Yusufら，2003，小野寺ら，2004）。

7. 脂質の代謝

一般にウシの飼料には脂質が2〜5％含まれており，これは構造脂質と貯蔵脂質とからなっている。構造脂質は葉の表面のロウや細胞膜の糖脂質やリン脂質として存在する。貯蔵脂質は主に種実に含まれ，この多くは中性脂肪である。脂質の大部分はルーメン微生物により分解されるが，ロウだけは分解されない。

通常の乳牛の給与飼料では，脂質の43％は脂肪酸であり，8％はガラクトース，4％はクロロフィルで，ロウは17％となっている。牧草の糖脂質にはガラクトースが多く含まれている。飼料中の脂肪酸としては，C18：1（オレイン酸），C18：2（リノール酸）およびC18：3（リノレン酸）のような不飽和脂肪酸が多く含まれる。

飼料中の脂質は微生物のリパーゼにより加水分解され，遊離された不飽和脂肪酸は水素添加される。主要な脂質分解菌としては *Anaerovibrio lipolytica* が知られており，これは10^7/gの密度でルーメンから検出され，C12以上のエステル化脂肪酸を加水分解する。水素添加は微生物に有害な代謝性水素の除去に寄与し，嫌気的な環境で生息している微生物の増殖を高める。不飽和脂肪酸が多いと，疎水性の被膜で微生物を覆い，また繊維質などの基質に微生物が付着できなくなるため，ルーメン発酵は阻害される。そのため，飼料中の脂質の割合は5％以下にする必要がある。加水分解では長鎖脂肪酸とグリセロールやガラクトースが生じ，長鎖脂肪酸はVFAやCO_2への異化などはほとんどなく，ルーメン粘膜からは吸収されずに小腸粘膜から吸収される。グリセロールなどからはプロピオン酸や酪酸が生成される。

分解された脂質成分の一部は微生物に取り込まれ，細胞膜や体成分の構成素材となる。細菌の脂質含量は乾物（DM）当たりで10〜15％であり，約30％のリン脂質を含んでいる。細菌の脂質は飼料中の脂質を取り込んだもの（内因性）と *de novo* 合成したものからなり，その割合は飼料の脂肪含量と細菌の種

類により異なる。脂質の脂肪酸ではC16：0（パルミチン酸）やC18：0（ステアリン酸）などの飽和脂肪酸が多く，さらにC15やC17の奇数炭素や分枝脂肪酸を含む特徴があり，これらはミルクの脂肪酸になる。プロトゾアもグルコースを細胞内に取り込み脂肪酸合成を行っている。プロトゾアの脂質は細菌よりも多くの割合でリン脂質を含み，脂肪酸組成では細菌に比べ，C16：0の割合は多く，C18：0の割合は少ない。微生物が合成する脂質は，乳牛では1日に140gにもなるが，その半分以上はプロトゾア由来とされている。水素添加では各種の脂肪酸の異性体も生じるが，これらはミルクの重要な香気成分になる。

近年，リノール酸の幾何および位置異性体であり，抗ガンや抗動脈硬化などの生理活性作用をもっている共役リノール酸（シス-9，トランス-11，CLA）が注目されている。CLAは飼料中のリノール酸が水素添加される過程での中間産物で，関与する菌としては*Butyrivibrio fibrisolvens*が知られ，ルーメン酸とも呼ばれている。CLAは牛乳や牛肉など反芻家畜由来の食品中に多く含まれていることから，これらのCLA含量を高める研究が行われている。CLA生成には別のルートの可能性もある。これは他の中間産物であるトランスバクセン酸（トランス-11C18：1）が体内に吸収後，乳腺や脂肪組織に取り込まれ，不飽和化酵素によってCLAに変換されるというものである。細菌に比べプロトゾアはリノール酸を多く含むが，CLA含量もプロトゾアの方が多いことが最近明らかとなった。表1.2.3に両者の脂肪酸組成を示した。

従来，濃厚飼料多給などによる乳脂率の低下はルーメンでのプロピオン酸生

表1.2.3 ルーメン細菌とプロトゾアの脂肪酸組成

脂肪酸	細菌	プロトゾア
	……g/100g 総脂肪酸……	
C12：0	0.57	0.19 **
C12：1	0.77	0.11 **
C13：0	0.48	0.26 **
C14：0	2.20	1.55 **
C14：1	1.36	0.87 **
C15：0	2.62	1.12 **
C16：0	20.74	33.41 **
C16：1	0.81	1.86 **
C17：0	1.01	0.60 **
C18：0	37.40	11.56 **
C18：1	7.78	20.21 **
C18：2	4.83	8.82 **
C18：3	0.15	0.49 **
TVA	3.96	5.54 **
総CLA	1.02	1.64 **
総USFA	22.32	41.28 **
総SFA	65.02	48.69 **

注　TVA：トランスバクセン酸（トランス-11 C18：1），CLA：共役リノール酸，USFA：不飽和脂肪酸，SFA：飽和脂肪酸
＊＊p＜0.01　　（Halimaら，2005）

成の増加が原因であると説明されていたが，最近，ルーメンで生産されるCLAやトランスバクセン酸は乳脂肪合成の阻害物質であることがわかり，それらの生成増加が原因であるという説が提唱されている。

泌乳初期や暑熱期には乳牛のエネルギー摂取量の不足を補うためにバイパス油脂が利用されることがある。これには脂肪酸のカルシウム塩がよく用いられるが，ルーメン発酵には影響を与えないで乳量や乳脂率を高めることができる。近年，大豆油やアマニ油由来の脂肪酸カルシウムの飼料添加で乳量増加とともに乳中のCLAも数倍に高まることが明らかにされた。また，放牧主体の乳牛では，乾草やサイレージ給与に比べて，乳中のCLAが増加することも知られている。これはこれらの油脂や牧草にリノール酸やリノレン酸が多く含まれているためである。牧草をサイレージや乾草にするとその過程で不飽和脂肪酸の水素添加が起こり，リノール酸などは減少すると考えられる。今後は，C18不飽和脂肪酸が豊富にある飼料を給与して乳脂肪中のCLA含量を増加させ，牛乳の機能性を高めることも重要な方向といえる。

8. ミネラルとルーメン微生物の増殖・代謝

ミネラルは生物体内における存在量により，多量ミネラルと微量ミネラルに分類される。多量ミネラルはルーメン内の浸透圧やpHなどの物理化学的な特性を調節し，ルーメン微生物の生存と代謝活性に大きな影響を及ぼしている。

ナトリウム（Na）はルーメン液と微生物体内に最も多く含まれている多量ミネラルであり，微生物の活動にとって重要である。グルコースやアミノ酸の細胞内への取り込みはNaによって促進され，それが不足すると細菌の増殖は抑制される。通常，ルーメン液のNa濃度は1,600〜4,000mg/lなので細菌の増殖に対し不足することはない。しかし，Na濃度が6,000mg/lを上回ると細菌の増殖は強く抑制される。

カリウム（K）もルーメン液には多く含まれ，主に水溶性区分に存在する。Kは微生物のタンパク質合成に必須であり，セルロース分解などを促進するが，通常では植物はKを多量に含むので微生物の要求量を下回ることはない。

リン（P）は多くの補酵素の構成成分であり，すべての微生物に必須である。微生物のPの約80％は核酸に，約10％はリン脂質に含まれる。Pは細菌の増

殖やセルロース分解を促進する。通常，唾液より多量のPがルーメンに入り，牛では1日約60gに達するが，これは微生物の要求量を満たすのに十分である。Pは穀類や大豆粕などの豆類に多く含まれ，その多くはフィチン酸として存在している。これまで，反芻動物ではルーメン微生物の分解酵素フィターゼによりほぼ完全に分解されると考えられてきたが，近年，フィチン酸の約20％は分解されないことが明らかとなった。そのため，フィターゼの飼料添加によるPの利用性の向上も重要になっている。

　カルシウム（Ca）は唾液中に含まれるがその量は少なく，ルーメン内のCaの95％は飼料由来である。マメ科牧草はCaのよい給源である。ルーメン内ではCaの多くは飼料粒子と結合し，30％ほどが溶解している。Caは多くの微生物の増殖速度を高め，VFAやセルロース分解を促進する。Caの溶解性はpHに依存しており，pHが低下すると溶解性は下がり，微生物によるCaの利用性は影響を受ける。

　マグネシウム（Mg）もほとんど飼料から供給され，すべての微生物に必須である。Mgの多くはルーメンから吸収されるが，この吸収をKやアンモニアが抑制するため，Mgが少なくKやN含量の多い粗飼料を給与するとMg欠乏になることがある。Mgは細菌の増殖とセルロース分解を促進する。

　イオウ（S）はメチオニンなどの含硫アミノ酸に含まれるので，すべての微生物に必須である。細菌は無機態のSより含硫アミノ酸を合成できる。S化合物は各種の微生物の増殖やセルロース分解を促進し，リボフラビンやビタミンB_{12}の合成を促進する。

　微量ミネラルも微生物の増殖と代謝に大きな影響を及ぼす。鉄（Fe）は微生物内で酸化還元反応を行う多くの酵素の補因子として機能している。数種の細菌のセルロースの分解や増殖がFeで促進されることが認められている。Feはほとんど飼料に由来するが，通常では微生物の生育に不足することはない。銅（Cu）はルーメン内では溶液中に約半分が存在し，通常，Cu欠乏は生じにくいが，モリブデン（Mo）およびSとの間に強い相互作用があり，Moが過剰の場合にはCu欠乏が生じる。プロトゾアはCuに対する耐性が弱く，Cuが多い飼料では個体数は著しく減少する。コバルト（Co）はビタミンB_{12}の成分であるが，各種の細菌はCoよりB_{12}を合成できる。微量のCoにより，セルロー

スの分解やVFAの生成は高まる。プロトゾアの生育はCoにより促進されるが，これは細菌によって合成されたB_{12}のためとされている。

　微量ミネラルのなかで，カドミウム，コバルト，銅，水銀，ニッケルおよびセレンなどは，比較的低濃度で細菌の代謝活性を抑制するので，過剰摂取には注意する必要がある。各ミネラルの細菌とプロトゾアに対する毒性を比較すると，Cuのみはプロトゾアの方が低濃度で有害となるが，一般にミネラルの毒性に対する耐性はプロトゾアの方が細菌よりも高い（松井・矢野，2004）。

9. ビタミンの作用とルーメン微生物

　各種のビタミンのなかで，ビタミンB群とビタミンKはルーメン細菌により合成されるが，脂溶性ビタミンのビタミンA，D，Eは合成されないので，ウシはこれらを摂取する必要がある。ビタミンCは多くの動物の体内で合成できるので摂取する必要はないが，各種のストレスがビタミンCの消費を増大することが知られており，そのような場合にはこれを補給することが好ましい。

　ルーメン内でビタミンB群は低濃度であるが，比較的一定に保たれている。これは，B群の合成量が，飼料中のビタミン含量が高いと減少し，低い場合には増加するためである。ビタミンB_1（チアミン）はルーメン内では溶液中に多く存在し，微生物細胞中ではプロトゾアに比べ細菌に多く含まれる。*F. succinogenes*などの繊維分解菌やメタン菌などは合成できないのでこれを要求する。ビタミンB_2（リボフラビン）もルーメン内分布はビタミンB_1と同様である。多くの細菌により合成されるため動物が欠乏になることはないが，ルーメン機能が十分に発達していない子ウシでは欠乏が生じることがある。

　ナイアシン（ニコチン酸）は補酵素であるNAD（ニコチン酸アミドアデニンジクレオチド）とNADP（ニコチン酸アミドアデニンジクレオチドリン酸）の構成成分として重要であるが，動物体内ではトリプトファンから合成される。ルーメン液中のナイアシン濃度は5～10mg/lと他のビタミンBよりも10倍程度多く含まれている。細菌によるナイアシン合成量はウシの必要量を満たせるが，高エネルギー飼料給与の肥育牛や泌乳初期の乳牛ではナイアシンの要求量が高まるため，飼料添加することが望ましい。ナイアシンは微生物タンパク質の合成と窒素の蓄積を高め，また，ケトーシスの治療にも効果がある。ビタミ

ンB$_6$はピリドキシンなどの含窒素化合物で，アミノ酸代謝にかかわっている。これを合成できる細菌は比較的少ないので，添加するとセルロース分解やジアミノピメリン酸からのリジン合成は促進される。

　ビタミンB$_{12}$はプロピオン酸からコハク酸の産生を触媒する酵素の活性に必須の成分である。反芻動物ではプロピオン酸は重要なエネルギー源であるので，多くのB$_{12}$を要求する。B$_{12}$の合成にはコバルト（Co）が必要であるが，飼料中のCoがB$_{12}$合成に利用される割合は3％程度と少ない。そのため，濃厚飼料の給与量が多い場合にはB$_{12}$の補給が効果をもたらし乳量が高まることが多い。

　葉酸やコリンも通常の飼料では不足することはないが，その飼料添加により乳量が増加する場合がある。ビタミンC（アスコルビン酸）は動物体内で合成され抗酸化物質として作用するが，飼料由来ビタミンCはルーメン内で速やかに分解されるため欠乏になり，免疫能低下や成長抑制を起こすことがある。最近，ルーメン内で分解されにくいビタミンC製剤が開発され，その添加効果が検討されている。

　脂溶性ビタミンであるビタミンAは視覚作用を有する物質の構成成分であるが，近年では核内転写因子と結合・活性化することにより遺伝子発現を調節することで注目されている。ビタミンAは植物飼料中のβ-カロチンなどのプロビタミンAが小腸内でレチノールに変化し吸収される。摂取したβ-カロチンの50％程度はルーメン内で分解されるが，粗飼料多給時に分解程度は多くなるとされている。β-カロチンは抗酸化能を有しているが，セルロース分解菌の増殖を高める作用もある。

　ビタミンDは飼料原料に含まれる前駆物質のプロビタミンDが紫外線照射によって生じる抗くる病成分であり，植物由来エルゴカルシフェロール（ビタミンD$_2$）と動物由来のコレカルシフェロール（ビタミンD$_3$）がある。ビタミンD$_3$は飼料添加物などとしても用いられる。通常，ウシは日光を浴びた草を採食することにより十分量のビタミンDを摂取している。過剰に摂取すると中毒になるが，ルーメン微生物はビタミンDの多くを分解し解毒する作用がある。

　ビタミンEの主成分はα-トコフェロールであり，抗酸化能をもち生体膜中脂質の過酸化を抑制する。ビタミンEは多くの飼料原料に含まれているが，安定性は低く貯蔵中などにかなり破壊されるので，飼料添加物として与えられて

いる。ビタミンEは脂質過剰によるルーメン微生物の成育抑制を防いだり，セルロース分解菌の増殖を促進したりする作用がある。また，数種の細菌はビタミンEの誘導体を含んでおり，不飽和脂肪酸の水素添加の補助因子として作用していると考えられている。

（板橋久雄）

第3節　高品質牛乳生産のためのルーメン発酵管理

　ルーメン発酵は飼料条件が一定の場合には安定的に維持されるが，粗濃比や給与頻度が変わると発酵パターンは変化する。高泌乳では，特に濃厚飼料の給与割合が高まるが，微生物叢の恒常性を維持し発酵を安定的に保つことがきわめて重要である。

1．ルーメンpHの安定的維持

　飼料給与後，炭水化物の発酵により多量のVFAなどの酸が生成され，ルーメンpHは徐々に低下する。通常，これはアルカリ性（pH8.3）の唾液の多量の流入で中和され，正常なpH6～7が維持されるが，濃厚飼料の多給ではそれ以下にpHが低下することがある。一方，低品質飼料を多給するとVFAの生成が低下し，pHは7.5程度まで上昇し，発酵が抑制される。適切なルーメンpHの維持はルーメン機能を高めるために最も重要である。プロトゾアはデンプンを摂取して急激な発酵を抑制し，また乳酸を代謝することによってpH低下の防止に寄与している。

　pH低下は繊維分解菌やプロトゾアを減少させ，繊維の消化に影響し，乳成分特に乳脂率を低下させるが，それを防ぐには一定割合の粗飼料の給与が必要である。日本飼養標準では，繊維水準としてNDFで35％，ADFで21％，粗繊維で17％という値を推奨している。米国NRC飼養標準の推奨値はNDFで28％となっているが，これは牧乾草が十分に給与できる条件下であって，食品製造副産物や穀類の割合が多い日本では上記のように多くする必要がある。

　粗飼料の給与を高めてもpHが低下する場合には，重炭酸ナトリウムや酸化マグネシウムなどの緩衝剤を利用しなければならない。これらはpH低下を防

止するとともに、ルーメン内容液の希釈率を高める作用がある。これは緩衝剤によって浸透圧が高まり、飲水量やルーメン粘膜の血流からの水の流入が多く

表1.3.1　乳牛のルーメン液、血漿および牛乳の抗酸化活性に及ぼす茶葉添加の影響

飼料給与後時間 (hr)	ルーメン液（U/ml）			血漿	牛乳
	0	2	5	2	
対照区	234	249*	148*	149	61
茶葉添加区	270	380	255	210	122*

注　添加区には茶葉1％を添加した。＊p＜0.05

(宮澤ら、2005)

なるためである。希釈率が高まると、バイパスデンプンなどの割合が多くなり、下部消化管でのそれらの利用がすすむ効果がある。

2. ルーメン液の抗酸化活性の亢進

最近、濃厚飼料の多給や集乳の広域化にともない、牛乳の異常風味などの問題が生じている。この原因はさまざまであるが、牛乳の抗酸化活性の低下とそれにともなう異常臭ヘキサナールの生成がある。牛乳の抗酸化活性には、ルーメン内の抗酸化能が大きく関係している。ルーメン液の抗酸化活性は飼料給与後に高まるが、これにはプロトゾアが寄与している。ルーメンからプロトゾアを除去すると、ルーメン液と血液の抗酸化活性は低下する。また、抗酸化作用が高いカテキンなどを多く含む茶葉を給与すると、ルーメン液の抗酸化活性が高まり、牛乳でのその活性も高まることが明らかとなった（表1.3.1）。牛乳の抗酸化能は重要な機能の一つであり、正常なルーメン微生物の構成を維持し抗酸化活性を高めることが良質牛乳の生産のために重要となる。

3. ルーメンでの繊維消化の促進

乳牛は大量の粗飼料を摂取し、これより多量のVFAや微生物細胞がつくられ乳成分が合成されるが、その消化率は60〜65％で高くはなく、残りは糞として排泄される。そのため、ルーメン微生物による繊維消化の促進が近年注目されている。これには分子生物学的手法の利用が期待されており、すでに繊維分解にかかわる多くの細菌の遺伝子がクローニングされているが、まだ実用段階には至っていない。現在、繊維成分の消化促進では、各種の添加物の利用が期待されている。すでにセルラーゼなどの数種の酵素剤の添加が繊維の消化促

表 1.3.2　ルーメン発酵と消化率に及ぼすセロビオース
＋酵母発酵培養物の影響（*in vivo* 実験）

	セロビオース＋酵母発酵培養物 (mg)		
	0	60＋20	60＋40
pH	5.9	5.9	5.8
アンモニア-N（mg/dl）	16.5	14.0 *	13.4 *
VFA（mM）	66.3	68.9 *	74.9 *
酢酸（mol%）	57.6	57.2 *	55.8 *
プロピオン酸（mol%）	25.5	26.7 *	28.1 *
酪酸（mol%）	12.7	13.2 *	13.6 *
プロトゾア数（×10^4/ml）	12.5	12.5	11.9
CH_4（発生量 ml）	15.4	15.5	15.5
H_2（発生量 ml）	0.03	0.03	0.03
DM 消失率（%）	45.2	47.4 *	50.7 *
セルロース分解菌数（×10^6/ml）	4.7	5.4 *	6.8 *

注　基質として乾草＋濃厚飼料（1.5：1）を添加し，6 時間
培養（DM 消失率は 24 時間培養）。＊ $p < 0.05$
（Lila ら，2006）

進に効果がある可能性がいくつかの研究で示されている。

著者らはプロバイオティックスの利用を考え，酵母発酵培養物（*Saccharomyces cerevisiae* 2 菌株，市販品）の添加の効果を検討した。その結果，添加により VFA 生成とプロピオン酸生成は高まり，繊維分解菌数が増加し繊維の消失率は約 10％高まることを認めた。さらに，エネルギーの損失とともに温室効果ガスでもあるメタンもやや低下した。また，細菌の増殖促進因子として知られているセロオリゴ糖（セロビオース）を添加した場合にも同様な結果が得られ，酵母発酵培養物＋セロオリゴ糖の添加では，これらの効果はさらに増強された（表 1.3.2，Lila ら，2006）。

反芻家畜の最大の利点は，地球上で最も豊富な有機資源である植物繊維を消化・利用できることである。このためにはルーメン微生物の機能を最大限に発揮させるような飼料給与が重要であることは論をまたない。ここでは，添加物の利用について紹介したが，さまざまな生産形態でルーメンの有用な機能を増強できるような組み合わせが開発されることが望まれる。

わが国の飼料自給率は 25％にまで低下したが，今後の畜産問題を考えるときに自給率の向上はまず第一義的に取り組まれなければならない課題である。酪農では同時に飼料の有効利用が一層求められ，ルーメン機能の開発による繊維消化率の向上がさらに重要になると考えられる。繊維の消化を高めることを目標にすると同時に，エネルギーの損失であるメタン生成を抑制するなどルーメン発酵をある程度制御することも重要である。一方で，牛乳の新たな機能性

などが見出されており，これらを増強するためにもルーメン機能の開発に関する研究が進展することが期待される。そして，これらにより，日本型ともいえる酪農技術を発展させることが求められている。

(板橋久雄)

参考文献

1) Ajisaka, N., N. Mohammed, K. Hara, K. Mikuni, T. Kumata, S. Kanda and H. Itabashi (2002) Effects of medium chain fatty acid-cyclodextrin complexes on ruminal methane production *in vitro*. Anim. Sci., J., 73: 479-484.
2) 浅沼成人・日野常男（2004）ルーメン微生物の発酵とエネルギー代謝の調節．新ルーメンの世界（小野寺良次監修・板橋久雄編），454-533．農文協．
3) Carpita and Gibeant (1993) Structural models of primary-cell wells in flowering plants. Plant Journal, 3: 1-30.
4) Eruden B., S. Kanda, T. Kamada, H. Itabashi, S. Andoh, T. Nishida, M. Ishida, T. Itoh, K. Nagara and Y. Isobe (2001) Effect of fumaric acid on methane production, rumen fermentation and digestibility of cattle fed roughage alone. Anim. Sci. J., 72: 139-146.
5) 堀口雅昭（1994）反芻胃内消化．基礎家畜飼養学（亀高正夫ら著），75-78．養賢堂．
6) Hussain-Yusuf, H., H. Sultana, T. Takahashi, T. Morita, H. Sato, H. Itabashi and R. Onodera (2003) Pipecolic acid in rumen fluid and plasma in ruminant animals. Anim. Sci. J., 74: 187-193.
7) 板橋久雄（1998）泌乳牛に対するバイパスアミノ酸の利用．家畜診療，45: 275-287．
8) Lila, Z.A., N. Mohammed, T. Takahashi, M. Tabata, T. Yasui, M. Kurihara, S. Kanda and H. Itabashi (2006) Increase of ruminal fiber digestion by cellobiose and a twin-strain of Saccharomyces cerevisiae live cells *in vitro*. Anim. Sci. J., 77: 407-413.
9) 松井　徹・矢野秀雄（2004）ミネラルおよびビタミンの代謝．新ルーメンの世界（小野寺良次監修・板橋久雄編），388-453．農文協．

10) 三森眞琴・湊 一 (2004) ルーメン細菌の種類と生態. 新ルーメンの世界（小野寺良次監修・板橋久雄編), 43-85. 農文協.

11) Minato, H., M. Otsuka, S. Shirasaka, H. Itabashi and M. Mitsumori (1992) Colonization of microorganisms in the rumen of young calves. J. Gen. Appl. Microbiol., 38: 447-456.

12) 宮澤賢司・平田哲兵・横田雅人・神田修平・板橋久雄 (2005) 茶葉の給与がルーメン液と牛乳の抗酸化活性に及ぼす影響. 日本畜産学会第104回大会講演要旨, 58.

13) Onodera, R. and M. Kandatsu (1973) Synthesis of lysine from diaminopimelic acid by mixed ciliate rumen protozoa. Nature New Biolo., 244: 31-32.

14) 小野寺良次・長峰孝文・高橋俊浩 (2004) 窒素化合物の代謝と栄養生理. 新ルーメンの世界（小野寺良次監修・板橋久雄編), 231-234. 農文協.

15) 大宮邦雄 (2004) ルーメン微生物への分子生物学的アプローチ. 新ルーメンの世界（小野寺良次監修・板橋久雄編), 128-134. 農文協.

16) 柴田正貴・板橋久雄 (1999) 反芻動物におけるメタン産生. 反芻動物の栄養生理学（佐々木康之監修・小原嘉昭編), 169-183. 農文協.

17) Sultana H., T.Hirata, K.Miyazawa and H.Itabashi (2004) Conjugated linoleic acid content and fatty acid composition in rumen microbes. 日本畜産学会第103回大会講演要旨, 50.

第2章 ルミノロジーとウシの栄養・飼養

　わが国における経産牛1頭当たりの年間搾乳量と酪農家1戸当たりの経産牛飼養頭数は，この20年間ほとんど直線的に伸び続け（図2.0.1），現在では年間搾乳量が1万キロを超えるウシを見ることはそれほど珍しいことではなくなっている。しかし，この高泌乳量を実現した背景には，単に乳牛の遺伝的改良が順調に進んだだけではなく，価格の安い輸入濃厚飼料への依存も高まったことはよく知られており，粗飼料給与割合は20年前の50％から45％へと低下している。さらに，飼料自給率の低下は濃厚飼料自給率のみならず，粗飼料自給率においても75％にまで低下している。そのため，飼料供給の不安定性が増しただけでなく，濃厚飼料多給による家畜への負荷も増大し，疾病発生率の増大，繁殖成績の低下などの問題も生じている。

　家畜としてウシを飼養する意義は，高品質なタンパク質食品素材がヒトには利用できない草資源や食品残さなどから生産可能な点であり，地球の人口が爆発的に増加している現在，限られた地上のバイオマス資源の多面的な有効利用という観点からもその積極的な活用は緊要の課題である。ルミノロジー研究の目的も食糧資源の安定的供給による人類福祉への貢献にあるものと考えると，環境との調和は21世紀の畜産技術開発の前提条件となる。一方，畜産業が産業である以上，少なくとも再生産を保障するだけの収益は必須であ

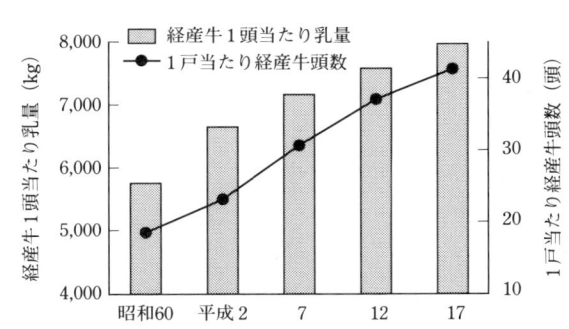

図2.0.1　経産牛1頭当たりの搾乳量と1戸当たりの飼養頭数の推移

（農林水産省「農業経営統計調査 牛乳生産費」より作成）

り，ルミノロジー研究の出口としてコスト低減，生産性向上に寄与することは必然であろうし，研究の展開方向に関するより深い社会学的考察が求められるものと考える。本章では，このような視点をふまえながら，乳牛を中心に近年の栄養・飼養研究の動向を紹介し，今後の研究の方向性についてもふれてみたい。

第1節　高泌乳牛に対応した栄養管理

1．エネルギー要求量の精緻化

(1) 高泌乳牛のエネルギー要求量に関する研究

家畜に給与された飼料のエネルギー利用の流れは，図2.1.1のように整理することができる。給与飼料の総エネルギー（gross energy，GE）は，そのすべてが家畜に利用されるわけではなく，糞や尿あるいはメタンとしての損失が，エネルギーの吸収，利用の前段としてあり，糞としてのエネルギーロスを差し

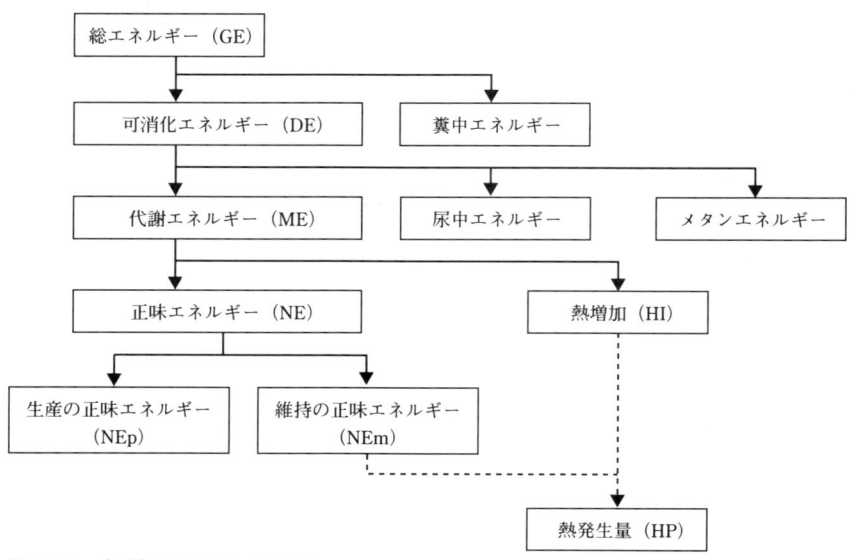

図 2.1.1　飼料エネルギーの利用

引いたものが可消化エネルギー（digestible energy, DE）であり，DEから尿やメタンガスとしてのロスを差し引いたものが代謝エネルギー（metabolizable energy, ME）である。さらに，生体内代謝過程でのエネルギーロスとなる熱増加（heat increment, HI）を差し引いたものが正味エネルギー（net energy, NE）である。飼料の有するエネルギーはGEにほかならない。

家畜のエネルギー要求量は，本来，NEとして示されるものであるが，その測定は煩雑であり，わが国のように多様な飼料が用いられる飼養形態にあってNEを評価単位とすることは実際上は困難である。諸外国ではその研究蓄積や飼養の実態を考慮して，消化率や代謝率などの家畜の利用性をある程度加味したエネルギーの評価単位を用いることが多く行われている。そこで，わが国の飼養標準においてもMEを評価単位として採用し，MEに種々の生産に対する利用効率を乗ずることによって，簡便にNEを推定できる形になっている。なお，家畜に給与するエネルギーや要求量の単位として，諸外国では仕事量の単位であるジュール（J）が広く用いられているが，わが国では普及などの場面でカロリー（cal）が用いられていることから，本章でもカロリーを用いて記述する。

エネルギーの利用効率　家畜が必要とするエネルギー量を算出するに当たって，自分自身の体を維持するために必要なエネルギー（維持エネルギー）と，成長・増体（肥育）に，泌乳（乳生産）に，あるいは妊娠に必要なエネルギー（生産エネルギー）とに区別して積算することが一般に行われている。すなわち，

　　家畜のエネルギー要求量＝維持要求量＋妊娠，泌乳，成長，肥育などの生産に要するエネルギー量

として示され，このようなエネルギー要求量の算出法を要因法（factorial method）とよんでいる。

MEの利用効率は維持や生産目的によって大きく異なることが知られており，このように生産目的別に要求量を求めることは，利用効率を考慮するうえでも都合がよい。MEの利用効率は次式で定義される。

　　MEの利用効率＝ΔME蓄積量／ΔME摂取量

乳生産に対するMEの利用効率　図2.1.2は乳生産に対するMEの利用効率

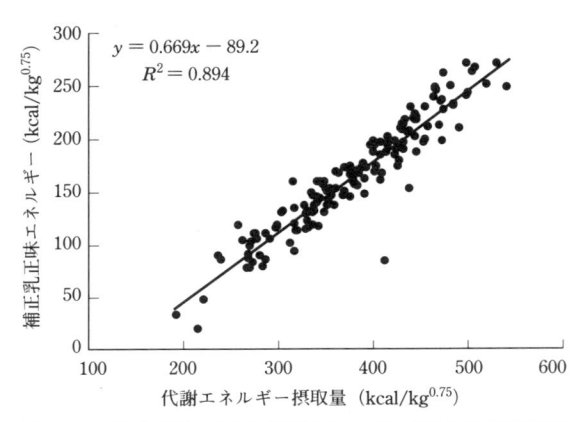

図 2.1.2 乳生産に対する代謝エネルギー(ME)の利用効率

(k_l) について検討するため，著者らの研究室で実施した乳牛のエネルギー出納成績と早坂 (1994) の成績をプロットしたものである (x 軸；ME 摂取量，y 軸；乳エネルギー生産量 $\langle NE_l \rangle$)。ただし，実際の出納試験では体からのエネルギーの動員あるいは蓄積が生じるので，これを補正している（補正としてエネルギー蓄積量に 1.0 を乗じて乳生産エネルギー量に加算，損失量に 0.8 を乗じて生産量から減算した）。両者の間には，$y=0.669x-89.2$ という式が得られており，すなわち，k_l が 66.9 ± 1.9％であり，ME の維持要求量が 133.3kcal/kg$^{0.75}$ であることがわかる。諸外国の報告においても k_l は 60〜70％であり，よく一致している。しかし，次の点ははたしてどうなのだろうか。

この値はどこまで適用が可能なのか　図 2.1.2 に示されたデータは，乳量 10〜50kg 程度の搾乳牛によるものである。畑作や稲作における収穫量では生産水準が高まるに従って効率が低下する，いわゆる「収穫量逓減の法則」が喧伝されるが，高泌乳牛にはこの法則は当てはまらないのだろうか，という疑問である。図 2.1.2 では直線性はかなり高く，その逓減の可能性はまだ見えていない。しかし，実験データは高泌乳を実現できた個体から得られたものであり，高泌乳牛において障害が多発している現在の飼養状況下においては，エネルギー利用上の逓減は生じていなくても，乳生産性上の逓減は発生しているのではないだろうか。

この解析ではエネルギーの動員，蓄積を補正しているが，動員や蓄積を制御することこそが重要なのではないか　高泌乳牛のエネルギー利用上の最大の問題は泌乳初期のエネルギー動員の影響をいかに小さく抑えるかにかかっている

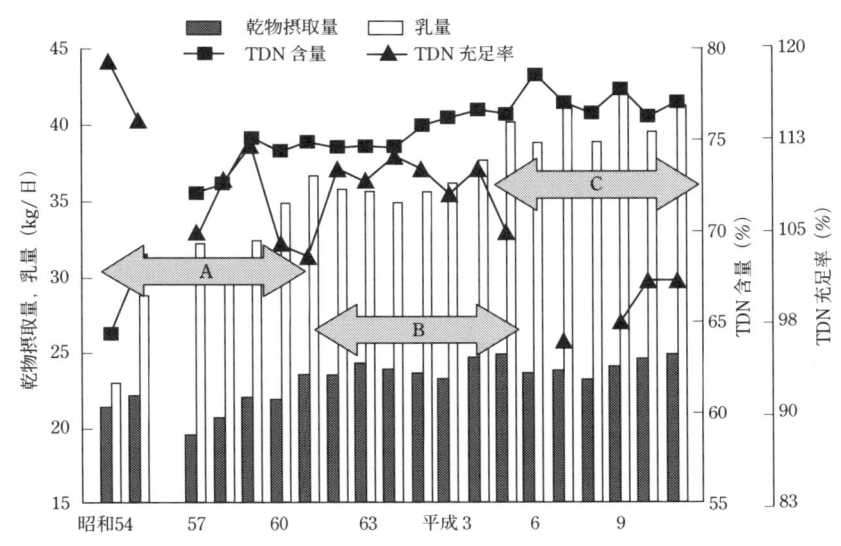

第2章　ルミノロジーとウシの栄養・飼養　59

図2.1.3 協定研究における泌乳初期の乾物摂取量，乳量，TDN充足率の推移
（関東東海北陸畜産関係場所による協定研究成績より）

A，B，Cは本文参照

（単にエネルギー利用上だけでなく，飼養上も最重要課題でもある）。図2.1.3は関東東海北陸畜産関係場所の共同研究による泌乳初期105日間の泌乳成績の推移をグラフ化したものである。昭和50年代前半は乳量に対して可消化養分総量（TDN）摂取量が多く，要求量は充足している状況であったが，その後，乳量の増加にともなって徐々に充足率が低下する傾向を示した（図中A）。次いで，昭和60年代に入ると乾物摂取量（DMI）が乳量の伸びほどには増加しないことから飼料中のエネルギー含量を高めることで充足率の維持を図るようになってきており（図中B），平成に入るとそれによる充足率の維持も限界に達している（図中C）。しかし，それでも泌乳量は増加し続けており，それは泌乳初期における体組織からのエネルギー動員の増大と体蓄積よりも泌乳へグルコース利用を振り向けることによって実現しているものと考えられる。このような栄養素配分調節機能の乳生産へのシフトが何によって制御されているかという点は非常に興味深く，ソマトトロピン軸にかかわるインスリン抵抗性制御機構の解明などによって明らかになることを期待したい（第4章参照）。

泌乳牛の維持要求量は乾乳牛と異なるのか　図2.1.2のx軸はMEの維持要求量に相当するが，この値は日本飼養標準に示されている116.3kcal/$kg^{0.75}$よりも15％ほど大きい。その原因は乳腺のみならず，消化管や肝臓などの機能亢進にともなう熱発生量の増加に起因しているものと考えられる。つまり，乾乳牛によって測定された維持要求量と泌乳牛のデータにより推定された維持要求量は異なるのである。しかし，消化管や肝臓のエネルギー要求量の増加は乳腺組織でのエネルギー要求量の増加ではないものの，個体レベルでみた場合は乳生産にともなう要求量の増加であることは間違いない。ちなみに，図2.1.2の直線がx切片として116.3kcal/$kg^{0.75}$を通るものと仮定して直線を描くとその係数は0.62となり，日本飼養標準において採用されているk_lの値に一致する。

乳生産に対するMEの利用効率は給与飼料によって影響されないのか　MEの利用効率は給与飼料によって影響され，成長（肥育）に対する利用効率は特にその影響が著しいことが知られている。k_lについても給与飼料の影響を受けるものと思われるが，わが国の泌乳牛用飼料の構成（粗濃比）は経営によって大きく異なることはまれであることから，あまり大きな問題とはなっていない。しかし，自給率向上をめざして，また，遊休農地の活用をめざして放牧搾乳や粗飼料多給による搾乳形態が本格化した場合には，この点を明確にする必要が生じるものと思われる。なお，放牧を導入した場合でも，牧草の短草利用により舎飼いに遜色ない生産性を実現しているケースにおけるk_lは0.6と見なしてよいとする結果が得られている。

(2) 育成牛のエネルギー要求量に関する研究

育成は直接的な収益を生まない部門であることから，従来，その飼養管理についてはあまり注意が払われてこなかったが，最近，経営全体としてのコスト削減の観点に加えて生涯生産性向上や良質自給粗飼料の活用の観点からこの時期の飼養管理改善の重要性がクローズアップされている。

その話題の1つが初産分娩月齢の早期化である（Heinrichs, 1993）。現在の初産分娩月齢の平均値は26カ月齢であり，2005年3月に改訂された家畜改良増殖目標では25カ月齢を目標として提示している。一方，難産を避ける意味で分娩時の母牛の体重は子ウシ体重の11倍以上となるように育成した方がよ

いとされており，「日本飼養標準 乳牛1999年版」では，体重350kg，体高125cm以上を種付け適期として推奨し，育成期の増体日量（DG）として0.74kg前後を想定している。現在の乳牛の増体速度はかなり速くなっており，この値以上の増体を得ることはそれほど難しくはない。しかしな

表2.1.1 初産分娩月齢の早期化が泌乳成績に及ぼす影響

	適増体区	高増体・適タンパク区	高増体・高タンパク区
育成試験成績			
開始時日齢（日）	91	93	91
終了時日齢（日）	354	317	317
平均増体日量（kg/日）	0.95	1.12	1.09
乾物摂取量（kg/日）	1,375	1,369	1,355
TDN摂取量（kg/日）	947	942	957
CP摂取量（kg/日）	184	180	213
初産泌乳成績			
（分娩後15週間）			
初産分娩月齢（月）	23.0	21.2	21.8
乳量（kg/日）	28.8	25.2	25.7
乳脂率（％）	3.75	4.29	4.04
乳タンパク質率（％）	3.22	3.33	3.29
無脂固形分(SNF)率（％）	8.75	8.82	8.91

（千葉・富山・石川・茨城・神奈川・愛知各県による協定研究成績，2004より）

がら，増体速度が速すぎて1.0kg/日を上回った場合には乳腺組織に脂肪が付着し，乳生産性に低下が見られる。特に，性成熟前の時期の高増体はのぞましくないとされている。

給与飼料中のタンパク質含量を高めることで高増体時の乳腺組織への脂肪蓄積による乳量低下を防止できるとした報告もあるが，千葉県を主査とする協定研究グループの成績によると飼料中粗タンパク質含量を要求量以上に設定してもそのような効果は認められなかった。表2.1.1は増体速度と飼料中粗タンパク質組成および含量を異にした3試験区を設定し，初産乳量への影響を検討した結果であるが，DGが1.0kg以上となった2つの高増体区では，DG0.95kgの適増体区に比べて乳量が伸び悩む結果となっており，飼料タンパク質の増給によってもその差は解消されていない（さらに分解性および非分解性タンパク質含量の設定を変更して追加試験を実施し，同様の結論を得ている）。なお，本試験実施前後に分娩した協定研究参画各県の一般牛の初産分娩は25.6カ月で初産305日乳量は適増体区とほぼ同様の値であることから，23カ月以降の初産分娩を想定する飼養法であれば，乳生産性に対して何ら問題はないものと思われる。

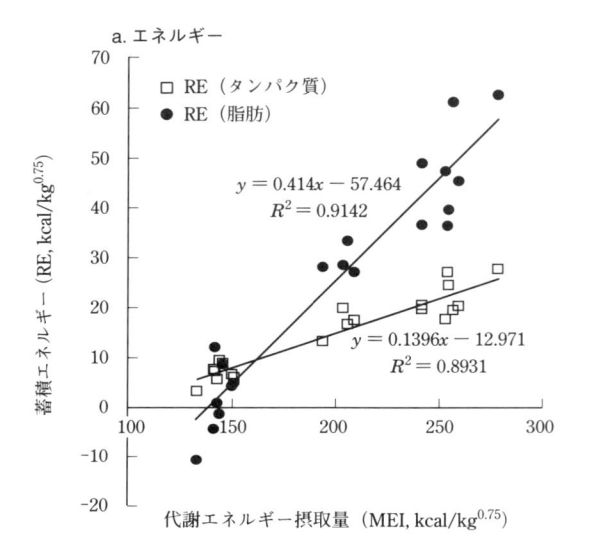

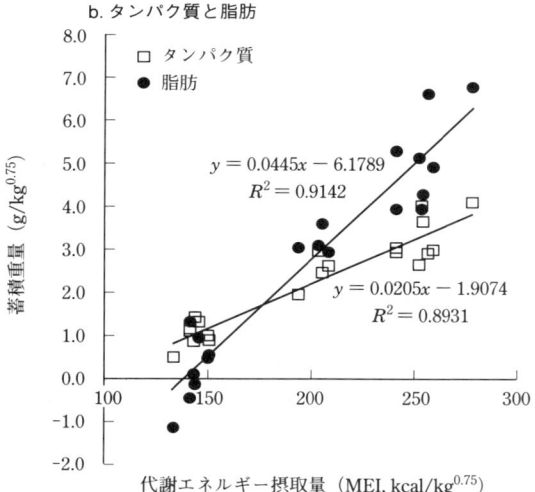

図 2.1.4 育成牛における代謝エネルギー摂取量とタンパク質および脂肪蓄積量の関係

a. エネルギー：縦軸 蓄積エネルギー（RE, kcal/kg$^{0.75}$）、横軸 代謝エネルギー摂取量（MEI, kcal/kg$^{0.75}$）
- □ RE（タンパク質）：$y = 0.1396x - 12.971$, $R^2 = 0.8931$
- ● RE（脂肪）：$y = 0.414x - 57.464$, $R^2 = 0.9142$

b. タンパク質と脂肪：縦軸 蓄積重量（g/kg$^{0.75}$）、横軸 代謝エネルギー摂取量（MEI, kcal/kg$^{0.75}$）
- □ タンパク質：$y = 0.0205x - 1.9074$, $R^2 = 0.8931$
- ● 脂肪：$y = 0.0445x - 6.1789$, $R^2 = 0.9142$

育成に要するエネルギー要求量についても，現在，検討が行われており，ここではその成績の一部を紹介する。図 2.1.4a は体重 350～400kg 前後の育成牛を用いて行ったエネルギー出納試験成績である。ME の摂取量が増加するにしたがってエネルギー蓄積量（NE$_g$）も増加するが，その中身は脂肪として，あるいはタンパク質として蓄積されるものであり，ME 摂取水準が異なるとそれらの蓄積割合も異なることが示されている。図 2.1.4b はタンパク質 1g あるいは脂肪 1g が含有するエネルギー量をそれぞれ，5.8Mcal/kg，9.3Mcal/kg として，蓄積重量（g）に換算したものであり，DG が大きくなるにしたがって脂肪蓄積割合が大きくなることが示されている。

また，この実験データを用いて ME 利用効率を検討したところ，次式が得られた。

ＭＥ摂取量（kcal/kg$^{0.75}$）
＝3.097×RE（タンパク質として）＋1.276×RE（脂肪として）＋121.4
RE；蓄積エネルギー，kcal/kg$^{0.75}$

表2.1.2　放牧条件と消費エネルギーの増加割合

放牧条件	良好	やや厳しい	厳しい
現在量 （乾物 g/m^2）	十分 （150以上）	やや不足 （80〜150）	かなり不足 （80以下）
草地の平均傾斜度 （度）	平坦 （5以下）	やや起伏 （5〜15）	かなり起伏 （15以上）
採食時間（時間） 歩行距離（km）	6 2〜4	6〜8 4〜6	8以上 6以上
舎飼い時に対する維持 エネルギー要求量の増 加割合（％）	15	30	50

（「日本飼養標準 乳牛1999年版」より）

すなわち，脂肪蓄積に対するMEの利用効率は78.4％，タンパク質蓄積に対するMEの利用効率は32.3％となり，この時期の維持要求量は121.4kcal/kg$^{0.75}$であることを示している。なお，体構成は以上のように増体速度によって影響を受けるが，同時に成長ステージによっても影響を受け，成長初期はタンパク質割合が高く，成熟するにしたがって脂肪割合が増加する。

　この他，育成牛のエネルギー要求量を正確に算出するためには，群飼による行動量の増加にともなうエネルギー量を評価することが必要である。図2.1.4に示した実験では家畜は個体ごとに管理されており，スタンチョンで飼養されていたため，運動量もきわめて少ないものであった。しかし，実際の飼養の現場では，この時期の管理は群飼が一般的であり，それにともなう行動量の増加に由来するエネルギー要求量を評価する必要がある。また，育成牧場に預託される場合などは放牧管理となるためさらに行動量が増加することになる。このような行動量増加によるエネルギー要求量増加は表2.1.2のように取り扱うことが「日本飼養標準 乳牛1999年版」では提案されている。

2．タンパク質要求量に関する研究

　わが国におけるタンパク質要求量の研究は，当初は飼料品質の確保，低コスト化をめざすためであったが，現在は低コスト化に加えて環境負荷物質である窒素の排泄量低減を狙ったものが主となってきている。低コスト高生産性の前提条件として環境負荷増大をきたさないことが重要視されているのであり，こ

の趨勢は世界的なものであるといえる。

(1) 飼料タンパク質の評価単位

乳牛におけるタンパク質の評価単位として，日本飼養標準では当初は可消化タンパク質（digestible crude protein，DCP）が用いられていた。これは，反芻家畜が非タンパク態窒素を利用できることと，粗タンパク質（CP）では消化性が極端に悪い飼料原料の混入を避けることが難しかったことに由来する。しかし，DCPではルーメンにおける微生物によるタンパク質飼料の分解と微生物タンパク質への合成，ルーメンを通過する飼料由来タンパク質（非分解性タンパク質）の評価などには不十分であり，ルーメンの動的な機能をモデル化するシステムの開発が求められていた。

現在，ルーメン内におけるタンパク質飼料の消化速度はナイロンバック法によって測定され，次式によって求められることが多い。

時間tにおける飼料タンパク質の分解率（degradability）$= A + B \times (1 - e^{-ct})$

ここで，Aはルーメン内でただちに分解される画分，BはPotentialとしてルーメン内で消化可能な画分，その他の部分が不消化の画分である。また，係数cは飼料タンパク質のルーメン内消化速度を表す。

さらに，家畜での実際の分解率（有効分解率，effective degradability）はルーメン内の飼料の通過速度（k）の影響を受けることから，次式によって表される。

有効分解率 $= A + B \times (c/(c + k))$

実用上，当初は通過速度（k）を固定して求めた値をルーメン内タンパク質分解率として示していたが，現在では，コンピュータの低価格化，小型化の恩恵もあり，通過速度の値も飼養条件によって可変であるとして取り扱えるシステムに変わりつつある。

(2) 代謝タンパク質システムの提案

日本飼養標準におけるタンパク質要求量も飼料タンパク質の評価方法が動的になるのを受けて，直接，下部消化管から吸収されるものを想定する代謝タンパク質（metabolizable protein，MP）システムへと移行しつつある。図2.1.5

```
                    摂取タンパク質
                         │
                         ▼ (分解率)
           ┌─────────────┴─────────────┐
           ▼                           ▼
   非分解性タンパク質 (CPu)      分解性タンパク質 (CPd)
                                       ▲
                      発酵エネルギー ──→│←── リサイクル窒素
                                       ▼
                              微生物タンパク質 (MCP)
           │ (消化率)                  │ (消化率)
           ▼                           ▼
                   代謝タンパク質 (MP)
         ┌────────┬────────┬────────┐
         ▼        ▼        ▼        ▼
        維持     妊娠     泌乳     成長
```

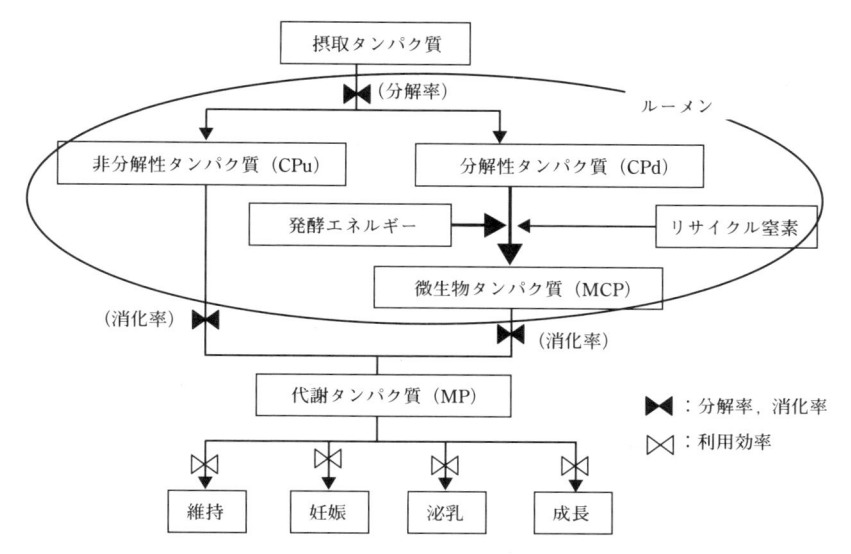

図2.1.5 代謝タンパク質システムの概略

▶◀：分解率，消化率
▷◁：利用効率

はその概要を示したものである。MPシステムは大きく2つのサブシステムより構成されている。一つはMP供給量の予測システムであり，ルーメン内分解性タンパク質量とルーメン内非分解性タンパク質量に分けてそれぞれの系から生体へのMP供給量を予測するものであり，前者からMP量を予測するためには発酵可能エネルギー供給量の有無やリサイクル窒素量などの情報も必要とする。また，非分解性タンパク質の下部消化管における消化性も個々の飼料によって異なることを前提としている。二つめのサブシステムは各器官・組織や生産に必要とされるMP要求量である。

「米国NRC飼養標準2001年版」では維持および泌乳，妊娠に対するMPの利用効率をそれぞれ0.67，0.33，成長に対するMPの利用効率を補正絶食時体重（EQSBW）が478kg以下では（83.4－0.114×EQSBW））/100とし，それ以上では0.28908としている。日本飼養標準ではMP要求量を提示していないが，飼料中に含ませるべき分解性タンパク質（CPd）および非分解性タンパク質（CPu）の含量をガイドラインとして示している。日乳量40kgの搾乳牛ではCPd 10.5％，CPu 5.0％程度を推奨しており，無理なく生産が継続できるCP

濃度は飼料乾物中15.5％程度であるとしている。しかし，タンパク質評価体系の精密化が進むと，給与飼料中CP含量はもう1％程度下げることが可能となるものと考えられる（この点については本章第2節において詳述する）。

(3) 分娩前後のタンパク質要求量

乳牛は妊娠，分娩，泌乳といった，ドラスチックな生理的変化をほぼ1年を単位として繰り返しているが，そのなかでも分娩前後（分娩前3週間〜分娩後3週間は移行期と呼ばれている）は乳牛にとって最もストレスが大きく，疾病発生も多い時期である（第8章参照）。そこで，泌乳開始にともなう給与飼料の激変を緩和し，ルーメン微生物にとって無理のない適応を実現するために，分娩前数週間から濃厚飼料を徐々に増給していく飼養法であるリードフィーディングや粗飼料，濃厚飼料の区別なく，すべての飼料原料を混合することで選び食いを困難とし，飽食させることを可能とする飼養法である混合飼料（total mixed ration，TMR）などの技術が確立されており，前者は主に繋ぎ飼いで後者は群飼養管理において活用されている。さらに，この時期におけるタンパク質要求量の精密化に関する研究が茨城県を主査とする10場所による協定研究として取り組まれている（楠原ら，2002，2004）。以下，その成績を紹介する。

協定研究グループでは分娩前3週間のタンパク質水準が分娩後の泌乳成績や繁殖成績などに及ぼす影響を，初産牛，経産牛の別に4年間にわたって検討した。通常の乾乳期間にあたる分娩前9週間のエネルギー要求量は，この時期の胎子の発育に必要なエネルギー量を分娩前9週間から4週間までと分娩前3週間から分娩時までの2期に分けて給与することが一般に推奨されており，日本飼養標準におけるタンパク質要求量についてもほぼ同様の考え方で示されている。しかし，この考え方には乳腺の発育などに要するタンパク質要求量は見込まれておらず，また，胎子のタンパク質蓄積に対する利用効率に関するデータが少ないことから，分娩前のタンパク質要求量はもう少し高めたほうがよいとする意見もあり，さらに，初妊牛では成長も重要であることから，分娩前飼料のタンパク質含量を要求量以上に高める飼養法が提唱された。

そこで協定研究グループでは分娩前の最適飼料中タンパク質水準を明らかにする目的で，分娩前3週間において日本飼養標準に示される要求量を基準とす

る飼料を給与する区（標準区，CP12％）と2割程度含量を高めた区（高CP区，CP14％）を設定し，初妊，経産の別でそれぞれ約70頭を供試し，分娩後15週間の泌乳成績，繁殖成績を調査した。その結果，経産牛では乾物摂取量に差は認められないものの，標準区は高CP区に比べて乳量が少なく，体重の減少も少ない傾向にあった（図2.1.6）。しかし，高タンパク質飼料を給与することにより分娩後の乳量増加が見込めるものの，エネルギーバランスが負となる期間が長期化し，繁殖成績などにも悪影響を及ぼす

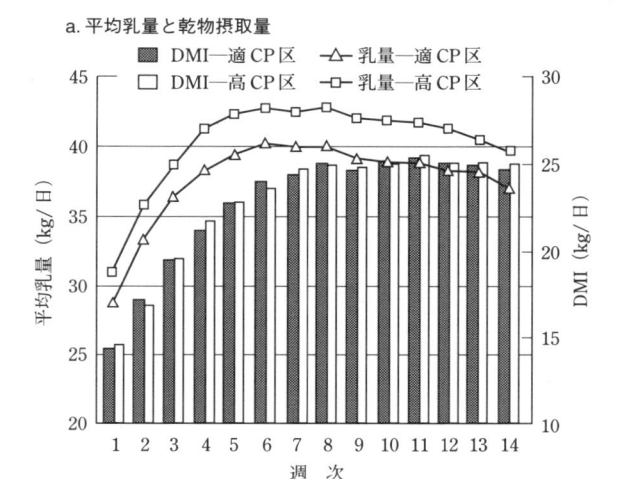

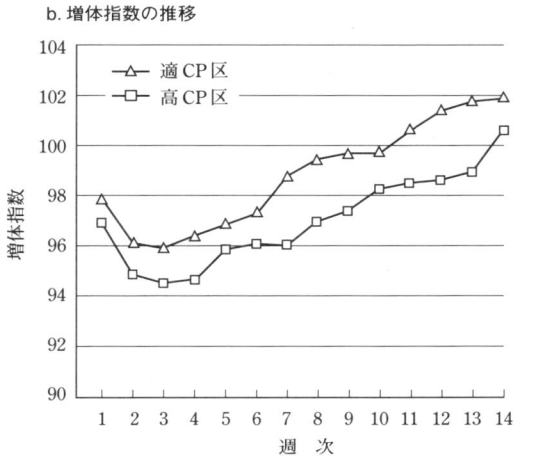

図2.1.6　移行期の飼料中粗タンパク質含量が泌乳成績に及ぼす影響（経産牛）

（楠原ら，2002より作成）

ことから，単純な増給は繁殖性，健全性などの観点からは必ずしも望ましくないものと考えられ，したがって，経産牛の移行期の飼料乾物中CP含量は12％程度が適切であるものと判断された。

初妊牛においても飼養成績は経産牛とほぼ同様の結果であった。しかし，窒

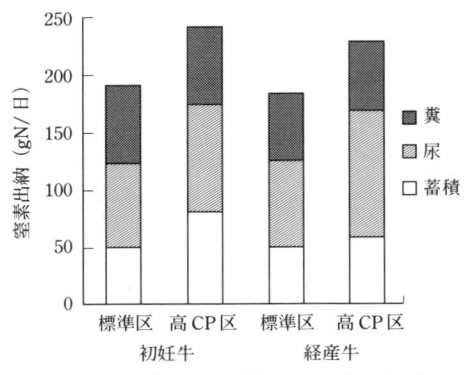

図 2.1.7 移行期の CP 含量が初妊牛および経産牛の窒素出納に及ぼす影響
（楠原ら，2002，楠原ら，2004 より作成）

素出納成績（図2.1.7）に関してみると，分娩前の高タンパク質飼料の給与により，経産牛では尿中排泄量の著しい増加をみるだけで窒素蓄積量に大きな違いは認められないものの初妊牛では明確な窒素蓄積量の増加が認められたことから，初妊牛については飼料乾物中CP14％程度が望ましいものと判断された。

要求量の問題とは若干離れるが，移行期の課題として起立不能症への対処法が検討されている。従来は，分娩前の給与飼料中のCa含量を低く抑えることによって対処してきたが，糞尿の多量施用に起因すると思われるカリ含量の高い自給飼料が増加していることから，Caの制御だけでは起立不能症を予防できないケースがあった。そのため，ミネラルバランスを調節し軽度のアシドーシス状況を作出することによって分娩後のCa動員の円滑化を図ろうとする技術が提案されており，カチオン―アニオンバランス（DCAD）と呼ばれている（Block，1995）。具体的には次式で計算される。

$$DCAD = (Na + K) - (S + Cl)$$ 単位はミリグラム当量

現在，DCAD調整飼料も販売されており，実用化技術となっているが，わが国の飼料構造を考えた場合，根本的な解決法は自給飼料中のカリ含量の低減であり，適正な肥培管理による良質自給飼料生産の実現にあることを忘れてはならない（第8章参照）。

3．乾物摂取量の予測式の精緻化

乾物摂取量をいかに高めるかは，現在の酪農経営の最大の問題であり，このことが乳牛の疾病発生抑制，繁殖性向上に有効に結びつくものであることは，十分に認識されているところである。しかし，乾物摂取量制御のメカニズムは

第2章 ルミノロジーとウシの栄養・飼養

複雑であり，最近10年間を振り返るとこれにかかわるレプチンやグレリンなどの多くの生理活性物質の発見がなされつつあるものの，実用上は従来の物理的制御と生理学的制御の2元的図式から脱却できない状況である。また，乳牛の泌乳に対する栄養素の配分調節，ホメオレシス（Homeoresis，第4章〈165頁〉参照）の存在がますますこの問題を複雑にしている。

乾物摂取量を高め，かつ，ルーメン機能の安定性を確保するうえで必要十分量の繊維摂取を可能とするために，最も重要なことは良質粗飼料の確保である。そのため，北海道を中心に牧草の適期刈りが推奨されたが，コストや草量の確保といった観点から十分には普及していなかった。しかし，最近はコントラクターの普及が進んでいることもあって，圃場の団地化や作業の専業化による自給飼料の増産と品質改善が期待されている。また，TDN含量が高く嗜好性に優れるトウモロコシの生産面積も減少に歯止めがかからない状況であったが，細断型ロールベーラの普及と耐湿性品種の育成によってその栽培面積が増加に転じることが期待されている。

乾物摂取量の不足が最も大きな問題となるのは，泌乳量の増加スピードに採食量の増加スピードが追いつけない泌乳初期であるが，十分に食い込めなくても摂取量の正確な予測ができれば，栄養充足率の改善はある程度可能となる。また，泌乳中後期には適正な栄養バランスの設定が可能となることから，自給飼料や食品残さの利用拡大，飼料コストの低減にも有用であると思われる。

精密な推定式の開発のためには，モデルに基づいて推定する方法と多くの実測データを基に重回帰分析により予測式を得る経験的な手法とが利用されている。後者の場合，推定式作成に用いるデータベースと推定する牛群の資質，飼養環境，飼養方式が類似している場合には高い精度での推定を可能とする反面，データベースと異なる条件下の牛群に対して適用する際の精度の保証は小さいものとなる。「日本飼養標準 乳牛 1999年版」では国内のデータを収集して乾物摂取量の推定式を作成しており，牛の体重とFCMからの推定式によって泌乳最盛期以降は十分な精度で乾物摂取量が推定可能であることが示されている。また，採食量が日々変化する泌乳初期には，補正係数を用いてこれに対する適合度を高めている。

乾物摂取量（kg/日）= 2.9812 + 0.00905 × 体重（kg）+ 41055 × FCM（kg/日）

泌乳初期乾物摂取量補正係数 = 0.7304 + 0.056491 × T + 0.00432 × T^2 + 0.000115 × T^3　ただし，T；分娩後週次

4. 栄養成分分析の精緻化による食品製造副産物の利用拡大

第二次世界大戦後，わが国の畜産物の消費は順調に拡大し，現在では，タンパク質供給量の1/2が動物性タンパク質によって供給されるに至っており，さらにその半分を畜産物が担っている。しかし，わが国の飼料自給率は25％（2004年）にすぎず，食糧の安定供給の観点からは甚だ心許ない状況にある。そのため，農林水産省では2015年までに飼料自給率を35％まで改善すべく，粗飼料自給率については現在の75％を100％に，さらに，食品残さや食品製造副産物などの利用拡大により濃厚飼料自給率も10％を14％にまで拡大する目標を定めている。また，食品リサイクル法の施行を受け，食品残さや食品製造副産物の飼料化は資源循環推進の観点からもその重要性はますます高まっているものと思われる。

一方，食品残さや食品製造副産物を飼料として利用する立場からみると，価格は安いものの成分含量に偏りがみられたり，水分含量が高く保存が難しいものが多かったりすることなどから，適切な保存調製技術の確立と栄養成分分析の精緻化が求められている。すなわち，食品残さや食品製造副産物の飼料利用を推進するためには，飼料特性を把握し，給与飼料全体としての成分バランスを適切に調整することが重要なのである。

高泌乳牛を対象とした試験研究例として，食品製造副産物

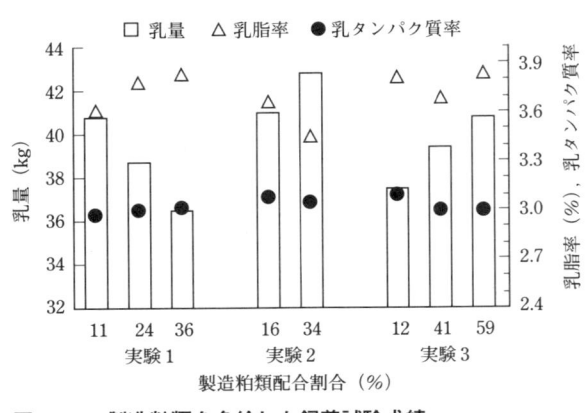

図 2.1.8　製造粕類を多給した飼養試験成績
（関ら，2000より作成）
製造粕類：米ヌカ，トウフ粕，ビール粕，ビートパルプ，コーングルテンミール，魚粉，糖蜜

の多給による飼料コスト低減をめざした関東東海北陸8都県による協定研究成績（関ら，2000）を紹介する。実験は，1試験区約20頭程度を供試して，分娩後5日目から15週間にわたる長期飼養試験を3回実施したもので，その結果の概略を図2.1.8に示す。

　まず，実験1では，乾草が1/3，濃厚飼料はトウモロコシ，大豆粕をベースとしたもので，米ヌカ，トウフ粕，ビール粕，ビートパルプ，コーングルテンミール，魚粉，糖蜜などの製造粕類を11％しか使用していない対照区とその割合を，2倍あるいは3倍まで高めた試験区とを設定し，粕類の利用の可能性について評価した。その結果，粕類の給与割合が高まるにしたがって乳量が低下してしまい，飼料価格は15％程度安くなるものの，乳量（乳代）が伸びず，経営改善にはつながらなかったという成績が得られた。このときの問題点として，粕類を多給したことで脂肪含量が非常に高くなってしまったこと，また，非構造性炭水化物が不足し，微生物窒素合成量が不足したものと疑われた。

　こうした点を改善すべく，実験2では粕類の給与水準は34％を維持しつつ，脂肪，非構造性炭水化物などの成分含量を維持するように努めたところ，粕類を16％配合した対照区以上の泌乳量が実現でき，乳飼比も低く抑えることができた。ただし，若干乳脂率が下がっていた。34％給与区でも日本飼養標準におけるNDF含量の推奨値である35％をほぼ満足していたものの，ビートパルプ，ビール粕などの消化性が高くかつ消化速度の速い飼料を多給する場合は，この基準ではやや低いものと思われた。

　そこで実験3では，NDFについても考慮するとともに，給与上限を明確にすべく大幅に給与割合を高めたが，いずれも十分に実用化に耐える成績であった。

　以上のことから，粕類を高泌乳牛に給与する際の基準として，以下の点に留意することが推奨される（関ら，2000）。

①高消化性繊維を多く含む製造副産物を利用する場合は飼料全体のNDF濃度は40〜45％程度とする。
②飼料全体の非繊維性炭水化物（NFC）濃度は27％以上とする。
③飼料全体の粗脂肪含量は5〜6％以下とする。
④飼料の栄養成分や消化性の偏りを避けるために個々の製造副産物の乾物混合割合は10％程度以内にとどめる。

5. 近赤外分光法による飼料の迅速分析システム

　前項でも見たように乳牛用飼料の栄養成分とその飼料特性を正確に把握し，飼料設計に活用することは精密栄養管理技術の骨格の一つである。しかし，わが国では圃場面積が小さいことから品質的に小ロット生産となりやすい自給粗飼料や，多種多様な食品製造副産物などに関する飼料情報の迅速な把握は意外に難しく，経験やテーブルデータに頼った飼料設計とならざるを得ないといった状況にあった。そうしたなか，1960年代に米国において穀物の成分分析法として開発され，農産物や加工食品の品質管理技術として普及した近赤外分光法（near infrared spectroscopy, NIRS）の応用に関する研究が，1980年代に入るとわが国でも盛んに取り組まれるようになり，粗飼料成分分析においても非破壊で無侵襲の迅速測定技術として活用されるに至っている（岩元ら，1994）。

　近赤外分光法は800～2500nmの近赤外光をサンプルに照射し，反射方式あるいは透過方式でスペクトルを測定し，それらの値をもとに重回帰分析，主成分回帰分析，PLS回帰分析などによる検量線を作成して，同時多成分測定を可能としたものである。言い換えると，多数のスペクトル情報から統計処理によって成分含量を導き出す手法であり，コンピュータの進歩と統計手法の駆使によって初めて可能となった測定技術といえる。

　この分析法による粗飼料の測定に際してのサンプル調製は試料の一定粒度での粉砕だけであり，分析に試薬はいっさい使用せず，スペクトルの測定のみであることから，きわめて迅速に測定することができる（1サンプルあたりの測定時間は1～2分程度。現在では無粉砕でも測定は可能となっている）。その後，農林水産省の事業として近赤外分光法による自給粗飼料の成分分析サービスが「フォレージテスト」との名称で全国的に普及するに至り，わが国における自給粗飼料の迅速成分分析の基礎が確立されている。

　本手法による測定限界は0.1％程度と考えられており，飼料成分分析に求められる精度を満たすことから，現在では，粗飼料だけでなく，食品製造副産物などの迅速測定サービスにも活用されている。また，肉骨粉の簡易検出技術としてもその応用が検討されている。

　近赤外分光法は，当初，固体を対象とした定性および定量技術であったが，

最近は，液体サンプルに対する応用も検討されている（寺田・河野，1999）。特に，乳牛の生体液である乳汁，血液，尿，ルーメン液などに対する応用は次項に述べる栄養管理モニタリングツールとしても注目される。図2.1.9はNIRSによりルーメン液中の酢酸濃度を測定したものであり，実測値と大きな違いは認められなかった。また，ルーメン液だけでなくサイレージの抽出液中のVFAの分析や硝酸態窒素の簡易検出法としても利用可能であることが示されている。

図2.1.10はNIRSで牛乳中の脂肪含量を測定した結果であり，十分な精度で測定可能あることがわかる。乳タンパク質率についても同様に測定可能であり，体細胞数についても定性的な判定は可能であるものと思われる。従来から乳成分は赤外分析計（ミルクスキャン）によって測定されているが，NIRSによってもそれに近い精度で測定が可能であり，機器開発を行いNIRSシステムの小型化を図って搾乳システムに組

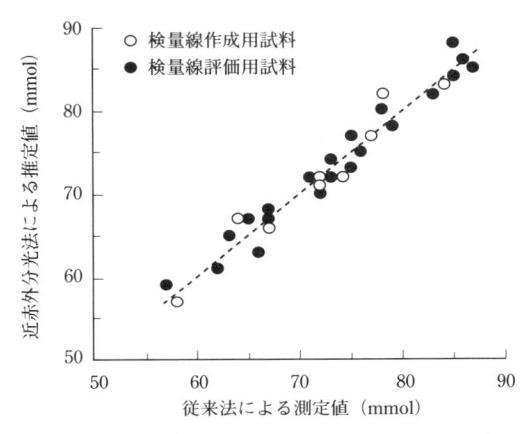

図2.1.9 ルーメン液中の酢酸濃度の近赤外分光法（NIRS）による推定

(Amariら, 1997)

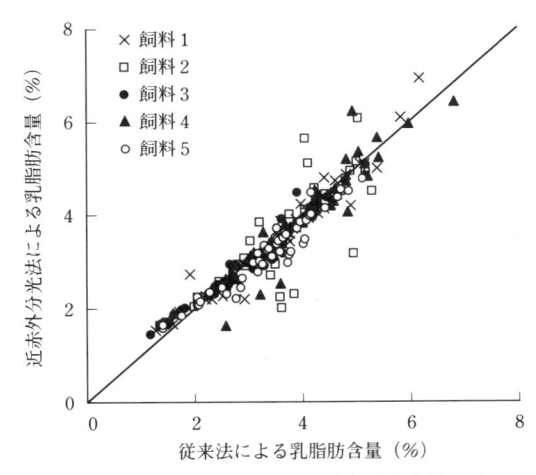

図2.1.10 牛乳中の脂肪含量の近赤外分光法による推定（検量線評価時）

(Purnomoadiら, 1999)

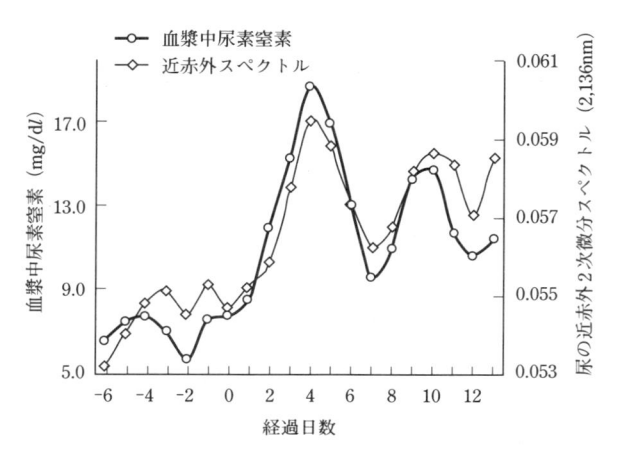

図 2.1.11　環境温度の変更にともなう血漿中尿素窒素の推移と尿の近赤外スペクトルとの関連

(Purnomoadi ら，2002)

0 日に環境温度を 18℃から 28℃に変更

み込むことができると牛群の乳成分情報を毎日，リアルタイムで把握することが可能となる。北海道大学では低コスト化が可能な 600～1,050nm の波長域での検討が行われ，搾乳装置組込型のプロトタイプが開発されている（特開 2001-091458）。

血漿中の諸成分のうち，脂質代謝関連物質である総コレステロールやリン脂質についてはかなりの精度で測定できることが Hayashi ら（1998）によって示されている。しかしながら，血液尿素成分（BUN）については十分な精度が得られなかった。そこで，血液中よりも夾雑物の少ない尿を使って，その尿中尿素成分（UN）を NIRS により測定し，BUN を間接的に把握することが試みられている。図 2.1.11 は泌乳牛に暑熱負荷をかけ BUN を大きく動かした際に，BUN と尿中 2136nm の NIR スペクトルとの関連を見たものであり，両者の動きがよく一致することが示されている。

なお，陳ら（2002）はライトバンに搭載して巡回診断などに利用可能な血液や尿などの生体液成分分析用の NIRS 分析装置を開発している。

6．栄養管理モニタリングシステム

耕種部門においては精密農業（precision agriculture）が注目されているが，畜産業においても精密飼養管理技術の確立が，低コスト化，高能力化，環境負荷低減化のために必須の技術として求められている。精密農業の展開に必要な要素技術としては，①状況（圃場ごとや作物品種ごとの特性）の把握，②把握

した状況に応じて適切な対応を可能とする技術，③把握した状況で適切な対応を行うための意志決定の3つがあげられている。

　畜産業に視点を戻し，精密家畜栄養管理の基本を考えると，①（正確な状況把握のための）栄養要求量の精緻化，迅速な飼料成分および特性の把握，②（対応技術としての）①の情報に基づく精密な飼料給与設計技術に加えて，③（意志決定をサポートする）栄養管理状況のモニタリングとその結果に基づく飼料給与設計や牛群管理における適切な対応が重要であり，精密農業と求めるところは何ら変わるところではない。

　今後，畜産研究においても家畜の多様性や飼料成分の変動に対応するこの種の要素技術の開発に関する研究推進を図る必要があるものと思われ，そのためには特に家畜の栄養充足状況，健康状況のモニタリング技術の開発が重要であり，従来の家畜群の均質化や飼養技術の単純化に向けての研究開発から脱却する必要があるように思われる。

　現在，意志決定をサポートするモニタリング技術として乳牛群の管理に用いられているものには，外貌観察に基づくボディコンディションスコア（BCS）と血液成分分析などもあわせて行う代謝プロファイルテスト（木田，1996）がある（第8章参照）。また，糞の形状や蹄輪を観察してスコア化し，栄養充足率の目安とする試みもある。

　BCSは体各部位の皮下脂肪の付着状況などを観察し，その度合いを5段階あるいは10段階に格付けして，栄養状態の適否を評価するものである。5段階評価でのBCS 1単位の増減は体重として56kg，正味エネルギー量で約400Mcalに相当するとされていることから，エネルギー充足率の過不足をBCSによって評価し，その結果を飼料給与設計に反映させることによって，より正確な，乳牛個体ごとあるいは群ごとに最適な飼料設計が可能となる。

　代謝プロファイルテストとは，BCSや飼料成分分析，乳用牛群検定事業による泌乳成績の解析などとともに血液成分分析もあわせて実施し，総合的に牛群の栄養状態を判定しようとするものであり，各地の農業共済組合などが中心となって取り組みがなされている。栄養状態や肝機能状態を反映する指標として測定される血液成分は，エネルギーバランスの指標となる遊離脂肪酸，血糖，総ケトン体，タンパク質バランスの指標となる血中尿素窒素，ヘマトクリット，

アルブミン，ミネラルバランスを把握するための血中 Ca, P, Mg, 肝機能評価のための GOT, γ-GTP, 総コレステロールなどである。血液の採取，分析は手間とコストがかかることから，より簡便な評価法として牛乳中の諸成分（脂肪，タンパク質，尿素，ケトンなど）の利用も検討されている。

リアルタイムのモニタリング技術としては，前節で述べた近赤外分光法による乳成分のモニタリングなどが試みられているが，残念ながら実用化するには至っていない。

7. 健全性を高める乳牛飼養技術の開発

わが国の乳牛の泌乳能力の向上は著しいものがあるが，一方で，繁殖成績の悪化や疾病発生の増加など，問題点も多く残されている。生乳生産調整が本格化している昨今の状況を見ると，従来路線の延長線上での高泌乳化をめざすのではなく，乳牛の健全性や飼いやすさをより重視した育種・飼養管理方向を模索すべきものと考えられる。そうした取り組みの一つとして，育種改良方向からは泌乳曲線の平準化による泌乳持続性の向上が試みられており，また，飼養技術からは乾乳期間を短縮することによる乾乳，分娩時のストレス低減と乳生産量の平準化の可能性が検討されつつある。

Togashi と Lin（2003）は乳牛における泌乳持続性の改善を可能とする選抜方式の提案を行っており，その後，農林水産省委託プロジェクト「安全・安心な畜産物生産技術の開発」（2005〜2007）において，その具体化が図られている。一方，泌乳持続性を改善するための泌乳生理学上のメカニズムの解明も重要であり，乳腺細胞のアポトーシス機構の解明とソマトトロピン軸の制御による泌乳中後期の乳生産制御技術の開発が期待されている（第3章参照）。

一般に乳牛は泌乳ピークに分娩後4週間前後で到達するが，乾物摂取量の伸びはさらに4週間ほど遅れ，この時期のエネルギー出納のアンバランスが各種代謝疾病の発生原因となったり，繁殖成績の低下に結びついているものと考えられる。そのため，泌乳曲線の平準化の効果を明確に示すためには泌乳中後期の持続性改善だけでなく，泌乳ピークへの到達時間を遅らせ，乳量の増加スピードを抑制することも重要である。乾乳期間は，従来，分娩前60日間は必要であるとされていたが，無乾乳では乳量減少が著しいものの30日程度の乾乳

期間があれば乳量の減少はそれほど大きくはなく,たとえ減少したとしてもその分は前搾乳期間の延長分で十分に補われるものと考えられる。また,乾乳時の乳量が低下することによるストレスや乳房炎感染のリスクが軽減され,泌乳初期の乳量増加速度が抑えられることによる栄養充足率の改善が実現できれば,大きな課題となっている高泌乳牛の繁殖成績改善にもつながるものと期待されている (Grummer と Rastani, 2004)。

(寺田文典)

第2節　畜産環境問題の解決への応用

環境問題には,局所的 (Local),地域的 (Regional),そして地球的 (Global) なものがあり,それぞれ,時間軸,空間軸を異にする問題であるといわれている。具体的な例として,温室効果ガスによる地球温暖化問題はグローバルな環境問題の典型であり,酸性雨のようにある国の大気汚染の影響を近隣諸国が影響を受けるといったリージョナルな問題,そして悪臭問題のようなきわめてローカルな問題などがある。残念なことに,畜産業は以上のすべてにかかわっており,このことが生産性の追求だけでなく,環境負荷の低減に寄与しうる畜産技術の構築が強く求められているゆえんでもある。以下,乳牛が大きくかかわっている温室効果ガスであるメタンの発生量推定ならびに抑制に関する研究と栄養学的アプローチによる糞尿中の窒素排泄量低減の試みについて紹介する。

1. メタン発生量の推定と抑制

(1) 地球温暖化問題と畜産業

2001年に発表されたIPCC (intergovernmental panel on climate change, 気候変動に関する政府間パネル) 第3次報告書によると,地球の温暖化は急速に進行しており,1990年に比べて2100年には地球の気温が1.4～5.8℃上昇し,人類のみならず,地球上の生物の生態に対して大きな影響を及ぼすことになるものと懸念されている。気象庁の「近年における世界の異常気象と気候変動―その実態と見通し―2005」によるとわが国でもすでにその影響は現れており,集中豪雨の多発や熱帯夜の長期化などが起こっているといわれている。

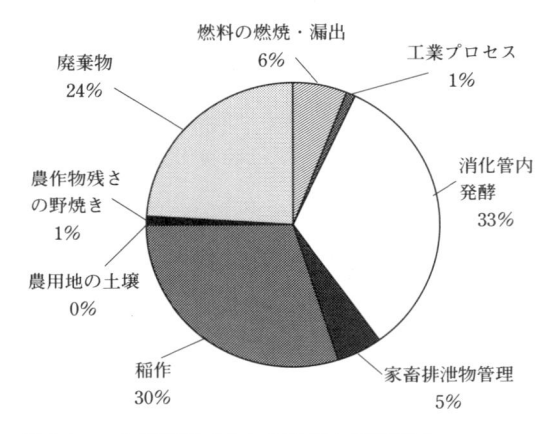

図 2.2.1 わが国のメタン発生源と排出割合
総排出量は 19,285Gg CO₂eq　　（環境省，2003）

- 燃料の燃焼・漏出 6%
- 工業プロセス 1%
- 廃棄物 24%
- 消化管内発酵 33%
- 農作物残さの野焼き 1%
- 農用地の土壌 0%
- 稲作 30%
- 家畜排泄物管理 5%

畜産分野においても同様の影響の発生は懸念されており，山崎ら（2006）によると，鶏肉生産量は気温が23℃の時と比べると，27℃で5％，30℃で15％程度低下することから，これを気候変化シナリオに適用すると，今後は夏季の生産性低下の大きくなる地域が西日本において拡大し，東北地方においても2020年頃から影響が現れると予測されている。わが国の乳牛における定量的な温暖化の影響評価研究についても現在，農業・食品産業技術総合研究機構において実施しており，その影響の度合いをマップ化して公表する予定となっている。また，乳牛は他の家畜種以上に暑熱の影響を大きく受けることから，暑熱対策技術開発は今後も重要な課題の一つとなるものと思われる（この点については本章第3節において詳述）。

2005年に発効した「気候変動に関する国際連合枠組条約」では，現在，炭酸ガス，メタンガス，亜酸化窒素などの6種類の温室効果ガスを削減することが規定されている。その6種類のガスの影響度を地球温暖化指数（global warming potential）として評価した場合，量的に最も多いのは炭酸ガスであり，全体の60％を占める。メタンガスや亜酸化窒素は量的には少ないものの温室効果が炭酸ガスに比べて格段に大きいために（メタンガスは炭酸ガスの約20倍，亜酸化窒素は約300倍といわれている），それぞれ全体の20％，6％を占めると推定されている。加えて，これらのガスは，近年，急激に増加しつつあること，また，メタンガスは反芻家畜や水田などの農業生態系からの発生割合が高いことなどからも注目されている。

わが国の場合，温室効果ガスの発生量としては炭酸ガスが圧倒的に多い（94％）が，メタンガスに限ってみると畜産業からの発生割合が高く，わが国

の全メタン発生量に対して反芻家畜の消化管内発酵に由来するものが33％，糞尿処理の過程で発生するものが5％に達しており（図2.2.1），畜産関係者に対しても家畜由来メタンガスの削減に向けての努力が求められている。

(2) 反芻家畜におけるメタンガスの発生経路

反芻家畜に由来するメタン発生は，主にルーメンに生息するメタン細菌に由来する。それらはルーメン内に多く存在する通常の細菌などの原核生物や真核生物とは分類学上大きく異なる古細菌に属している。また，ルーメン細菌は種類によって存在する部位が異なるが，メタン菌については特にプロトゾアの体表に多く付着していることが明らかにされている。ルーメンにおけるメタン生成の主要な基質は水素と炭酸ガスおよびギ酸であるとされており，プロトゾア体表に多くメタン菌が付着しているのもプロトゾアが発酵産物の一つとして水素ガスを生成することから共生的な関係が築かれているものと推測できる。

メタン発生は栄養学的には飼料エネルギーの損失につながるものの，一方で，微生物の増殖にとって有害な代謝性水素の除去というプラス面を有している。すなわち，反芻家畜におけるメタン生成は，独自に消化することのできないリグノセルロースを，微生物を通じて自身のエネルギーおよびアミノ酸の供給源として活用することができるというそのすぐれた特性に由来するものであり，資源の有効利用と環境負荷のトレードオフの関係にあるとみることもできる。

(3) 家畜由来メタン発生量推定の精緻化

メタン発生量を推定することは，次の2つの観点から重要である。1つは気候変動枠組条約を十分に機能させるため，すなわち発生量と削減量の公正，精密な検証を可能にするため，もう一つは効果的なメタン発生量削減対策を重点的に実施するためである。後者のためには不確実性評価が行われ，有効な政策実現をサポートする情報提供にもつながることになる。また，推定精度の向上は，メタン発生変動要因の解明を通じて反芻家畜の消化生理の理解の深化にも役立つものである。

発生量の推定法には栄養飼料の分野において多くの研究蓄積があり，その代表的なものに，メタン発生は給与水準と消化率によって規定されるとした

BlaxterとClappertonの式（1965），飼料化学成分，特に炭水化物画分の消化特性に影響されることを示したMoeとTyrrellの式（1979）がある。それらはいずれも実測データに基づいて作成されたものであり，その再現性がそれぞれのデータソースの性格によって影響されることや，また，地球規模での対応を前提とした場合には個別飼料の分析データに基づく推定は困難であることなどから，気候変動枠組条約における温室効果ガス発生量評価の推定手法としては必ずしも適してはいない。

そのため，IPCCによる適正実施規準（good practice）では，家畜種，飼養形態ごとに，メタン発生量＝activity（活動量，家畜の場合は頭数）× emission factor（放出率）として発生量を求め，合計することとしている。そして，放出率は家畜に給与する飼料量にその総エネルギーに占めるメタンエネルギーの割合（methane conversion rate）を乗ずることによって求めることとしている。すなわち家畜のエネルギー要求量を基礎としてメタン発生量を算出するものであり，栄養要求量の精緻化がここでも重要であることが示されている。

ちなみに，わが国では乾物摂取量に乾物摂取1kg当たりのメタン発生量を乗じて求める推定方法（Shibataら，1993）が採用されており，わが国の家畜に由来するメタン発生量は年間0.35Tg（$1Tg=10^{12}g$）で世界の家畜由来メタン放出量の0.45％に相当すると試算されている。

(4) メタン発生抑制技術

メタン発生抑制技術には，栄養的操作あるいは薬物的操作によるルーメン内微生物相の制御によるもの，生産性の改善により相対的な抑制を図るもの，あるいはその両者を組み合わせた技術が検討されているが，ここではメタン発生低減をめざす栄養管理技術を中心に紹介する。

ルーメン微生物相の制御によるメタン発生の抑制技術として，亜鉛や銅の投与によるプロトゾアの除去やイオノフォアの投与による抑制などが知られており，最近ではユッカなどに多く含まれるサポニン類の投与やタンニンを含む飼料の給与による抑制などが試みられている。また，薬物ではない添加物の投与による抑制技術としては，臭素化合物の一種であり，メタン生成菌のビタミン

B_{12}合成系の一部を阻害することによりメタン生成そのものを抑制するブロモクロロメタンの投与や，プロピオン酸の前駆物質で，その投与によりプロピオン酸産生にともなう水素利用によるメタン産生の低下が期待されるフマル酸などに関する研究が行われている。

また，不飽和脂肪酸は反芻家畜ではルーメン内で水素添加を受け，飽和化されることから，ルーメン内における水素の新しい処理系としてメタンの低減につながることが期待される。脂肪酸カルシウムはルーメン微生物に対する害作用が少なく，泌乳牛の高エネルギー要求を充足させ得るものとして1980年代から本格的な研究，利用が始まっている。当初は製造技術上の問題から飽和脂肪酸の含有量の高いものだけが用いられていたが，現在ではリノール酸のような不飽和度の高い脂肪酸でもカルシウム塩とすることが可能となっており，オレイン酸あるいはリノール酸を主体とする脂肪酸カルシウムを300〜600g/日給与することによって，乾乳牛で乾物摂取量あたり13〜15％，泌乳牛で6％程度抑制できることが確認されている。脂肪酸カルシウムの投与は給与飼料の高エネルギー化につながるので，一般には乾物摂取量の低減あるいは生産性の向上につながり，そのものによるメタン抑制効果はもとよりであるが，それ以上に生産性の向上による相対的な抑制効果も期待できる。

メタンの発生量は給与飼料量に最も強く依存し，次いで飼料構成あるいは飼料成分による影響が大きい。一般に，粗飼料を多給するほどメタンの発生量が多くなり，逆に濃厚飼料を多給するほど少なくなるため，フィードロットの肥育牛では通常の牛の2/3程度に発生量が減少するともいわれている。粗飼料の品質も影響するようであり，低質な粗飼料を給与したときほどメタンの発生量は増加する。わが国の肥育牛の飼養管理では一般に濃厚飼料が多給されるため，肥育末期におけるメタン発生量は著しく低下するものと推測される。そのような状態の時にタワシ状の粗飼料代替物を投与すると，ルーメン内の液層の通過速度が速まることによってプロピオン酸産生が促進され，より一層メタン発生量が低下することが観察されている（Matsuyamaら，2004）。また，脂肪質飼料は含有する脂肪酸の不飽和度が高いものほどルーメン微生物に対して害作用が大きいとされているが，適量の使用であれば，ルーメン発酵を極端に阻害することなくメタンの発生を抑制できることが報告されている（永西ら，2001）。

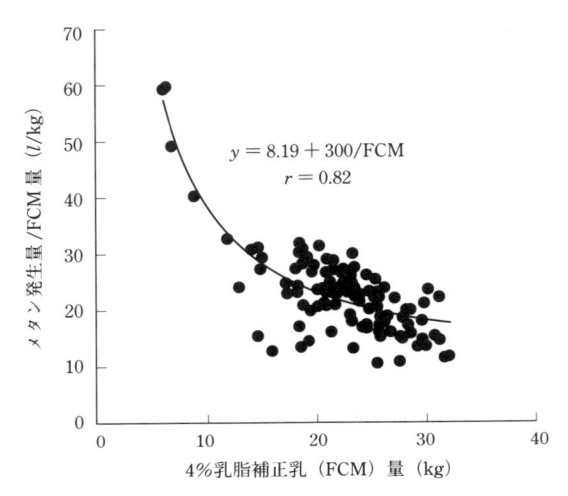

図 2.2.2 4％乳脂補正乳（FCM）量と FCM 量当たりのメタン発生量との関係

(Kurihara ら，1997)

グラフ内の式: $y = 8.19 + 300/\text{FCM}$, $r = 0.82$

特に，脂肪を多く含む生米ヌカやトウフ粕などの食品製造副産物を適量給与することによってメタン発生を抑制することは可能であり，資源リサイクルの観点からも望ましい技術であるといえる。

以上，メタン発生抑制のための個別技術について紹介したが，技術としては生産性向上（少なくとも維持）とメタン発生抑制が同時に図れるものでなければ実用化の可能性はない。そのため，技術評価を行うに当たっては，単位生産量当たりの発生量を指標として用いることが有効であると考えられる。図2.2.2は4％乳脂補正乳（FCM）量とFCM1kg当たりのメタン発生量の関係を見たものであるが，高泌乳化にともない生産物当たりのメタン発生量も減少していくことが示されている。このことからも生産性のむだをなくす地道な努力こそ，メタン低減への近道であるといえる。

2．糞尿由来窒素排泄量の低減

（1）糞尿由来窒素排泄量の現状

1年間に発生するとされている産業廃棄物約4億tのなかで，家畜糞尿は9,000万t，23％をしめるといわれており，なかでも乳牛および肉用牛に由来するものはその約6割，糞4万1,000t，尿1万3,000tと他の畜種に比べて圧倒的に多い。さらに，糞尿の排泄量が多いということは苦情の発生件数も多いということを意味し，たとえば平成15年度の悪臭にかかわる苦情発生件数では乳牛と肉用牛を足したものが苦情全体の約3割を占めている（農林水産省）。

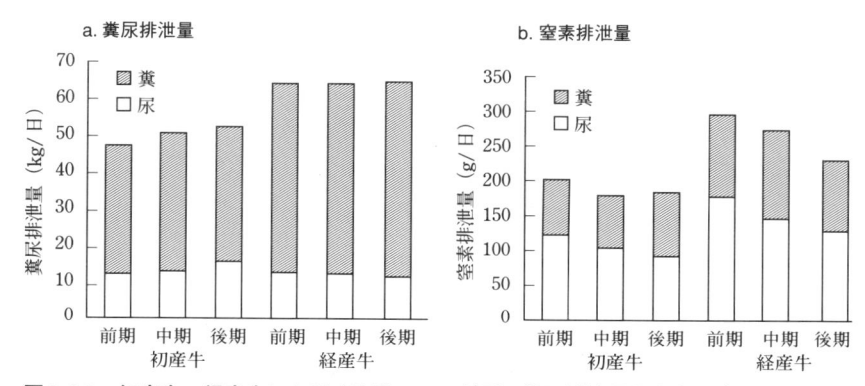

図2.2.3 初産牛，経産牛における泌乳ステージ別の糞尿排泄量と窒素排泄量
(「日本飼養標準 乳牛1999年版」から作成)

　図2.2.3は乳牛からの糞尿排泄量を泌乳ステージ別に初産牛と2産以降の経産牛とに分けて示したものである。産乳量が多い，言い換えると，飼料摂取量が多い経産牛は初産牛よりもおよそ4割も多くの糞を排出しているが，尿量には大きな違いは見られない。一方，泌乳ステージの影響は糞，尿ともにあまり明確ではない。そして，1日1頭当たりの糞尿排泄量は初産牛が50kg，経産牛が64kgときわめて大きな値になっている。

　この膨大な量の糞尿は環境負荷物質となる窒素を含んでおり，その削減は水質汚染を防止するうえでも重要である。一般に，搾乳牛では摂取窒素の3～4割が糞に，2～5割程度が尿中に排泄され，残りが乳中へ移行したり体に蓄積したりすることになる。また，糞中への窒素排泄割合は比較的安定していて変動が少ないが，尿中への排泄割合は給与飼料中の窒素濃度や構成するタンパク質飼料の特性，供給する易利用性炭水化物の量と質とによって著しく変動する。したがって，乳牛において栄養的制御により窒素排泄量の低減を考える場合，その対象は主に尿中窒素となる。

(2) バイパスアミノ酸の利用によるCP排泄量の低減

　低タンパク質飼料による窒素排泄量低減の試みは，豚や鶏では飼料用アミノ酸の利用によって大きな効果を上げている。その背景として，飼料用アミノ

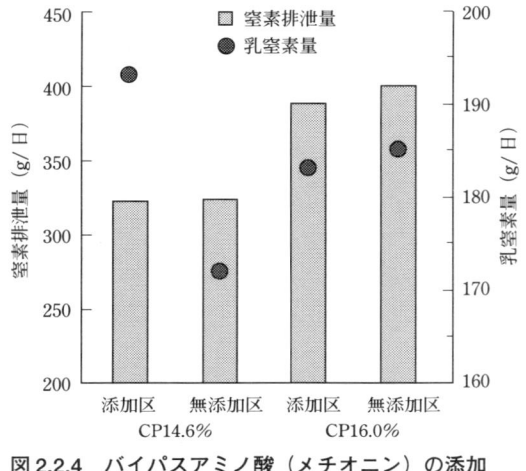

図2.2.4 バイパスアミノ酸（メチオニン）の添加効果

（足立ら，2003）

のコストが低下したこととともにアミノ酸要求量の精緻化をあげることができる。一方，乳牛の場合，飼料用アミノ酸はルーメンバイパス処理がなされなければ効果がないことから，コスト低減が難しく，また，第1制限アミノ酸もメチオニン，リジン，トレオニンなど，飼料条件によって変化することから，飼料用アミノ酸添加による再現性のある効果が期待できない。しかし，通常の場合，メチオニンが第1制限アミノ酸となるケースが多いようであり，その添加効果について茨城県を主査とする協定研究グループが実証している（足立ら，2003）。

この実験では，給与飼料中のCP含量としてCP16％とCP14.6％の水準別にメチオニン添加，無添加の2区を設けた一元配置法として，経産牛のべ81頭を供試した分娩後15週間の飼養試験を実施している。その結果，乳量はCP14.6％メチオニン無添加区が他の3試験区に比べて有意に低いものの，16％区と14.6％メチオニン添加区の間には差が認められず，乳量40kg/日を達成することができた。一方，窒素排泄量はメチオニンの添加の有無にかかわらず，16％区に比べて14.6％区が約2割少なくなっており，乳牛においてもバイパスアミノ酸（メチオニン）を利用した低タンパク質飼料により，大幅な窒素排泄量低減が可能であることが示された（図2.2.4）。

(3) 高泌乳牛用飼料のCP含量低減化を可能とする飼料設計基準

上記の例ではバイパスアミノ酸を活用したが，飼料中のバイパスタンパク質含有量とそのアミノ酸構成を考慮することにより，また，ルーメン微生物の増

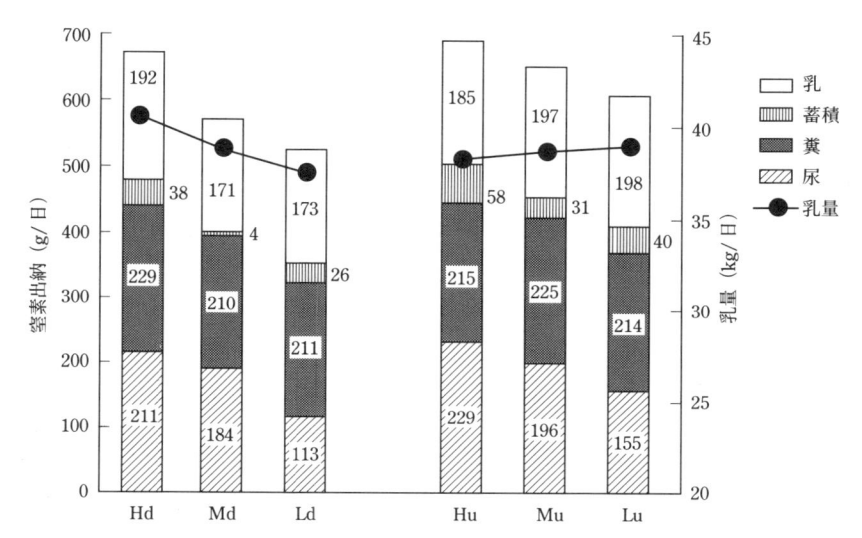

図2.2.5 乳量および窒素出納成績に及ぼす分解性タンパク質（CPd）および非分解性タンパク質（CPu）含量の影響

(関東東海北陸協定研究成績, 2002, 2003から作成)

Hd, Md, Ld区；CPu 6.0%, CPd順に11.5, 10.0, 8.7%
Hu, Mu, Lu区；CPd 9.4～9.7%, CPu順に7.8, 6.4, 5.2%

殖に必要な最低限のルーメン分解性タンパク質を給与することにより，同様の効果が期待できるものと思われる。しかしながら，そのためには分解性タンパク質（CPd）および非分解性タンパク質（CPu）要求量を正確に把握するとともに，飼料の分解特性を理解することが必須である。長野県を主査とする8都県による協定研究グループは，高泌乳牛群を用いて窒素排泄量の低減をめざす一連の研究に取り組んでいるが，ここではCPdあるいはCPu水準を検討した2回の実験成績を紹介する。なお，実験は1区20頭前後を供試して分娩後15週間の飼養試験を実施しており，窒素出納試験は全糞尿採取法によって行っている。

実験1ではCPu含量を6.0%として，CPd含量を8.7～11.5%とした3試験区（それぞれLd区，Md区，Hd区）を設定したところ，尿中窒素排泄量はCPd水準が低下するにつれて大きく減少し，Ld区の尿中排泄量はHd区のほぼ半分，窒素排泄総量として比べても3割少なくなっている（図2.2.5）。しかし，ルーメン内アンモニア態窒素が2.4mg/dlと低かったこともあり，乾物摂取量が伸

びず，結果として乳量も低い傾向にあった。したがって，乳量約40kgを生産する牛群においては最適CPd含量として9〜10％程度が推奨される。

実験2ではCPd含量を9.5％程度として，CPu含量を5.2〜7.8％とする3試験区（それぞれ，Hu区，Mu区，Lu区）を設定した。Lu区の尿中窒素排泄量はHu区の2/3であり，窒素排泄総量では約2割低減する結果となった（図2.2.5）。一方，乳生産性には差は認められず，最小必要CPu含量は5〜6％程度と判断された。しかし，この状況で生産性に影響はなくても，Lu区のルーメン内アンモニア態窒素濃度は2.6mg/dlとやはり低いことから，飼養環境や飼料成分の変動によっては生産性に影響が生じる可能性は否定できない。すなわち，低タンパク質飼料を有効に，かつ，安全に活用するためにはより精密な飼料設計を必要としているということであり，そのための評価システムとして代謝タンパク質（MP）システムの確立が期待されている。

なお，以上のようなタンパク質給与の適正化による窒素排泄量の低減は，排泄物処理コストの低減（特に浄化処理や脱臭処理過程で）やアンモニアの発生量の低減による悪臭問題発生の抑制につながる点でもメリットが大きい。排泄物処理の3原則は，廃棄物の減量，再利用，再資源化であるが，減量こそその基本となるものであることを付記しておきたい。

(4) 新たな循環型飼養技術体系の確立

飼料畑1ha当たり投入可能な窒素量を200kgとすると，現在の平均的な搾乳牛1頭分の糞尿を経営内でむだなく，有効に循環させるためにはおよそ0.5haの土地面積が必要となる。乳牛1頭当たり飼料作物作付面積は，全国平均で0.34ha（農林水産省平成16年）とされていることから，環境にやさしい循環型飼養技術を確立するためには土地に対する負荷量を現在の7割程度に，①家畜側の利用効率を高めるかあるいは処理技術を導入することによって削減する，②作物の収穫量の増大を図り土地面積当たりの利用可能量の増加を実現する，③さらには土地利用面積の拡大，すなわち，自給飼料生産の拡大をめざすなどの対策を考えなくてはならない。

図2.2.6には資源循環型飼養技術体系とその確立に資するルミノロジー研究について示した。現在，各地で取り組みが進められている飼料イネの普及推進

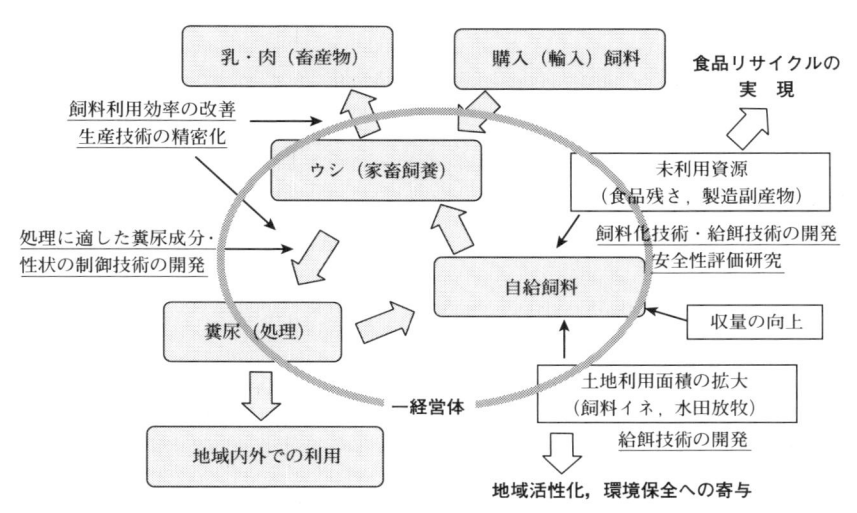

図2.2.6 資源循環型飼養技術体系とルミノロジー研究（下線は研究課題を示す）

についても，飼料生産基盤の拡大といった観点から評価されるものであるし，そういったことを支える生産基盤の整備としてのコントラクター事業の充実も大事ではなかろうか。なぜなら，それらは一経営内の枠を超えた，地域内での資源循環体系の確立をめざすことにつながるからである。さらには，食品製造副産物や都市で多量に発生している生ゴミの飼料化は，わが国全体での環境負荷物質の排出量低減に寄与することにつながる。すなわち，経営内，地域内を越えた広域的な資源循環体系への展開であり，そのためには新飼料資源の飼料価値評価と安全性の確保に関する研究の充実がさらに求められるものと考える。

　本節の終わりに，糞尿あるいはメタン，窒素といった家畜に由来する環境負荷物質の削減を検討する際には，単に環境問題の視点だけでなく，食糧問題（人口問題），経済問題の視点も必要であり，それらの調和的な解決方策を探るためには生産者のみならず，消費者も含めて議論がなされなければならないことを強調しておきたい。

〔寺田文典〕

第3節　牛乳乳質の高品質化研究

わが国の生乳生産量は第二次世界大戦後，右肩上がりで増加してきたが，昭和50年代に入ってからはその消費が伸び悩み，乳製品在庫量が増大したこともあって昭和54年からは生産調整が開始された。昭和57年には消費の拡大をねらって生乳取引基準が改定され，乳脂率基準値は3.2％から3.5％へと引き上げられた。その結果，牛乳消費量は増加に転じたが，一方で，乳脂率3.5％を維持するために，自給粗飼料から輸入粗飼料依存への流れが生じ，平成16年には266万tにのぼる乾草やヘイキューブが輸入され，粗飼料自給率は74.5％にまで低下している。また，衛生的乳質（体細胞数，細菌数）の改善も取り組まれ，特に体細胞数の規制強化は老齢の搾乳牛の淘汰を進める結果ともなった。

牛乳成分の高品質化は差別化，ブランド化の流れとしてとらえる向きもあるが，生乳生産の場合には上記のように，基本的に消費拡大をめざしたものが主となっている点に特徴がある。

1. 乳牛の暑熱対策技術研究

牛乳の消費量は夏から秋にかけて最も多いが，高温多湿なわが国の夏は北欧にその起源を有するホルスタイン種乳牛にとってかなり厳しい季節であり，生産量の低下と乳質の悪化が問題となっている。乳成分のうち，乳脂率については育種改良の成果に加えて，80年代に研究が進展し90年代に普及を見た脂肪酸カルシウムの利用や輸入粗飼料への依存度の増加によって3.5％を下回ることはバルク単位で見ればほとんどなくなった。そのため，研究課題としては乳タンパク質率の向上が多く取り上げられている。乳タンパク質率については，その変動は牛乳中のカルシウム含量の変動にも連動することから，健康食品ブームと相まって，一層注目されたものと思われる。

乳タンパク質率は乳脂率ほど飼料成分の影響は受けないものの，エネルギー充足率が低下した場合に乳タンパク質率も低下することが知られており，夏季の暑熱時には乾物摂取量の低下からエネルギー充足率が低下し，その結果として乳タンパク質率が低下するケースがよく見られる。したがって，夏季の乳質

低下を防止するためにはエネルギー充足率の改善が最も重要となる。

(1) 夏季の乾物摂取量

夏季の飼養成績を用いて乾物摂取量推定式の作成が，沖縄県，佐賀県，九州農試の共同研究によって行われた。解析には134頭の成績が用いられており，以下の推定式が得られている。

DMI=0.0128BW + 0.343FCM + 0.083R/C − 0.373CP + 0.229TAVE + 0.088HAVE − 7.00

RSD= 1.56 （R^2=0.683)

BW：体重 (kg)，FCM：乳脂補正乳 (kg)，R/C：粗濃比 (%)，CP：粗タンパク質含量 (%)，TAVE：乾球温度 (℃)，HAVE：相対湿度 (%)

すなわち，夏季の乾物摂取量は，BW，FCMで示されるエネルギー要求量とR/C，CPで示される給与飼料の品質，TAVE，HAVEで示される環境条件によって規定されることが示されている。また，この式では環境温度1℃上昇の影響は相対湿度3％にほぼ相当しており，Bianca (1962) によって提示された有効温度の係数にほぼ一致する。

さらに，乾物摂取量に及ぼす温湿度の影響を熱放散の観点からみると次のようになる。実験は環境調節室において行われたものであり，18℃60％と28℃40％，28℃80％での乾物摂取量，潜熱および顕熱としての熱放散量を調査したものである（表2.3.1)。18℃に比べて28℃では乾物摂取量が大きく低下するが，低下の度合いは湿度の高い方が大きく，その原因は潜熱放散量の低下にあることがわ

表 2.3.1 温度および湿度条件が乳生産性に及ぼす影響

	18℃ 60%	28℃ 40%	28℃ 80%
体重 (kg)	624.7	585.6	588.2
乾物摂取量 (kg)	18.14^A	15.87^{AB}	12.39^B
FCM乳量 (kg)	25.38^A	22.03^{AB}	17.23^B
乳脂率 (%)	3.79	3.77	3.38
乳タンパク質率 (%)	3.17^a	3.19^a	2.77^b
熱発生量 (Mcal/日)	26.46^a	24.49^{ab}	21.29^b
顕熱放散量 (Mcal/日)	16.50^A	8.56^B	9.97^B
潜熱放散量 (Mcal/日)	9.96^{Aa}	15.93^{Bb}	11.33^{ABa}
体温 (℃)	38.62^A	39.76^B	39.76^B
呼吸数 (回/分)	27.63^A	64.00^B	60.67^B

a, b：$p<0.05$，A, B：$p<0.01$ (塩谷ら，1997)

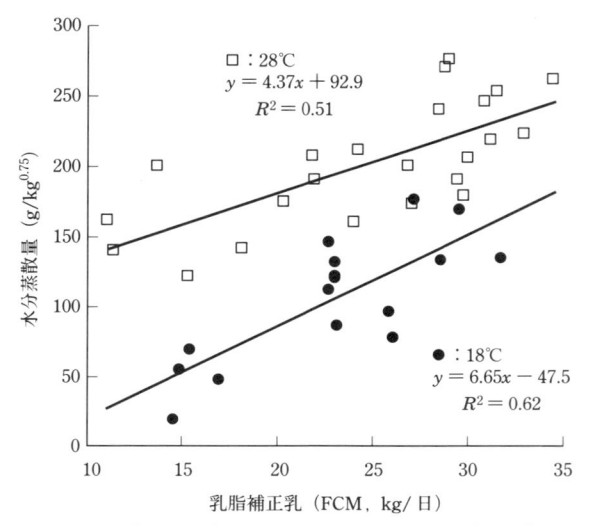

図 2.3.1　18℃および28℃における乳脂補正乳（FCM）量と水分蒸散量の関係

かる。温度条件が高まるにつれて熱放散量に占める顕熱放散量の割合が低下し、潜熱放散の重要性が高まるが、潜熱放散量は湿度条件によって左右されるため、畜舎内の環境を良好に維持し、潜熱放散を促進することが暑熱時の環境制御技術として重要となる。防暑技術として細霧が広く普及しているが、安価な技術として期待されるもののその効果が一定しない原因は、高温高湿な夏季の環境下で、特に湿度環境への配慮がおろそかになっているためと考えられる。

なお、乳牛自身が熱源としてだけでなく、水分発生源（加湿源）としても畜舎内環境に対する大きな負荷となっていることに留意して防暑対策を工夫することも肝要であろう（図2.3.1）。

(2) 脂肪質飼料の活用

乳牛に対する暑熱による悪影響は、基本的に熱収支のアンバランスに起因する。そのため、防暑対策の基本は、①外部からの熱の進入を遮断する、②現在の搾乳牛の熱発生量は1.4kWの電熱器に相当するほどの量となることから、その熱を速やかに体外へ、さらには畜舎外に放散させる、③生産性を低下させることなく熱発生量の増加を抑える、こととなる。このうち、③が栄養管理による暑熱対策技術の骨幹となり、従来から良質粗飼料の確保、適正な濃厚飼料の給与が推奨されてきたところである。

脂肪質飼料の活用もエネルギー利用効率の向上（すなわち，熱発生量の低減）につながるものであり，暑熱期の栄養管理技術として有効であると考えられる。ただし，脂肪の過給はルーメン微生物に悪影響を及ぼし，消化性の低下を招くことから，適正量を維持しなければ逆効果ともなることに注意を要する。

表 2.3.2　高エネルギー飼料による暑熱時の泌乳成績の改善

	H 飼料区	L 飼料区	SE
体重（kg）	622	629	5
乾物摂取量（kg/日）	18.65	19.46	0.47
乳量（kg/日）	33.89	32.00	0.09*
乳脂率（％）	3.49	3.37	0.05
乳タンパク質率（％）	2.86	2.80	0.04
体温（℃）	39.26	39.42	0.02+
呼吸数（回/分）	54.3	58.9	0.0**
熱発生量（Mcal/日）	26.82	27.41	0.57
kl（％）	67.3	62.8	2.6

＋：$p<0.10$，＊：$p<0.05$，＊＊：$p<0.01$

（塩谷ら，1997）

表 2.3.2 は脂肪含量の異なる 2 種類の配合飼料（飼料乾物中 H 飼料 7.5％，L 飼料 3.4％）を定量給与し粗飼料を飽食させた，温度 28℃相対湿度 60％の環境調節実験室における実験結果であるが，両区とも熱発生量はほぼ同様であったが，H 飼料区は L 飼料区よりも ME の乳生産に対する利用効率にすぐれ，その結果，粗飼料摂取量が増加し，乳量，乳成分率の改善が認められている。また，呼吸数や体温も低下する傾向にあることから判断すると暑熱負荷も軽減されているようであり繁殖性に対するプラス効果も期待できる。

（3）気温の日較差の拡大

日較差が少ない状況に比べて，夜間に気温の低下が著しい状況であれば日中の暑熱のストレスはより緩和されると経験的にいわれている。その点を確認するために，一定環境下（28℃ 60％）と変温環境下（24～32℃，50～70％）とで比較試験を行った。その結果，変温環境下では乳牛の平均体温が低下し，乾物摂取量，乳成分率が向上する傾向が認められた（表 2.3.3）。夜間，涼しくなると送風などの防暑対策を打ち切るところもあるが，夜間においても暑熱対策を継続することが日中の暑熱ストレスの緩和につながることが改めて示されたものといえる。

表 2.3.3　飼養成績に及ぼす変温環境の影響

	定温区	変温区	SE
体重（kg）	602	609	3
乾物摂取量（kg）	16.16	16.45	0.22
乳量（kg/日）	30.25	30.93	0.28
FCM乳量（kg）	29.04	30.06	0.21*
乳脂率（%）	3.75	3.83	0.05
乳タンパク質率（%）	2.74	2.76	0.01+
無脂固形分(SNF)率（%）	8.24	8.26	0.01
体温[*1]（℃）	39.39	39.21	0.04*
呼吸数[*1]（回/分）	57.65	57.9	0.76
横臥時間（分/日）	526	571	19
熱発生量（Mcal/日）	25.18	25.65	0.3
潜熱放散量（Mcal/日）	15.85	14.93	0.30+

＋：$p<0.10$，＊：$p<0.05$，＊1：4回/日の測定平均

(塩谷ら，1997)

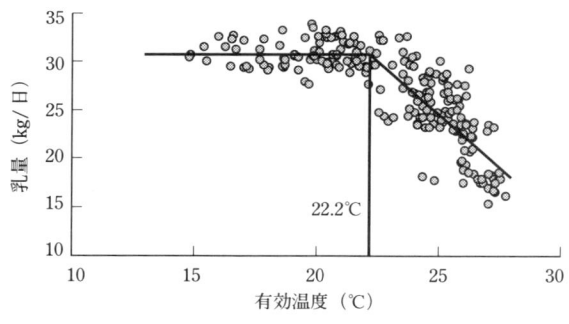

図2.3.2　有効温度（ET）と乳量の関係
(徳島，愛媛，高知，香川による協定研究成績，2000)
有効温度＝$0.35×$乾球温度$+0.65×$湿球温度

（4）暑熱対策の早期開始

暑熱対策を早期に行うことがウシの夏バテの予防となるが，暑熱対策を始める具体的な基準については経験に負うところが多かった。四国4県の協定研究（中井，2000）ではこの点を明確にするために，特別な暑熱対策を行っていない牛舎における搾乳牛の体温，呼吸数などの生理反応や搾乳量と有効温度（ET＝$0.35×$乾球温度$+0.65×$湿球温度）との関係を解析し，以下の結果を得ている。

①呼吸数は19.4℃（ET），直腸温は21.6℃（ET）から上昇が始まる。

②乳量の低下は22.2℃（ET）から始まる（図2.3.2）。この温度は乳量水準に依存しており，次の関係式が得られている。

乳量の低下が始まるET＝$-0.17×$乳量（kg/d）$+26.0$

乳量30kg/日程度の牛群であれば，20.9℃（ET）であり，このETは，温度24℃相対湿度66％，26℃50％に相当する。

暑熱対策の開始時期はヒトが暑いと感じたときにはもう遅いのである。

2. 牛乳への機能性成分（共役リノール酸など）の付与

　各種の脂肪の給与による牛乳中の脂肪酸組成の改変に関する研究が，高品質牛乳の生産を目的として行われている。不飽和脂肪酸の給与による牛乳中の脂肪酸組成の改変の試みは脂肪酸カルシウムの実用化ともに本格化した。当初は，乳脂肪中の不飽和度を高め，飽和：不飽和脂肪酸比率を改善することやヒトの健康に効果があるといわれるα-リノレン酸などの含有量を高めることが試みられていたが，乳牛では単胃動物に比べて給与脂肪酸のミルクへの移行率が低く，コスト的に引きあわなかったことから普及には至っていない。

　牛肉や乳製品中に多く含まれ抗ガン作用をはじめさまざまな生理機能が認められる共役リノール酸（CLA）を高める技術については，現在，国内外で多く行われており，リノール酸を豊富に含有する植物油（サフラワー油や大豆油）などの給与のほか，放牧（生草の摂取）によるCLA増加効果も注目されており，放牧牛乳の高付加価値化につながるものとして期待されている。また，CLAの有する乳脂率抑制効果に着目して，泌乳初期や暑熱期にこれを給与し，エネルギー要求量の低減を図ることも提案されている。

　なお，低脂肪乳発生の原因となる飼養環境として，低pH，プロピオン酸優勢型のルーメン発酵を誘導する濃厚飼料の多給，粗飼料の少給や粗飼料の物理性の欠如，あるいはルーメン発酵に悪影響を及ぼす不飽和度の高い植物性脂肪の過給などが指摘されていたが，最近，これらに共通する要因として，トランス型多価不飽和脂肪酸による乳腺における乳脂肪合成阻害が注目されている。すなわち，上述のような低乳脂肪を引き起こす飼養条件下では，ルーメン内発酵パターンの変化や微生物活性の阻害によりルーメン内における生物学的水素添加活性が低下し，$trans_{10}C_{18:1}$や$trans_{10}, cis_{12}C_{18:2}$の生成量が増加する。そして，生成したこれらのトランス脂肪酸が乳腺における脂肪酸合成を阻害するものと考えられる（BanmanとGriinari，2001）。

　牛乳に限らず，食品への機能性付与は新しい需要を開発するキイテクノロジーとして重要であるが，そのことが単なる差別化研究に終わることがないよう，成果の普及・展開方向を明確にしたうえでの研究を期待したい。

　牛乳は良質動物性タンパク質の供給源として，また，日本人において唯一不

足しているとされるカルシウムの供給源としても重要である。現在、日本人の牛乳・乳製品によるタンパク質の摂取割合は約1割、1日7.3gとなっている。しかしながら、わが国の牛乳消費量は最近伸び悩んでおり、生産調整はますます厳しさを増している。また、農山村の過疎化の進行は著しく、水田転作面積が100万haを超え、耕作放棄地は36万haに達している。このような状況下で、消費者に牛乳生産の重要性をアピールし、酪農業の振興を図ることは、地域活性化の視点からも重要なことと考えている。すなわち、生乳生産工場としての乳牛飼養ではなく、人と共生する家畜としての乳牛飼養のあり方を見直すことが重要であり、ルミノロジーの原点に立ち返って家畜飼養研究に取り組むことが今こそ必要であろう。

(寺田文典)

参 考 文 献

【各国の飼養標準など】

1) Agricultural and Food Research Council (1993) Energy and Protein Requirements of Ruminants. CAB International. Wallington, UK.
2) Fox, D.G., T.P. Tylutki, L.O. Tedeschi, M.E. Van Amburgh, L.E. Chase, A.N. Pell, T.R. Overton, and J.B. Russell (2004) The Net Carbohydrate and Protein System for evaluating herd nutrition and nutrient excretion. Anim. Feed Sci. Technol., 112: 29-78.
3) Jarrige R. (ed.) (1989) Ruminant Nutrition, Recommended allowances and feed tables. Institut National de la Recherche Agronomique, Paris.
4) National Research Council (2001) Nutrient requirements of dairy cattle. 7th revised ed. National Academy Press. Washington, D.C.
4) 農林水産省農林水産技術会議事務局編, 日本飼養標準 乳牛 1999年版 (1999) 中央畜産会, 東京.
5) Standing Committee on Agriculture, Ruminants Subcommittee (1990) Feeding Standards for Australian Livestock, Ruminants, CSIRO, Publ., East Melbourne, Australia.

【関連総説・原著論文・解説など】

1) 足立憲隆・宇田三男・小林宏子・阿部正彦・富田道則・稲葉 満・林 登・藤井清和・瀬尾哲則・野中敏道・清水正裕・野中最子・寺田文典 (2003) ルーメンバイパスメチオニン製剤の利用による乳生産の効率化と窒素排泄量の低減. 日本畜産学会報, 74 (3):397-405.

2) Amari, M., A. Purnomoadi, K.K. Batajoo and A. Abe (1997) Prediction of Chemical Composition of Rumen Juice in Dairy Cattle by Near Infrared Reflectance Spectroscopy. 8th International Conference on Near-Infrared Spectroscopy.

3) Banman, D.E. and J.M. Griinari (2001) Regulation and nutritional manipulation of milk fat:low-fat milk syudrome.Livestock Production Science, 70: 15-29.

4) Block, E. (1995) Manipulation of dietary cation-anion difference on nutritionally related profuction diseases, productivity, and metabolic responsese of dairy cows. J. Dairy Sci., 77: 1437-1450.

5) 陳介余・寺田文典・河野澄夫 (2002) 家畜飼養管理における近赤外分光法の応用―血液主要成分の迅速測定法の開発. 農業施設, 33 (3):167-172.

6) Grummer, R.R. and R.R. Rastani (2004) Why Reevaluate Dry Period Length？ J. Dairy Sci., 87: (E. Suppl.), E77-E85.

7) 早坂貴代史 (1994) 高泌乳時の乳牛の乾物摂取量と養分要求量. 北海道農試研究資料, 50: 75-81.

8) Hayashi, T., M. Yonai, K. Shimada and F. Terada (1998) The prediction of bovine blood plasma cholesterol by near infrared spectra. Anim. Sci. Technol., 69: 674-682.

9) Heinrichs, A.J. (1993) Raising dairy replacements to meet the needs of the 21st century. J. Dairy Sci., 76: 3179-3187.

10) Intergovernmental Panel on Climate Change (IPCC), IPCC Third Assessment Report - Climate Change 2001. http://www.ipcc.ch/

11) Intergovernmental Panel on Climate Change (IPCC), Good Practice Guidance and Uncertainty Management in National Greenhouse Gas Inventories, 2001.

12) 岩元睦夫・河野澄夫・魚住 純 (1994) 近赤外分光法入門. 幸書房, 東京.

13) 木田克弥 (1996) もうかる酪農経営 牛群検診と個体能力の向上. 酪農総合研究所.

14) Kurihara, M., F. Terada, M. Shibata, A. Purnomoadi and T. Nishida (1997) Methane emission from lactating cows in Japan during past 30 years. Proc. 8th International Conf. on Anaerobic Digestion, Vol.3, 329-332.
15) 楠原　徹 他（2002）乳牛の分娩前後の飼養表に関する研究（移行期の栄養水準が産乳と繁殖に及ぼす影響．茨城県畜産センター研究報告，32: 1-51.
16) 楠原　徹 他（2004）乳牛の分娩前後の飼養表に関する研究（移行期の栄養水準が産乳と繁殖に及ぼす影響．茨城県畜産センター研究報告，34: 1-62.
17) 中井文徳（2000）乳牛の防暑対策技術（四国地域における防暑対策）．畜産技術，543: 15-18.
18) Purnomoadi, A., K.K. Batajoo, K. Ueda and F. Terada (1999) Influence of feed source on determination of fat and protein in milk bynear-infrared spectroscopy. Inter. Dairy J., 9: 447-452.
19) Purnomoadi, A., K. Higuchi, T. Nomaci, Y. Fukumoto, I. Nonaka, O. Enishi and F. Terada (2002) Changes in microbial nitrogen synthesis in the rumen of lactating Holstein cows by exposure to hot condition. Bull. Nat. Ins. Livestock and Grassland Sci., 1: 33-40.
20) 関　誠・木村容子・砂長伸司・室井章一・古賀照章・石崎重信・斉藤公一・清水景子・加藤泰之・内田哲二・寺田文典（2000）製造副産物等を利用したTMRの給与が泌乳初期乳生産に及ぼす影響．栄養生理研究会報，44: 141-153.
21) Shibata, M., F. Terada, M. Kurihara, T. Nishida and K. Iwasaki (1993) Estimation of methane production in ruminants. Anim. Sci. Technol., 64: 790-796.
22) 塩谷　繁・寺田文典・岩間裕子（1997）暑熱環境における泌乳牛の生理反応，栄養生理研究会報，41: 61-68.
23) 寺田文典・河野澄夫（1999）近赤外分光法を用いた乳牛生体情報の簡易測定法．OPTRONICS，205: 211-214.
24) Togashi. K. and C.Y. Lin (2003) Modifying the Lactation Curve to Improve Lactation Milk and Persistency. J. Dairy Sci., 86: 1487-1493.
25) 山崎　信・村上　斉・中島一喜・阿部啓之・杉浦俊彦・横沢正幸・栗原光規（2006）平均気温の変動から推定したわが国の鶏肉生産に対する地球温暖化の影響．日本畜産学会報，77: 231-235.

第3章　栄養生理の解明と新たなアプローチ

第1節　反芻家畜の成長にともなう栄養生理機能の獲得

　反芻家畜であるウシのルーメン（第一胃）は，体重600kgのウシで約100〜150lと膨大であり，そのなかに多くの微生物が存在し連続発酵槽を形成している。ウシの健康にとって，微生物との共生（Host-Parasite Relationship）を維持していくことが非常に重要である。ルーメン内環境は，微生物発酵による揮発性脂肪酸（VFA）の産生，緩衝能の強いアルカリ性唾液の分泌，ルーメン運動，反芻，あい気反射などの反芻家畜特有の生理機能によって恒常性が維持されている。しかし，生後数週間では反芻家畜のルーメンが発達しておらず胃の大部分を第四胃が占め，哺乳したミルクは第二・第三胃口を介して第三胃以降に運ばれる。

　ウシは4〜6週齢でルーメンが大きく成長し草類などの粗飼料を摂取して，ルーメン内の微生物発酵によりVFAを産生するようになり，反芻家畜独特の栄養摂取機能をもつようになる。そのため，離乳はこの時期に行うのが最適とされている。さらに，子ウシの下痢・肺炎を防ぐ意味でもこの時期の飼養管理は非常に重要であり，この時期にルーメンをはじめとする消化器官を健全に育てることが，ウシの疾病に対する抵抗性や産乳成績を高めるうえで重要である。

　本節では，筆者らがこれまで行ってきた，哺乳子ウシの離乳や加齢にともなうルーメンを中心とした生理機能の変化に関する研究成果を総括的に述べ，子ウシが反芻家畜としての栄養生理学的特性を獲得していく過程について考察してみたい。

1. ルーメン機能の発達

成長中の反芻家畜において,総胃容積中に占めるルーメンの大きさの割合は週齢が進むにつれて増加する(図3.1.1)。ルーメンが大きくなるにつれてルーメン粘膜は分化と発達の程度を高め,ルーメンの表面に無数の絨毛を出現させる。絨毛はVFA吸収に必要なルーメンの表面積を増大させ代謝を活発にする。幼若反芻家畜のルーメン粘膜表面は絨毛の発達が最小でなめらかである。Tamateら(1962)は,哺乳子ウシを用いてルーメン発達の機構を明らかにする研究を行った。子ウシのルーメンの発達は,粘膜と筋層の成長を刺激するルーメン内の粗剛な物質と,ルーメン内の微生物発酵によって産生されるVFAの両方に依存していることを明らかにした。また,ミルクで飼育した子ウシにおいてルーメン粘膜の発育を制御するVFAのルーメン内への投与は,ルーメン粘膜のケトン体生成能を刺激した。また,酪酸は,ルーメン粘膜を発達させる最も強いVFAであった。

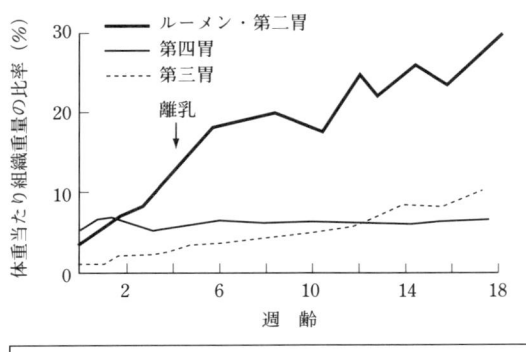

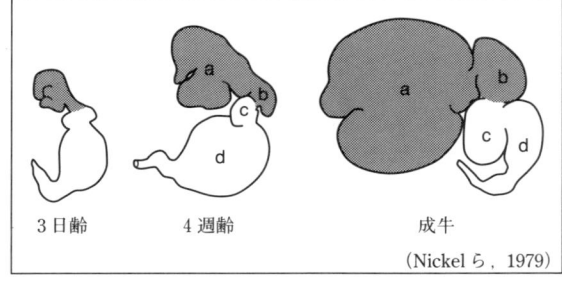

図3.1.1 子ウシの加齢にともなう各胃の相対的大きさ
a:ルーメン,b:第二胃,c:第三胃,d:第四胃

2. ルーメン粘膜における代謝機能の発達

ヒツジを用いて,ルーメン粘膜の代謝パターンの週齢にともなう変動につい

て観察すると,誕生後12時間以内では,ヒツジのルーメン粘膜のグルコースの酸化量は低いが,2〜6週齢で増加しプラトー値に達する(Jesseら,1995)。その後6〜8週齢で低下しプラトー時の10分の1になる。酪酸の酸化量は,誕生後増加し2〜6週齢でプラトー値に達し8週齢で成牛レベルに達する。ルーメン粘膜における酪酸からβ-ヒドロキシ酪酸への酸化は6週齢まで著しく低いが,6〜8週齢でルーメンのケトン体生成能は10倍に達し,成牛レベルに到達する。ルーメン粘膜の角化に関連するケラチンの遺伝子は,4〜6週齢で発現し,8週齢でさらに増加する。

3. ウシの発育にともなう血漿代謝産物および代謝性ホルモンの変動

6週齢で離乳した哺乳子ウシのルーメン機能の発育にともなう血漿代謝産物と代謝性ホルモンの発育にともなう変動について観察する(小原,2001)と,血漿グルコース濃度は,週齢を追って低下し,離乳後低値を維持した。尿素濃度は離乳後増大した。これは飼料の切り替えにより,ルーメン内の微生物タンパク質の合成が活発になったためと思われる。

酢酸とβ-ヒドロキシ酪酸は,離乳後著しく増大し高い値を維持した(図3.1.2)。酢酸濃度の増加はルーメン内での発酵の状況を表した指標と考えられ,離乳後着実にルーメン発酵が盛んになっていることを示している。β-ヒドロ

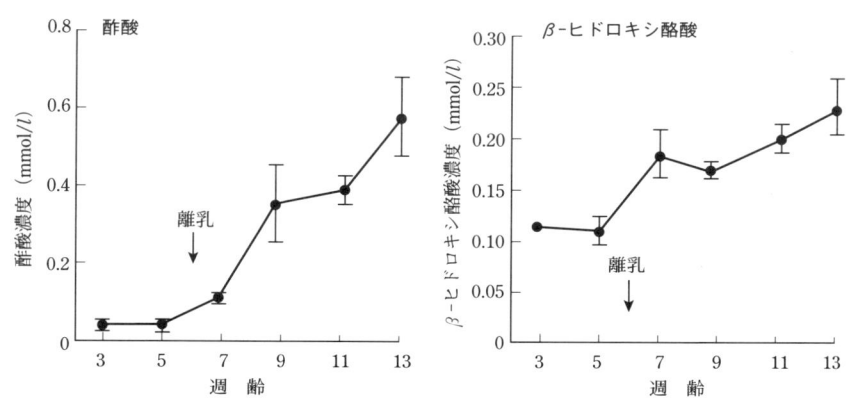

図3.1.2 哺乳子ウシの血漿酢酸およびβ-ヒドロキシ酪産濃度の離乳にともなう変動

キシ酪酸濃度の増加は，ルーメン内での酪酸の産生，ルーメン粘膜での酪酸の代謝が活発になったためと思われる。血中ホルモンでは，インスリン濃度が出生後高い値を示しその後低下し低い値を維持した。離乳後，成長ホルモン（GH）とインスリン様成長因子-Ⅰ（IGF-Ⅰ）濃度の低下が観察されたが，これはルーメン発酵が盛んになりVFAの産生が高まることによるものと思われた。

4．ルーメン機能の発達にともなうグルコース・尿素代謝の変動

ウシにおいてはルーメン機能の発達にともなって，糖代謝や窒素代謝が大きく変化することが予想される。Hayashiら（2005）は，離乳前の3週齢，13週齢と24週齢の哺乳子ウシを用いて^{13}C，^{2}H-グルコース，^{15}N，^{13}C-尿素である安定同位体を用いた同位元素希釈法によりグルコースと尿素の代謝回転速度（単位時間当たりの栄養素の代謝量）と再循環量を求める実験を行った。その結果を図3.1.3に示した。

グルコースの代謝回転速度は，離乳にともなって有意に低下した。グルコースの再循環量は3週齢と比較して24週齢で著しく低下した。この変化は離乳によりルーメンが発達し，エネルギー源がグルコース主体からVFA主体へと変

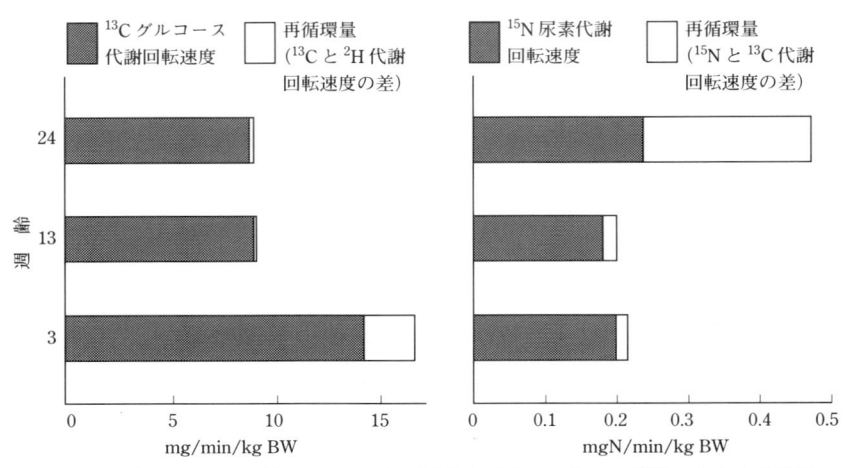

図3.1.3　子ウシにおけるグルコースおよび尿素カイネティクスの離乳にともなう変動

化していることを示している。また，離乳前では，乳酸からのグルコースの合成が盛んであることがうかがわれた。血漿尿素レベルは，離乳にともなって有意に増加した。^{15}N-尿素による尿素の代謝回転速度は離乳によってほとんど変化しなかったが，^{13}C-尿素による尿素の代謝回転速度と尿素再循環量は明らかに増加した。尿素の消化管への再循環が24週齢で活発に行われていることを示しており，この時点で，消化管機能が成牛レベルに到達していることがうかがわれた。

5. 発育にともなう肝臓における糖新生酵素，尿素サイクル酵素の変動

哺乳子ウシは離乳・発育にともなって，糖代謝や尿素代謝動態が大きく変化することが明らかになった。そこで，この時の肝臓における糖新生酵素と尿素サイクル酵素の動態について観察した。

1，3，6，13，19週齢の子ウシの肝臓において，糖新生の律速酵素であるピルビン酸カルボキシル化酵素（PC）とホスホエノールピルビン酸カルボキシル化酵素（PEPCK）の変動について観察した。PCの酵素活性とmRNA発現量は離乳・成長にともなって有意に減少した。しかし，ミルクを13週齢間まで給与した場合は，離乳前の値を持続した。離乳前後におけるPEPCKの酵素活性とmRNA発現には有意の変化はみられなかったが，生後1週齢のPEPCK酵素活性は3，6，13，18週齢と比較して明らかに高かった。これらの変動は，同位元素希釈法によって求めたグルコースの代謝回転速度とリサイクル速度の変動に一致するという興味ある結果が観察された（芳賀ら，未発表）。

次に，尿素合成に関与する尿素サイクル酵素の動態について2, 13および19週齢の子ウシの肝臓で観察した。血中尿素は離乳にともない有意に上昇した。また肝臓組織中 carbamoyl phosphate snthtase（CPS），ornithine transcarbamoylase（OTC）および argininosuccinate synthetase（ASS）の活性は離乳にともない上昇したが，mRNA発現には変化がみられなかった。ASSの活性とmRNA発現は離乳にともない有意に減少した。アルギナーゼ活性は変化がなく，mRNA発現は離乳にともなって有意に減少した。離乳および成長にともなって血液中の尿素濃度が上昇し，尿素の代謝回転速度が上昇する（Hayashiら，2006）が，

この上昇にCPS，OTCおよびASS活性の上昇が関与しているものと思われた（高城ら，未発表）。

6. 胃腸管各部位における栄養素輸送体発現の離乳にともなう変動

反芻家畜の小腸におけるグルコース，脂肪酸，タンパク質の輸送体の発現は，離乳にともなうルーメンの発達による消化管からの栄養素の吸収能と深くかかわっていることが考えられる。しかし，ウシにおける栄養素の取り込みに大きくかかわるグルコース，脂肪酸，ペプチドの輸送体であるSGLT1，CD36，PepT1の離乳にともなう胃腸管での局在についてはよくわかっていない。そこで，ヤギおよびウシ胃腸管におけるこれら栄養素の輸送体の発現について離乳前後に測定した。ヤギおよびウシのルーメン，第二胃，第三胃，第四胃，十二指腸，空腸，回腸および結腸でSGLT1，CD36，PepT1のmRNA発現が確認された。離乳前のSGLT1の発現はウシおよびヤギともに空腸部位で最も高い発現を示した。ウシでは空腸部位でのみで高い発現が確認されたが，ヤギでは十二指腸および空腸部位で他の部位よりも高い発現が確認された。離乳後は，下部消化管におけるSGLT1の顕著な減少が確認された（図3.1.4）。

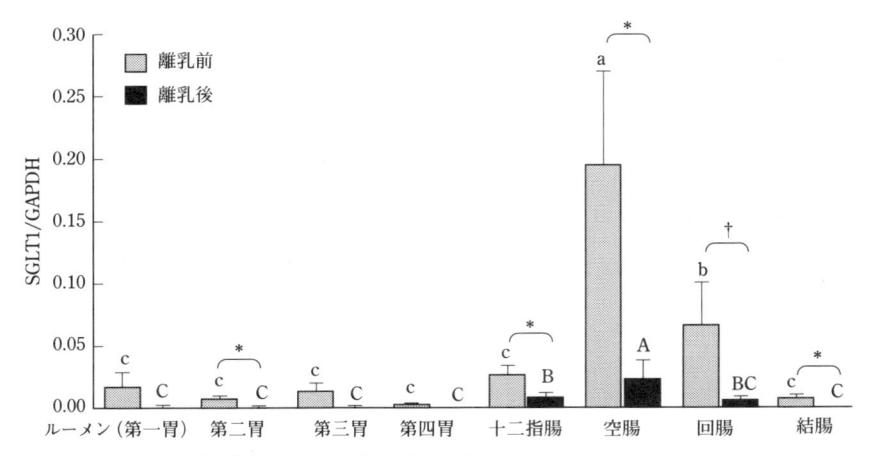

図3.1.4 ウシ胃腸管各部位におけるSGLT1発現
a, b, c；A, B, C：異なる文字間に有意差あり（$p < 0.05$）
＊：$p < 0.05$，†：$p < 0.1$：離乳前後に有意差あり

離乳前のCD36の発現は，ヤギおよびウシのどちらも空腸部位で最も高い発現を示した。また，離乳前のウシでは下部消化管において，空腸のみで高い発現だったのに対してヤギでは十二指腸においても高い発現を示した。また，離乳後は下部消化管におけるCD36発現は顕著に減少した。離乳前の子ヤギのPepT1発現は下部消化管で高く，特に空腸部位で高い発現を示した。離乳後，空腸の発現は減少した。

以上の結果から，哺乳期の反芻家畜では，空腸部位がグルコース，長鎖脂肪酸およびペプチドを吸収する主要な部位であると考えられ，離乳後にこれら輸送体発現は減少するものの13週齢時においても発現は維持されていることから，離乳後も空腸はこれらの栄養素の吸収能を保持しているものと考えられる。

7. 発育にともなう耳下腺とルーメン粘膜中の炭酸脱水酵素活性の変動

炭酸脱水酵素（CA）は，$H_2O + CO_2 \rightleftarrows H_2CO_3 \rightleftarrows H^+ + HCO_3^-$を触媒する酵素であり，その機能は呼吸，酸塩基平衡，イオン輸送，骨吸収，シグナル伝達，尿素合成，糖新生，脂肪合成など多岐にわたる。反芻家畜においてCAが特に重要な役割を果たしている組織は，多量の炭酸イオンを分泌する唾液腺（耳下腺）と，VFAとアンモニアの吸収に重要な役割を果たすルーメンである。

Kitadeら（2002）は，反芻家畜の消化生理に重要な役割を果たすCAに着目し，ウシの生後発育における消化機能発達にともなうCAの変動を観察した。耳下腺のCA活性は，離乳後有意に増加し13週齢でほぼ成牛のレベルに達した（図3.1.5）。離乳させずにミルクで飼い続けたミルク区，ミルクにVFA混液（酢酸：プロピオン酸：酪酸＝1：1：1）を添加したVFA区の13週齢の子ウシにおいてCA活性値は離乳区の離乳前の値とほぼ同じであった。

耳下腺唾液のpHおよびHCO_3^-は，離乳区において6週齢まで徐々に増加しプラトー値に達しCl^-は週齢にともなって低下した（図3.1.5）。ミルク区，VFA区における耳下腺唾液の陰イオンの変化は，耳下腺組織のCA活性と同様，離乳区よりも低い値を示した。反芻家畜における重炭酸ソーダを主成分とする緩衝能の高いアルカリ性の唾液はルーメン機能と密接な関係をもち，唾液腺組織中のCAと関連していることが示唆された。

ルーメン粘膜上皮のCA活性は，離乳区において離乳前の3週齢で有意に上昇し成牛レベルに到達した（図3.1.6）。ミルク区において，離乳区の13週齢の子ウシとほぼ同じ値を示した。さらにVFA区において，離乳区およびミルク区の13週齢の値よりも有意に上昇した。ウシのルーメン粘膜におけるCA活性

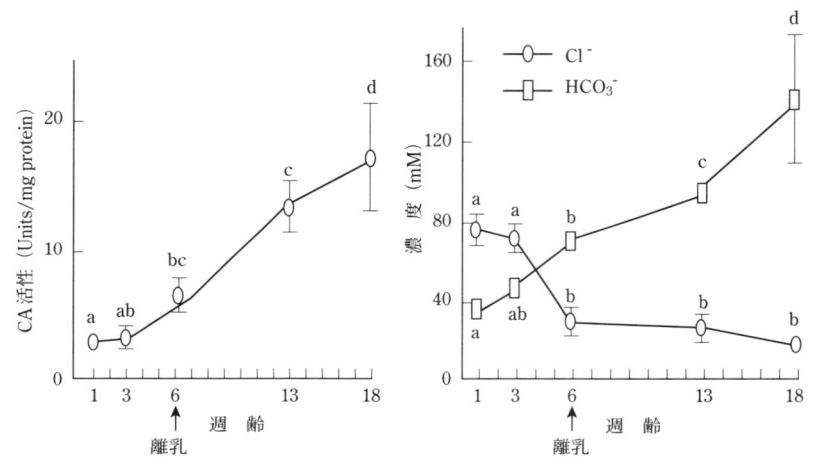

図3.1.5　子ウシの耳下腺組織中のCA活性と耳下腺唾液中HCO_3^-とCl^-濃度の週齢にともなう変化
　a, b, c, d：異なるアルファベットは$p<0.05$で有意差があることを示す

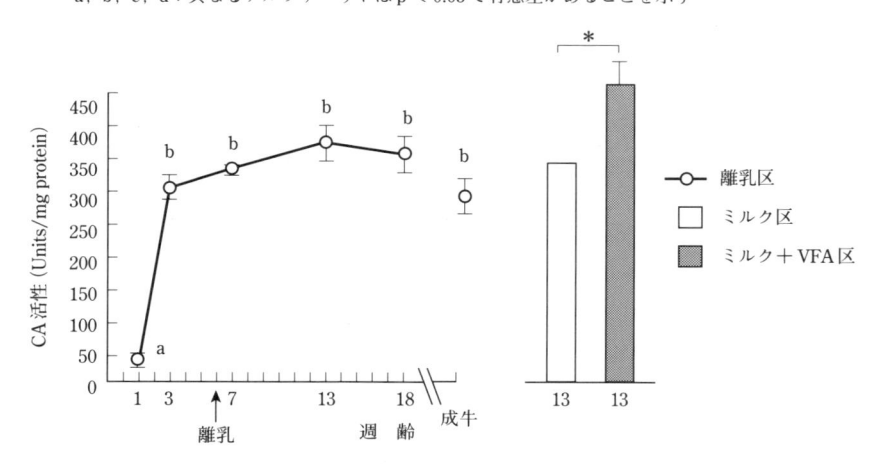

図3.1.6　ルーメン粘膜のCA活性の変動に及ぼす週齢と飼料形態の影響
　a, b：異なるアルファベットは$p<0.05$で有意差があることを示す。＊：$p<0.05$

は，ルーメンが発達する前から増加していた。また，VFAによってさらにCA活性が上昇することが示された。VFAがルーメン粘膜のCA活性を高めることは興味深い。

8. ルーメンの発育にともなうレプチンおよびコレシストキニンの消長

レプチンはob geneからコードされたタンパク質であり，採食抑制作用，交感神経活動亢進作用を有することが知られている（Zhangら，1996）。現在まで，脂肪細胞以外に，胎盤，胃，乳腺上皮細胞，筋肉，視床下部，下垂体前葉においてもレプチン遺伝子が発現していることが明らかになっている。

これまでレプチンに関する研究はヒトやげっ歯類で行われてきており，胃粘膜にレプチンが発現していることがヒトやラットで明らかにされた（Badoら，1998）。しかし反芻家畜に関しての知見は少なく，反芻家畜の胃におけるレプチン発現の報告は皆無である。反芻家畜の消化機能と採食の観点からレプチンの発現を観察することは興味深い。そこで，ルーメンが発達している成牛とルーメンが未発達である子ウシの胃腸管におけるレプチン発現について比較する実験を行った（Yonekuraら，2002）。また，ラットにおいて胃でのレプチン発現を腸管ホルモンの一つであるコレシストキニン（CCK）が調節することが報告されていることから，成牛，哺乳子ウシの胃におけるCCKレセプターの発現についても比較する実験を行った。

ルーメン，第四胃におけるレプチン発現は，離乳前の3週齢の子ウシで認められたが，離乳後の13週齢の子ウシ，成牛では認められなかった（表3.1.1）。ミルクのみで13週齢まで飼育した子ウシでは，胃においてレプチンの発現が認められた。さらにミルクにVFA

表3.1.1 子ウシの週齢と飼養形態の違いがルーメン，第四胃，十二指腸におけるレプチン発現とコレシストキニンレセプター（CCKR）発現に与える影響

		6週齢で離乳			ミルク	ミルク＋VFA
	（週齢）	3	13	23	13	13
レプチン	ルーメン	++	−	−	++	−
	第四胃	+	−	−	+	−
	十二指腸	+	+	+	ND	ND
CCKR	ルーメン	+	−	−	+	−

＋〜＋＋：発現，−：発現せず，ND：測定せず

を添加した子ウシでは，ルーメンにおいてレプチンの発現は消失した。ウシの胃におけるレプチン発現の消失は，離乳にともなうルーメン発酵の促進によるVFAによる変化と思われる。また，ウシの十二指腸でのレプチン発現は，加齢や栄養状態の影響は受けずに常に起こっていた。離乳後ルーメンの発達により胃のレプチンが減少することから，反芻家畜における十二指腸でのレプチン発現は，単胃動物の胃レプチンと同様，採食量の調節に関与している可能性が考えられる。ウシのルーメン粘膜におけるCCKレセプターmRNAの発現は，3週齢おいては見られたが，13週齢で消失していた。ミルクで飼い続けた13週齢の子ウシのルーメン粘膜ではCCKレセプターの発現は見られたが，VFAを添加した区では発現が消失していた（表3.1.1）。第四胃のCCKレセプター発現においてもルーメンとほぼ同様の結果が得られた。

　これらの結果は，子ウシにおけるレプチン発現はCCKレセプターの発現と同時に起こること，レプチンとCCKレセプターmRNAの発現が離乳によるルーメン発酵の変化すなわちVFAの産生によって影響されることが明らかになった。このことからウシのレプチン発現もラット同様CCKによって調節されていることが示唆された。以上の結果から，子ウシにおけるレプチン発現はCCKによって修飾され，胃のレプチンとCCKレセプターの発現はVFAによって抑制されるという興味深い結果が得られた。

9. 子ウシの消化管におけるHRPの小腸部位からの吸収

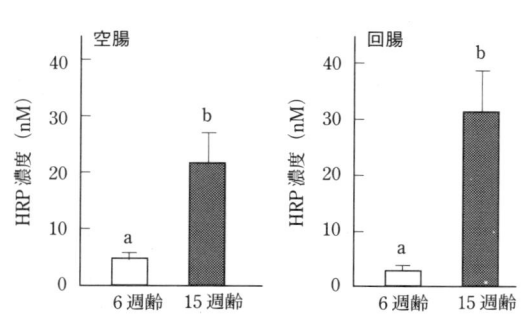

図3.1.7 離乳前後の子ウシ腸管からのHRP輸送の変動

Nittaら（2005）は，子ウシの消化管からの高分子タンパク質の吸収能と離乳にともなう消化管機能の発達の関連性について実験を行い，異常プリオンタンパク質の小腸部位からの吸収機構について考察した。6週齢と15週齢の子ウシの空腸お

よび回腸を用いてホースラディッシュペルオキシダーゼ (HRP) の吸収能を反転腸管法により比較した。子ウシの空腸, 回腸におけるHRPの吸収能は15週齢で6週齢と比較して著しく上昇した (図3.1.7)。

子ウシにおいて離乳後の15週齢付近で高分子のタンパク質の吸収能が著しく上昇していること, HRPがタンパク質分解酵素の作用を受けないことから, 異常プリオンタンパク質の代替として使えると考えれば, この時期に小腸から異常プリオンタンパク質が吸収されている可能性が高いように思える。15週齢付近で高分子物質の吸収が起きているということは, 非常に興味深い事実であり今後の研究の展開を期待したい。

(小原嘉昭)

第2節　ルーメン発酵と唾液分泌

反芻家畜は, 重炭酸ソーダを主成分とする緩衝能の高いアルカリ性 (pH8.2) の唾液を多量に分泌し, これがルーメン内で産生される揮発性脂肪酸 (VFA) を中和するなど, ルーメン内の恒常性を維持する大きな要因となっている。反芻家畜の唾液腺, 特に耳下腺は非反芻動物の唾液腺と比較して代謝活性, 無機塩組成, 分泌活性などにおいて著しい特性を持っている。反芻家畜唾液腺の分泌特性は, 彼らの持つ栄養摂取過程の特異性と関連しているものと思われる。

Obaraら (1973a,b) はこの点に着目して, 連続発酵槽であるルーメンの環境と反芻家畜唾液腺のうちで最も重要な役割を果たす耳下腺唾液分泌との関連性について実験を行った。最初に, 耳下腺唾液除去による反芻家畜の唾液組成およびルーメン発酵に及ぼす影響について実験し, 唾液がルーメンにおいて重要な意義をもち生命にかかわることを明らかにした。このことからルーメン内性状, 例えば, VFA, アンモニア濃度およびpHを変化させた場合, 唾液分泌にどのような影響を及ぼすかについての実験を行い, ルーメン発酵と耳下腺唾液分泌について考察を加えた。

1. ルーメン発酵における耳下腺唾液分泌の重要性

ヒツジの一側耳下腺唾液除去により, 唾液分泌量が著しく減少し, 唾液中の

Na濃度が減少し、K濃度の上昇が起こりNa/K比の逆転が起こる（小原ら，1971）。また、炭酸イオン濃度も徐々に減少してアシドーシスを呈するようになる。すなわち唾液の主成分が重炭酸ソーダからリン酸カリに変化する。唾液を体外に除去すると主としてNaの欠乏により食思廃絶、体重減少、唾液・血液の変化、尿量の減少、尿成分の変化などが起こり最終的には死に至る。さらにルーメン内に唾液の流入がないことからルーメン内のVFA、pHの低下、乳酸発酵、アンモニア濃度の上昇など異常発酵が起こり、それが二次的に作用することが考えられる。唾液のすべてを除去した場合、ただちにpHの低下、VFA濃度が起こることを観察した。このように重炭酸ソーダを主成分とする唾液を除去すると、Na欠乏症に陥り、ルーメンの異常発酵、アシドーシス、血液濃縮を起こしてついには死に至ることから、反芻家畜において唾液は動物が生命を維持するうえで必須であることが明らかになった。

メルボルングループ（Dentonら，1956）は、ヒツジの唾液中Na/K比が副腎皮質より分泌される皮質ホルモンであるアルドステロンの分泌の指標になることを、耳下腺フィステルと頸静脈と頸動脈の間に副腎を移植したヒツジを用いて明らかにした。その後、さらに研究を進めNaと副腎機能、血圧との関係について明確にした。また、耳下腺フィステル装着ヒツジは、重炭酸ソーダの不足分に見合った重炭酸ソーダを摂取することを明らかにしNa Appetiteの機構について追究している。

2. 耳下腺唾液分泌とルーメン内VFA発酵の関連性

反芻家畜において、唾液分泌がルーメン内の環境を調節する大きな因子であると考えられることから、ルーメン内pHおよびVFA濃度の変化が唾液分泌に影響を及ぼすことが予想される。Obaraら（1972a,b）は、ルーメン内にVFAを注入してpHを低下させ、耳下腺唾液がいかに変化するかについて観察した。ルーメン内pHを酢酸、プロピオン酸、酪酸を注入することによって3時間にわたり正常下限域（pH6）および生理的下限域（pH5）に維持し、耳下腺唾液分泌動態を観察した。

生理的下限域（pH5）に維持した実験では、酢酸では変化がなく、酪酸では維持期間中著しく減少した（図3.2.1）。また、プロピオン酸では、酪酸ほど著

第3章 栄養生理の解明と新たなアプローチ

しくないが減少した。正常下限域（pH6）を維持した実験では，酢酸で上昇，プロピオン酸で変化なく，酪酸でやや減少するという結果が得られた。VFAの種類とpHで異なる反応を示すことは興味深い。

	酢酸	プロピオン酸	酪酸
pH6	増	不変	減
pH5	不変	減	著減

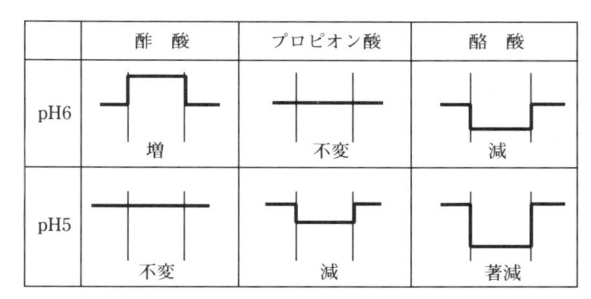

図3.2.1 各VFA注入によりルーメンpHを6および5に維持した時の耳下腺唾液分泌反応

また，ルーメン内容除去ヒツジを用いて塩溶液のみでルーメン内を満たし，二―三胃孔を栓塞した状態での耳下腺唾液分泌に対する酪酸注入により，pHを5に維持しても唾液分泌は著しく減少した（Obaraら，1972c）。頸静脈中に酪酸や酢酸を注入してVFA濃度を，ルーメン内に酪酸を入れて唾液分泌が停止した時の血液レベル2mMに維持したが，唾液分泌量は，酪酸では，変化なく，酢酸では増加する傾向を示した。酪酸のルーメン内注入において唾液分泌が抑制される機構を解明するために，ルーメン内に酪酸を注入し続けながらルーメン―中枢の神経経路である迷走神経の腹側支や背側支を遮断したり，その遠心端を刺激したりする実験を行った。その結果，酪酸の耳下腺唾液分泌の抑制作用には，迷走神経が関与している結果が得られた。

反芻家畜におけるルーメン性状（VFA濃度，pH）と耳下腺唾液分泌の関連性について考察してみると，ルーメン内で産生されたVFAは，ルーメン内pHの程度により吸収され，一部はルーメン粘膜，肝臓で代謝され末梢血中に移動する。吸収されるVFAの濃度が高い場合には，肝臓で代謝しきれずに末梢血中を移行する。このような血中VFA濃度の増加は，炭酸濃度を増加させアシドーシスを呈して唾液分泌を抑制すると思われる。VFAはルーメン壁に存在する神経終末を刺激して迷走神経を介して中枢に到達し，耳下腺神経を介して唾液分泌を抑制するのであろう。また，同様の作用でルーメン運動も抑制させると思われる。神経終末への刺激はpHの程度，VFAの種類や濃度により抑制効果を現したり刺激効果を現したりするものと思われる。

3. ルーメン内でのアンモニアの産生と唾液分泌

　ルーメン内では，窒素は細菌のウレアーゼによってアンモニアになり，このアンモニアを微生物タンパク質として利用しているのが反芻動物の窒素代謝の特徴である。しかし，窒素の摂取量が増えると反芻家畜はアンモニア中毒になりやすいという特徴を持つ。ObaraとShimbayashi（1979）は，ルーメン内に尿素を体重kg当たり0，0.1，0.2，0.3，0.4，0.5gを注入して耳下腺唾液分泌の変化を観察した。

　尿素注入にともなう唾液分泌量の変動は0〜0.2g/kgでは，変化なく，0.3g/kgでは投与後1〜3時間まで減少してその後回復した。0.4〜0.5g/kgの投与では唾液分泌が著しく抑制された。ルーメン内pH，アンモニア濃度は投与量の増加にともなって上昇した。唾液分泌量の抑制は，血液のアンモニア濃度が大きく影響しており，アンモニアレベルが400 μgN/dlを超えたところで急激に唾液分泌が抑制されるという結果が得られた。

　ルーメン内で過剰なアンモニアが産生されると，pHの上昇にともなってルーメン壁より吸収される。吸収されたアンモニアは肝で解毒されるが，限度を超えると解毒能の末梢血のアンモニア濃度が高まりアンモニア中毒を誘発する。そして，末梢血のアンモニア濃度が400 μgN/dl程度のアンモニア中毒のごく初期において耳下腺唾液分泌が抑制されることを明らかにした。

　次に，ヒツジの頸静脈から酢酸アンモニアを注入して末梢血のアンモニアレベルを250〜1,040 μgN/dlと変化させた時の耳下腺唾液分泌の変動を観察した。また，唾液分泌と関連性の深いルーメン運動の記録も同時に行った。唾液分泌量は末梢血のアンモニアレベルが400 μgN/dlで抑制された。また，唾液分泌の抑制はルーメン運動の微弱または停止をともなった（図3.2.2）。

　このように反芻家畜においては，血液のアンモニアが400 μgN/dlと比較的初期のアンモニア中毒において中枢を介して唾液分泌の抑制と胃運動の停止を起こすことから，末梢血のアンモニアのレベルが400 μgN/dlを超えないように十分に注意を払う必要がある。

（小原嘉昭）

(a)

(b)

(c)

(d)

時間（分）

(a) 対照区　　　　　　　　　血中アンモニア濃度　182 μgN/dl
(b) アンモニア注入開始後20分　血中アンモニア濃度　448 μgN/dl
(c) アンモニア注入停止後5分　　血中アンモニア濃度　356 μgN/dl
(d) アンモニア注入停止後40分　血中アンモニア濃度　224 μgN/dl

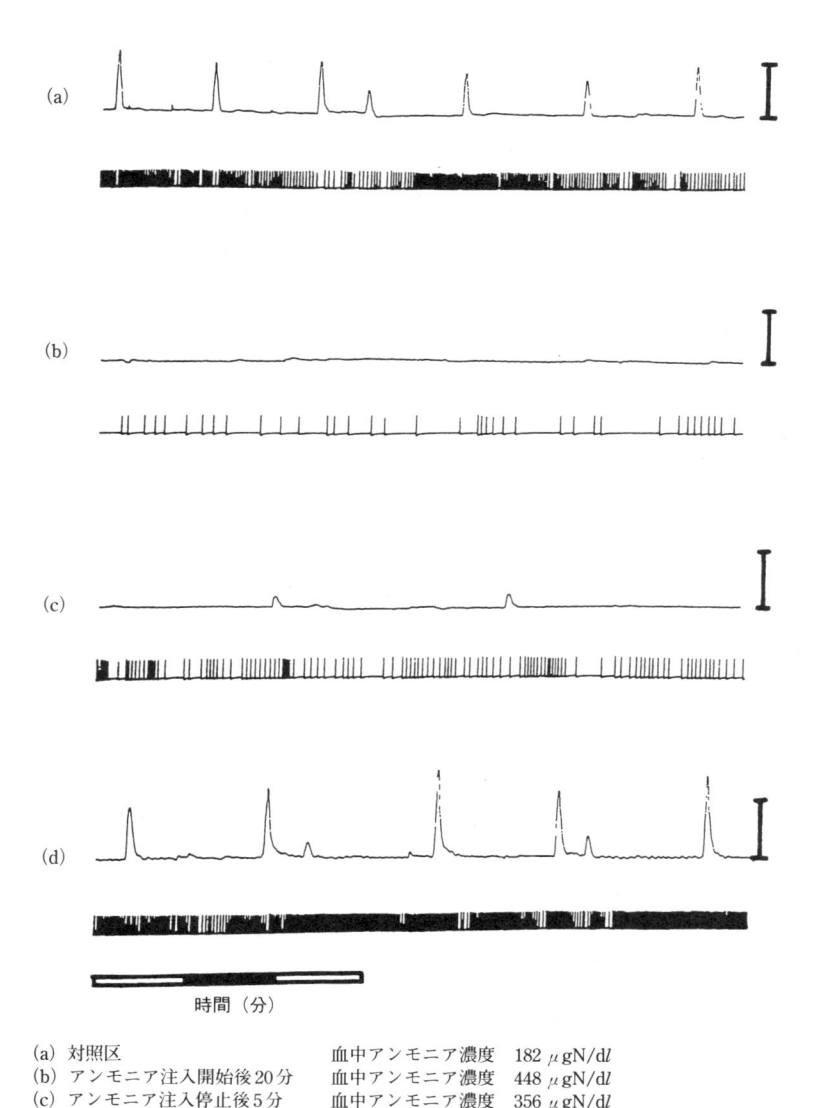

図3.2.2　ヒツジの頸静脈内にアンモニア塩を投与して血液中のアンモニア濃度を高めたときのルーメン運動と耳下腺唾液分泌反応
上段はルーメン運動のパターンを，下段は唾液の滴数（滴数計による測定）を表す。Iはルーメン運動の高さを示し，単位は100mmH$_2$Oである。

第3節　窒素代謝と炭水化物代謝の関連性

1. ルーメン内における窒素代謝の動態

　反芻家畜は，ルーメン内に生息する微生物が非タンパク態窒素（尿素など）や草類のセルロースを利用できる特性を有し，ヒトの食糧とは競合しないという利点をもっている。これまで，非タンパク態窒素を反芻家畜の飼料として利用しようという研究は多くなされてきていたが，反芻家畜の栄養生理の基礎となる尿素再循環機構について未解決の問題が残されていた。そこで小原と新林は，反芻家畜の尿素を主とした窒素代謝の研究に精力的に取り組んだ。例えば，新林ら（1975）は動物実験の結果から，飼料中への尿素の添加量は給与濃厚飼料の3％が最適であり，さらに易発酵性炭水化物の給与が重要であることを提案した。それに先駆けて，新林ら（1975）は，尿素飼料に関する多くの基礎的研究を行っている。

　新林と小原が行った，$in\ vivo$ と $in\ vitro$ の実験結果から，尿素の飼料への添加はルーメン内の微生物によるセルロースの分解を促進し，VFA発酵を活性化し，微生物の合成量を増加させるという事実を発見した。また，$in\ vitro$ 実験では，^{15}N-尿素は，ルーメン内で微生物のウレアーゼによってアンモニアにスムースに分解され，2時間でピークに達し，その後 ^{15}N-アンモニアは，細菌タンパク質に取り込まれ，6時間でピークに達した。さらに，プロトゾアタンパク質への ^{15}N-アンモニアの取り込みは，4時間目から徐々に増加し24時間でもその増加は継続していた。このときのルーメン微生物タンパク質を加水分解し，個々のアミノ酸への ^{15}N の取り込みを見るとアラニン，グリシン，グルタミン酸，アスパラギン酸で高濃度に，シスチン，メチオニンでは低濃度に含まれているものの，すべてのアミノ酸に確実に取り込まれていることが証明された。これらの結果は，ルーメン内の窒素代謝動態を明らかにしたもので，乳牛のルーメン機能の改善に応用できるものと思われる。

2. 窒素摂取量と血液尿素濃度および尿素の代謝回転速度の関係

反芻家畜は，摂取する窒素が不足する場合，尿中への尿素の排泄を抑制して，これをルーメンなどの消化管に移行させ微生物タンパク質として再利用する尿素再循環機構を持っている。この機構を十分に生かして窒素を有効利用する飼養方法の確立が期待される。

小原ら（1975）は，低タンパク質飼料，適タンパク質飼料，高タンパク質飼料の4種類の窒素レベルの異なる飼料を給与して，そのときの血清尿素レベル，ルーメン内アンモニア産生，尿素代謝回転速度，尿中尿素排泄量など尿素代謝のパラメーターを求める実験を行っている。反芻家畜において摂取するエネルギー源が十分に満たされていれば，窒素代謝のパラメーターである血清尿素濃度や尿素代謝のパラメーターは，摂取する窒素量に依存することを見つけ（図3.3.1），血液の尿素濃度の測定によって窒素の摂取状況を把握できることを報告している（小原ら，1975, ObaraとShimbayashi, 1980, 1987）。このとき，血清尿素レベルと尿素の代謝回転速度の間には非常に高い相関関係が見られた。また，窒素の摂取量が少ない場合には，消化管に窒素を再循環する割合が80％と増加し，尿素を利用する機能が活発になることを明らかにした。この成果は，反芻家畜における尿素再循環機構の重要性を指摘したものであり，ウシの飼養における窒素の有効利用の推進につながるものである。

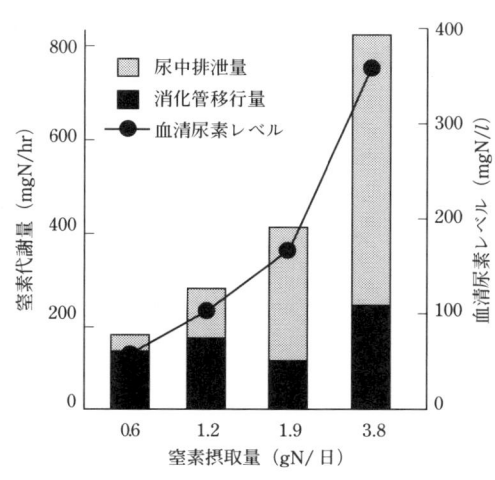

図3.3.1 反芻家畜における血清尿素レベル，尿中排泄量，消化管移行量に対する窒素摂取量の影響

3. 易発酵性炭水化物の添加が窒素代謝に及ぼす影響

反芻家畜において，窒素代謝と炭水化物代謝の関連性を明らかにすることは，実際の飼養条件を考えるうえで重要である。Obaraらは，摂取する飼料中の窒素量を一定にして炭水化物，特に易発酵性炭水化物を添加した場合，反芻動物の窒素代謝の動態にどう影響するかについて研究を行っている。この研究では，易発酵性炭水化物としてショ糖を添加した場合のルーメン内アンモニア-Nおよびバクテリア-N，血液尿素-N，ならびにルーメン内プロピオン酸，血液グルコースの代謝動態を ^{13}C-グルコース，^{13}C-プロピオン酸，^{15}N-尿素，^{15}N-アンモニアなどの安定同位体を用いた同位元素希釈法によって測定した（Obaraら，1991，1994，ObaraとDellow，1993）。その結果を図3.3.2にまとめて示した。

易発酵性炭水化物の添加によってルーメン内の微生物の代謝が活発になり，ルーメンにおける総VFAの産生速度が上昇し，プロピオン酸の産生速度が上昇した。ルーメン内バクテリアのタンパク質合成速度，特にアンモニアの同化による合成速度が上昇し，ルーメン内アンモニア濃度が低下した。ルーメン粘膜からのアンモニア吸収速度が低下し，アンモニア由来の尿素生成速度が低下した。微生物態タンパク質または未分解の飼料タンパク質およびペプチドとしての下部消化管への流下速度が上昇し，体内へのアミノ酸吸収量が増加した。ルーメン内におけるプロピオン酸の産生速度の上昇は，糖新生によるグルコースの合成速度の上昇と

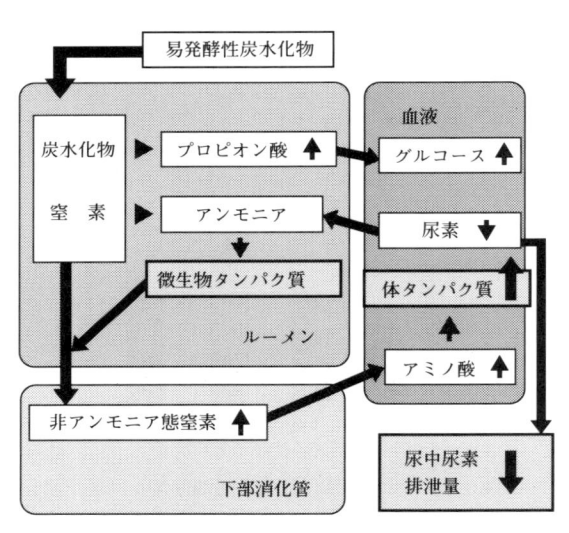

図3.3.2 易発酵性炭水化物の添加が反芻家畜の窒素代謝に及ぼす影響

インスリンの分泌亢進をもたらした。この変化によって，消化管から吸収されたアミノ酸からのグルコース合成への利用量が節約され，末梢組織へのアミノ酸供給が増加した。VFAおよびグルコースとしてのエネルギー供給速度や，アミノ酸の供給速度が増加することにより体内でのタンパク質合成速度が上昇した。ルーメン内での微生物代謝の変化は，ルーメン粘膜を介しての血液尿素窒素のルーメン内移行速度を上昇させる。血中尿素のルーメン内移行速度上昇の直接的な要因は明らかではないが，易発酵性炭水化物の給与は，尿中への尿素の排泄を抑制し尿素再循環機構を介して窒素利用を効率的に利用することが明らかになった。

これらの実験結果は，反芻動物がもつ生理学的特徴である尿素再循環機構を有効に利用することにより，タンパク質飼料の節約と糞尿中への窒素排泄量を低減化する新たな飼養法の開発の可能性も示唆しており，今後の環境問題を考えるうえで画期的な研究成果といえる。以上のように，トレーサーを用いた同位元素希釈法による代謝速度の測定によって，飼料への易発酵性炭水化物の添加が動物体へのアミノ酸供給速度を上昇させるだけでなくルーメンおよび体内の炭水化物代謝を介して，体内の窒素代謝動態に大きく寄与していることが明らかになった。

（小原嘉昭）

第4節　神経内分泌機構からみた栄養と繁殖機能

乳牛では，分娩後の泌乳初期には泌乳にともなう負のエネルギーバランスがもたらされる。このような生理的な低栄養状態は，分娩後の鈍性発情や卵巣静止などを誘起し，ひいては分娩後初回発情までの期間を延長する。特に，遺伝的改良が進んだ高泌乳牛では，大量の乳生産にともなう低栄養状態と分娩後の初回授精受胎率低下の因果関係が指摘されている（中尾，2000）。分娩後の初回授精受胎率は国内・国外を問わず近年低下する傾向にあることが報告されており，家畜生産における大きな問題となっている。

これまで調べられている多くの哺乳類では，分娩後の無発情期間には下垂体からの性腺刺激ホルモン分泌が強く抑制されることが知られている（McNeilly,

1994)。分娩後にみられる性腺刺激ホルモン分泌の低下は,乳子による吸乳刺激という神経性要因によって引き起こされることが知られているが,一方で,泌乳にともなう低栄養状態によってもたらされると考えられるようになってきた。実際,StevensonとBritt(1979)は25年以上も前に,泌乳量が多いウシほど分娩後の性腺刺激ホルモン分泌が抑制されて卵巣機能の回復が遅れることを示し,泌乳初期における泌乳にともなう負のエネルギーバランス(NEB)が性腺刺激ホルモン分泌低下の要因となることを報告している。このように栄養と繁殖機能との密接な関連については古くから認識されているにもかかわらず,その詳細なメカニズムについては科学的裏づけに乏しく,今なお新しい問題として残されている。

本節では,反芻動物の繁殖機能を制御する神経内分泌機構について概説したのち,反芻動物の実験モデルとしてシバヤギを用いた研究成果を紹介し,反芻動物の繁殖機能と栄養状態との関連および栄養にかかわる因子が繁殖機能に影響をおよぼすメカニズムについて述べる。

1. 繁殖機能を制御する神経内分泌機序

乳牛をはじめとする哺乳動物の繁殖機能は,視床下部―下垂体―性腺軸と呼ばれる一連の調節系によって緻密に制御されている(図3.4.1)。視床下部の神経細胞で産生され,正中隆起部の神経終末から放出される性腺刺激ホルモン放出ホルモン(GnRH)は,下垂体門脈系と呼ばれる特殊な血管系を介して下垂体前葉に運ばれ,性腺刺激ホルモンの分泌を刺激する。下垂体前葉から分泌される性腺刺激ホルモンには黄体形成ホルモン(LH)と卵胞刺激ホルモン(FSH)の2種類があり,雌性動物においては,卵巣における卵胞の発育,排卵,黄体形成と卵巣ホルモン(エストロゲンおよびプロゲステロン)の合成・分泌を,雄性動物においては,精巣における精子形成と精巣ホルモン(アンドロゲン)の合成・分泌を調節する。一方,性腺から分泌される性ステロイドホルモンは,視床下部や下垂体に働きかけ(フィードバック作用),GnRHや性腺刺激ホルモンの分泌を調節する。

このような繁殖機能調節の根幹をなす視床下部―下垂体―性腺軸では,視床下部ホルモンであるGnRHが最上位の調節分子として重要な役割を果たしている。

（1）雌性動物におけるGnRH分泌の2つのモード—パルス状分泌とサージ状分泌—

雌性動物における下垂体門脈血中へのGnRHの分泌様式には，一定の間隔で血中濃度が変動する基底レベルの分泌（パルス状分泌）と，排卵の引き金となる一過性の大量放出（サージ状分泌）の二つのパターンがある（西原，1998）。

下垂体門脈血中GnRHおよび末梢血中LHの分泌動態は，微量な血液試料の連続採取法と，感度の高い測定法（ラジオイムノアッセイ）の開発により，1970～80年代にかけてウシ，ヒツジなどの反芻動物を含む多くの哺乳動物において明らかとされた。その結果，下垂体門脈血中の基底レベルのGnRHは間欠的

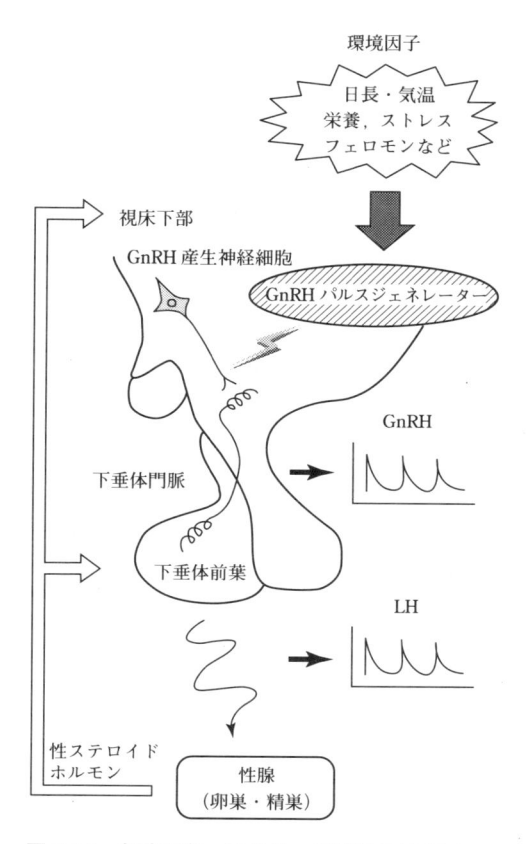

図3.4.1　視床下部—下垂体—性腺軸の模式図
GnRH：性腺刺激ホルモン放出ホルモン，LH：黄体形成ホルモン

な濃度上昇を一定間隔で繰り返してパルス状の分泌動態を呈し，各々のGnRHのパルスに一対一に対応して下垂体前葉からLHが分泌されていることが明らかとなった。パルス状のLH分泌は，卵巣における卵胞発育と卵子の成熟とともに，卵巣ステロイドホルモン分泌を調節する。GnRHが適切な間隔でパルス状に分泌されることは，GnRHに対する下垂体の反応性を保つために重要である。例えば，視床下部の破壊によって内因性のGnRHパルスを消失させたアカゲザルに，GnRHを生理的頻度よりも高い頻度で投与，あるいは，持続的に

GnRHを投与すると，下垂体からの性腺刺激ホルモン分泌がかえって抑制されることが知られている（HotchkissとKnobil，1994）。すなわち，パルス状のGnRH分泌は，視床下部─下垂体─性腺軸の機能を適切に維持するために不可欠の分泌様式であり，反芻動物，単胃動物を問わず，GnRHパルス頻度の多寡が繁殖機能を調節する重要なシグナルとなっている。パルス状のGnRH分泌は，後述する視床下部神経機構，GnRHパルスジェネレーターによって制御されると考えられている。

サージ状のGnRH分泌は，卵巣における卵胞発育が進み，十分に成熟した卵胞由来の血中エストロゲン濃度の上昇によって誘起される。このとき，エストロゲンは正のフィードバック効果をもたらし，GnRHの一過性の大量放出を刺激する。GnRHサージは下垂体前葉からのLHサージを引き起こし，これにより成熟卵胞からの排卵が誘起される。パルス状のGnRH分泌は雌雄に共通する基礎的な分泌パターンであるのに対し，排卵に関連するサージ状のGnRH分泌は雌に特有の分泌パターンである。エストロゲンの正のフィードバック効果のターゲットとなるサージ状GnRH分泌を制御する中枢メカニズムは，GnRHパルスジェネレーターとは別の神経機構である可能性が示されているが，その詳細の解明には今後の研究が待たれる。

(2) GnRHパルスジェネレーター

GnRH産生神経細胞の間欠的な興奮を誘起して，正中隆起部においてGnRHをパルス状に分泌させる中枢神経機構は，視床下部に存在する神経細胞群であるとされ，GnRHパルスジェネレーターと呼ばれている（Lincolnら，1985）。繁殖機能を調節する第一義的因子であるGnRHパルスの頻度を制御するGnRHパルスジェネレーターは繁殖制御中枢として機能し，動物の繁殖に影響を及ぼすさまざまな環境因子（栄養，日長・気温などの外部環境，ストレス，フェロモンなど）のターゲットと考えられている。すなわち，ほとんどすべての環境因子由来の情報は体のさまざまな部位の感覚器で受容されて脳に入力し，最終的にGnRHパルスジェネレーターの活動に影響を及ぼすことによって繁殖機能が調節されている（図3.4.1参照）。

生殖生理学領域では繁殖制御中枢としてのGnRHパルスジェネレーターの概

念は広く受け入れられているが，長年にわたりそのメカニズムはブラックボックスとして扱われ，未だ不明な点が多く残されている。GnRHパルスジェネレーター本体を構成する神経細胞群がどの神経伝達物質・神経ペプチドを含むのか，特に，GnRHパルスジェネレーターの機能をGnRH産生神経細胞そのものが担っているのか，それともGnRH産生神経細胞以外の細胞群であるのかという論争は，繁殖制御中枢の根幹を明らかにするための非常に興味深い問題である。

(3) GnRHパルスジェネレーター活動の記録法

GnRHパルスジェネレーターの活動は，視床下部内側基底部に留置した電極を通じて記録できる多ニューロン発火活動（MUA）として，非拘束下の動物からリアルタイムかつ連続的にモニターすることができる。MUA記録法は電極周囲に生じている多数の神経細胞からの活動電位を同時に記録して解析する手法であり，GnRHパルスの形成に必要な多数の神経細胞の同期した発火活動を解析するために有効な解析法である。MUA記録法によるGnRHパルスジェネレーター活動の観察はアカゲザルにおいて最初に報告され（HotchkissとKnobil，1994），のちにその手法はラット，シバヤギにも導入された（西原，1998）。シバヤギでは，脳定位固定装置を用いて，脳室造影法により推定した視床下部弓状核／正中隆起部に記録用電極を留置する。この電極を通じてMUAを記録すると，一定の間隔で規則正しく発火頻度が上昇する特徴的な神経活動（MUAボレー）が確認できる（図3.4.2）。各々のMUAボレーは末梢血中のパルス状

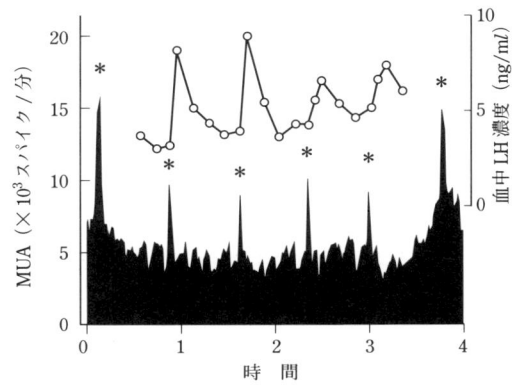

図3.4.2　シバヤギにおけるパルス状LH分泌と視床下部の多ニューロン発火活動（MUA）

＊はMUAボレーを示す。それぞれのMUAボレーはLHパルスと一対一に対応する

LH分泌と一対一に対応していることから,このMUAボレーはGnRHパルスジェネレーターの活動を反映したものであることがわかる。

GnRHパルスジェネレーターの活動状態の指標としては,MUAボレー間隔(あるいは,単位時間あたりのMUAボレー発生頻度)が用いられる。例えば,MUAボレー間隔の延長が観察されれば,そのときGnRHパルスジェネレーターの活動は抑制されていることを示している。この手法により,繁殖制御中枢であるGnRHパルスジェネレーターの活動を直接の指標として,繁殖機能に影響を及ぼすさまざまな環境因子の影響を評価することが可能となっている。本節のテーマである生体の栄養状態に関する情報の伝達も,最終的にはGnRHパルスジェネレーター活動の変化として解析することができる。

2. 低栄養情報を伝達する代謝性シグナル

反芻動物の繁殖機能は,GnRHパルスジェネレーターの活動によって形成されるパルス状のGnRH分泌と,GnRH刺激によるパルス状のLH分泌により調節されることは先に述べた。よって,負のエネルギーバランスに起因する情報は何らかのシグナルによって脳へと伝達され,最終的にGnRHパルスジェネレーターの活動を抑制することにより性腺の機能に影響を及ぼすと考えられる。以下,反芻動物のモデルとしてシバヤギを用いた研究成果を中心に紹介し,低栄養情報をGnRHパルスジェネレーターに伝えるシグナル物質とその作用について考えてみたい。

(1) グルコース

ヒト,ラットなどの単胃動物では,主要な代謝燃料である血中グルコース利用性の変化が性腺刺激ホルモンの分泌に影響を及ぼす因子となることが知られている。単胃動物を飢餓などの低栄養状態下におくと,食餌性のグルコース摂取が減少することにより血中グルコース濃度が低下し,これが低栄養情報を脳に伝達するシグナルとなる。エネルギー源の不足がただちに繁殖機能の低下につながるという,生理的にも理にかなったメカニズムを有しているといえる。一方,反芻動物では主要な代謝燃料は酢酸などの揮発性脂肪酸(VFA)であり,グルコースは肝臓における糖新生により供給されるという点で単胃動物の

代謝系とは大きく異なっている。この代謝系を反映して末梢血中のグルコース濃度は低値（40〜60mg/dl）に保たれているが，反芻動物の繁殖機能に対してグルコース利用性の変化がどのような影響を及ぼすのか興味が持たれる。

GnRHパルスジェネレーターの活動をモニターできるように視床下部にMUA記録用電極を留置したシバヤギの静脈内に，インスリンを連続的に注入して薬理学的な低血糖状態を誘起すると，MUAボレー間隔はただちに延長し，GnRHパルスジェネレーターの活動が低下する（図3.4.3）。このとき，グルコースを同時に投与して血中グルコース濃度を生理的レベルにまで回復させると，GnRHパルスジェネレーター活動の抑制は解除される（図3.4.3）。さらに，グルコース利用阻害剤である2-デオキシグルコース（2DG）を末梢血中に注入して薬理学的にグルコースの利用性を低下させると，GnRHパルスジェネレーターの活動はただちに抑制される（Ohkuraら，2004）。これらの事実は，単胃動物と同じく，反芻動物においても血中グルコース利用性の変化が繁殖機能を調節することを示している。インスリンやグルコース，2DG投与に対するGnRHパルスジェネレーター活動変化の反応潜時は短く，血中グルコース濃度の変化がGnRHパルスジェネレーター活動の変化として鋭敏に現れることから，生理的レベルのグルコース濃度の変動によってGnRHパルスジェネレーター活動の微調整が行われていることが予想される。したがって，グルコース利用性の低下は低栄養条件下における

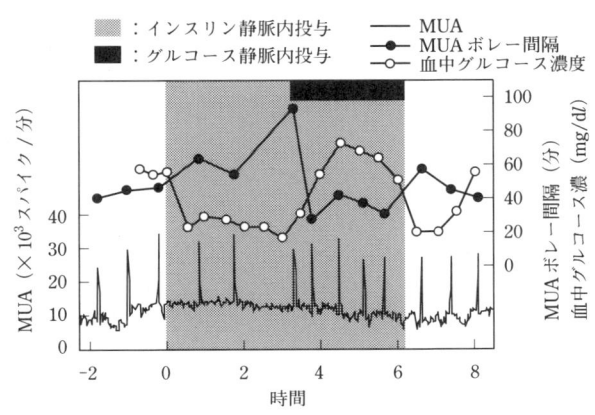

図3.4.3　シバヤギにインスリンを静脈内投与したときのMUAボレーの変化

インスリン投与により血中グルコース濃度が低下するとMUAボレー間隔が延長する。グルコースをインスリンと同時に注入して血中グルコース濃度を生理的レベルまで上昇させるとMUAボレー間隔はただちに回復する

パルス状のGnRH分泌抑制にかかわる末梢性シグナルとして作用することが考えられる。

ラットでは，グルコース利用性の変化はグルコースに特異的な感知システムによって感受され，その情報が最終的に繁殖機能制御中枢に伝達されると考えられている（Kinoshitaら，2003）。ヒツジやラットを用いて脳室内に2DGを投与し，末梢血中のパルス状LH分泌に及ぼす影響を調べた結果から，2DGの作用部位が第四脳室周囲である可能性が示唆されており，グルコースに特異的な感知システムは延髄の第四脳室周囲に存在すると考えられている。シバヤギのGnRHパルスジェネレーター活動に影響を及ぼすグルコース利用性の変化も延髄のグルコース感知システムが関与することが推定されるが，そのメカニズムの解明にはさらに詳細な検討が必要である。

(2) 揮発性脂肪酸（VFA）

反芻動物の主要な代謝燃料であるVFAの利用性低下が，単胃動物におけるグルコースと同様に，低栄養情報を視床下部のGnRHパルスジェネレーターに伝達するシグナルとなることは想像に難くない。視床下部にMUA記録用電極を留置したシバヤギを短期間（4日間）の絶食下におくと，MUAボレー間隔が絶食期間の進行とともに徐々に延長し，GnRHパルスジェネレーターの活動は抑制される（図3.4.4）。また，絶食の負荷を中止して給餌を再開するとGnRHパルスジェネレーター活動は徐々に回復する。このとき，血中のVFA濃度の指標として酢酸濃度を調べてみると，絶食期間の進行とともに酢酸濃度は減少し，再給餌によりその濃度は絶食前のレベルに回復する。反芻動物の血中VFAはルーメン内の微生物発酵によって産生され，吸収されたものであるため，絶食，再給餌にともなう血中VFA濃度の変化は，生体がおかれている栄養の状態を反映したものといえる。よって，短期間の絶食による血中VFA濃度の変動とGnRHパルスジェネレーター活動変化との間に観察される相関関係は，VFAが反芻動物特有の末梢性栄養シグナルとして作用する可能性を示唆している。

前述したグルコースと同様に，VFAに対しても特異的な感知システムが存在するのかどうかきわめて興味深い問題であるが，今のところ，このことにつ

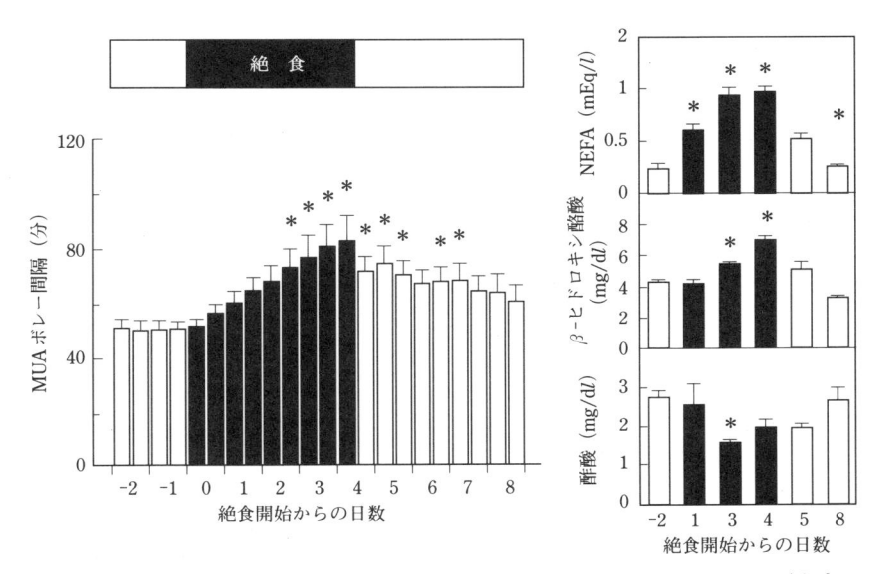

図 3.4.4 シバヤギに短期間の絶食を負荷したときの MUA ボレー間隔および血中 NEFA，β-ヒドロキシ酪酸，酢酸濃度の変化
　　　＊は絶食前の値と比較して有意な差があることを示す（p＜0.05）

いてはほとんど何もわかっていない。近年，Gタンパク共役型受容体である GPR41 および GPR43 が酢酸やプロピオン酸などの短鎖脂肪酸によって活性化され，これらの受容体が短鎖脂肪酸の生理作用を仲介していることが示されている（Brown ら，2005）。GPR41 および GPR43 などの受容体分子の局在部位や発現機序の解析が進めば，栄養による繁殖機能制御機構における VFA の役割や，特異的な VFA 感知システムの実体が明らかになってくるかも知れない。

（3）遊離脂肪酸（NEFA）

シバヤギに4日間の絶食を負荷して GnRH パルスジェネレーター活動の抑制が誘起されているとき，血中の NEFA 濃度は絶食期間の進行とともに上昇し，絶食終了直前にピークに達する動態を示す（図3.4.4）。また，GnRH パルスジェネレーター活動の回復とともに血中 NEFA 濃度も絶食前のレベルに戻る。このような血中 NEFA 濃度の変化は，低栄養にともなう脂肪代謝の亢進を反

映したものであり，GnRHパルスジェネレーター活動変化との間にみられる相関関係は，NEFAが末梢性の低栄養シグナルとして作用する可能性を示唆している。

ところが，正常なGnRHパルスジェネレーター活動が観察されているシバヤギに，β酸化阻害剤であるメルカプト酢酸を投与して薬理学的な脂肪酸利用阻害を誘起しても，GnRHパルスジェネレーターの活動には何ら影響を及ぼさないことから（Ohkuraら，2004），現時点ではNEFAが低栄養情報をGnRHパルスジェネレーターに伝達するシグナルであるとの確証を得るに至っていない。中・長鎖脂肪酸はGタンパク共役型受容体であるGPR40（Brownら，2005）またはGPR120（Hirasawaら，2005）などを介してその生理作用を現すことが近年報告されており，VFA同様にこれらの受容体分子の局在などを調べることで，低栄養シグナルとしてのNEFAの役割とその特異的感知システムが解明できる可能性が考えられる。

(4) ケトン体

生理的なケトン体とは，一般に主に肝臓で生成されるアセトン，アセト酢酸，β-ヒドロキシ酪酸をいう。単胃動物ではケトン体は低栄養時に脳への取り込みが増加し，グルコースに代わって脳におけるエネルギーとして積極的に利用されることが知られている。一方，反芻動物ではルーメン上皮においてβ-ヒドロキシ酪酸が生成されており，生理的濃度で存在する場合には重要な代謝燃料として使われる。さらに，VFAを主要なエネルギー源とし，血糖値が常に低値に保たれている反芻動物でも，脳の主要なエネルギー源はグルコースであることから，単胃動物と同様に反芻動物の脳においても低栄養時にはケトン体がグルコースに代わるエネルギーとして利用されることが考えられる。換言すれば，栄養状態の悪化にともなって脳へのケトン体取り込みが増加するとすれば，低栄養の情報を中枢に伝達するシグナルとして働くことが考えられる。

シバヤギに短期間の絶食を負荷してGnRHパルスジェネレーターの活動が抑制されているとき，血中のケトン体濃度の指標としてβ-ヒドロキシ酪酸を測定すると，ケトン体濃度は絶食期間の進行とともに上昇する（図3.4.4）。ケトン体濃度は絶食終了直前にピークに達したのち，再給餌後はGnRHパルスジェ

ネレーター活動の回復とともに血中ケトン体濃度も絶食前のレベルに戻る。このような血中ケトン体濃度の変化は，NEFAと同様に低栄養によって誘起される脂肪酸代謝の亢進を反映したものであり，GnRHパルスジェネレーター活動変化との間に見られる相関関係はケトン体が末梢性の低栄養シグナルとして作用する可能性を示唆している。

　シバヤギの脳室内にβ-ヒドロキシ酪酸を注入するとMUAボレー間隔が延長し，GnRHパルスジェネレーターの活動が顕著に抑制される（松山ら，未発表）。このとき，末梢血中のケトン体濃度は変化しないことから，投与したβ-ヒドロキシ酪酸は脳内で作用することが示唆されている。この薬理学的実験の結果は，反芻動物の脳内に低栄養シグナルとしてケトン体を感知して，その情報を視床下部GnRHパルスジェネレーターに伝達する機構が備わっていることを示唆している。ケトン体の細胞膜内への輸送はモノカルボン酸輸送担体（MCT）と呼ばれる膜タンパクに依存している。脳内にケトン体感知システムが存在するとすれば，MCT分子の局在や栄養状態によるMCT分子の発現調節を解析することで，ケトン体感知システム本体と低栄養シグナルとしてのケトン体の役割を明らかにしていくことが可能となるかも知れない。

(5) インスリン

　シバヤギでは，短期間の絶食による血中インスリン濃度の低下とGnRHパルスジェネレーター活動の抑制との間に密接な相関関係があることがわかっており（Matsuyamaら，2004），代謝関連ホルモンであるインスリンが末梢性の低栄養シグナルとして作用する可能性が示されている。インスリンの作用部位としては末梢の諸器官だけでなく，中枢にも作用することが報告されており，末梢から視床下部のGnRHパルスジェネレーターに低栄養情報を伝達する分子としての役割が推定される。

　栄養状態をGnRHパルスジェネレーターに伝える過程では，ここで紹介したもの以外にも，乳酸，アミノ酸，インスリン様成長因子-I（IGF-I），レプチンなどの代謝に関連するさまざまな物質が何らかの役割を担っているものと推察される。繁殖機能と栄養状態との関連について理解を深めていくためには，今

後，それぞれのシグナル物質の役割やその感知システムの解析を進展させるとともに，個々のシグナル同士の相互作用や複数のシグナルを統合するメカニズムを明らかにしていくことが重要な課題となってこよう。

(大蔵　聡・岡村裕昭)

第5節　生理活性物質としてのVFA

揮発性脂肪酸（VFA）もしくは短鎖脂肪酸（酢酸，プロピオン酸，酪酸など，SCFA）は，動物の消化管内に生息する微生物が摂取した食物繊維やオリゴ糖を嫌気的に消化・発酵することによって生じる産物（栄養素）であり，魚類から人間に至るまでの多種にわたる動物の消化管で認められる（StevensとHume，1995）。VFAは栄養素の一つでありながらさまざまな生物作用を示す。VFAの生理作用の研究は，最初は反芻動物を中心に精力的に行われ，現在は，ラットやブタ，魚類まで幅広い分野で研究が進んできている。

動物の腸管各部の内容物中のVFA濃度は，反芻動物などの前胃発酵動物とヒト，ウマ，ウサギなどの後腸発酵動物とで異なっている。前胃発酵動物は，前胃内のVFA濃度が最も高く，盲腸や結腸では低い。一方，後腸発酵動物は前胃をもたないので，VFA濃度は盲腸や結腸で最も高い。反芻動物のルーメン内のVFA濃度は，採食後に約100mM/lに達するが，ヒトの大腸におけるVFA濃度も同程度である。しかし，反芻動物では安静時維持エネルギーへのVFAの寄与率は60〜70％であるのに，ヒトではせいぜい1〜2％にすぎず，VFAのエネルギーとしての重要性は動物種によって異なる。

VFAの生理作用は，第一に微生物増殖抑制効果，第二に消化管の発育，保護，運動促進効果，第三に膵外分泌刺激による消化促進効果，第四に同化的代謝作用（インスリン分泌促進，GHや副腎皮質刺激ホルモン〈ACTH〉分泌抑制効果），第五にガン抑制効果である。以下，それらの生理作用について概説する。

1. 微生物増殖抑制効果

VFAとりわけ酪酸のNa^+やCa^{2+}塩は，ウシやブタなどの家畜やイヌやネコ

などのペット動物の飼料添加物としてEU諸国を中心に利用されている。酪酸塩の製造会社はスペインとフランスにあり，ある程度は日本にも輸入されている。酪酸塩を飼料に添加する第一の理由は，これまで腐敗防止目的で飼料へ添加していた抗生物質の利用が制限されることから，代わりに酪酸塩のもつ抗バクテリア作用，抗カビ作用や抗酸化作用などの微生物増殖抑制作用に期待しようという目的からである。ニワトリでは，抗サルモネラ作用も期待されている。

2. 消化管の発育，保護，運動やイオン輸送促進効果

VFAのルーメン絨毛発育刺激効果に関しては，Tamateら（1962）が行った一連の優れた研究が知られている。子ウシにVFAをNa^+やK^+塩として1週間当たり5～8mol，12週間投与し続け，ルーメン絨毛発育刺激効果を3つのVFAで比較した結果，酪酸の効果が酢酸やプロピオン酸よりはるかに大きかった。また，Sakataら（1995）はラットの消化管吻合促進効果でもVFAの効果を確認している。したがって，VFAの消化管粘膜への作用発現は動物の種差に限定されないと思われる。

消化管絨毛の発育促進に及ぼすVFAの影響は，反芻動物のルーメンで最初に報告されたものの，作用は複雑である。in vivo 実験でヒツジやラットの腸管内に酪酸を注入するとルーメンの絨毛の成長や腸管の肥厚が生じるが，in vitro 実験では抑制効果が見られる。したがって，VFAの in vivo で見られる効果は，神経やホルモンを介した間接的効果であると思われる。

後腸発酵動物の盲腸や結腸において生産されるVFAが，大腸の炎症（潰瘍性大腸炎）を抑制することから，ヒトやペット動物（イヌやネコ）においても注目されている。治療目的で使用する時には，酪酸やプロピオン酸は塩であっても経口的には使用できない。理由は，VFAが空腸で大部分が吸収されてしまい，大腸まで届くVFA量は少ないと考えられるからである。

ラットの腸管運動に及ぼすVFAの効果に関しては，Yajimaら（1985）の研究がある。Yajimaらは，VFAは腸管内在性の神経を刺激して運動を促進することを報告した。その強さはVFAの炭素数に依存する。また，VFAは腸管管腔側への水の分泌を刺激する。したがって，植物性繊維やオリゴ糖の摂取は大腸内でのVFA産生を促進し，便の軟化や腸管の運動をも刺激することから便

秘を改善するとされている。

その他，VFAの腸管への効果では，粘膜血流量の増加や粘液分泌の増加など動物種差を超え多岐にわたって報告されている。

3. 膵外分泌刺激による消化促進効果

KatohらはVFAが *in vivo* でも *in vitro* でも，膵外分泌を刺激することを明らかにしている。アミラーゼの分泌量で比較すると，VFAの効果は炭素数に依存して増加する。このことは，インスリンやグルカゴンの分泌に関しても類似性が確認されている。また，この反応は動物種の体重に依存する。したがって，マウス（体重30g），ラット（体重300g），モルモット（体重500g），ヒツジ（体重40,000g）の順に分泌は大きくなる（図3.5.1A）。VFAの刺激効果は，神経伝達物質であるアセチルコリンと類似しており，2個のカルボキシル基をもつ酸の同時投与によって，濃度―反応曲線は右側に平行移動する。また，細胞をトリプシン処理するとVFAの反応性が低下することから，VFA受容体（第4章第2節 Rumeno-pituitary軸を参照）の存在する可能性が指摘されている。

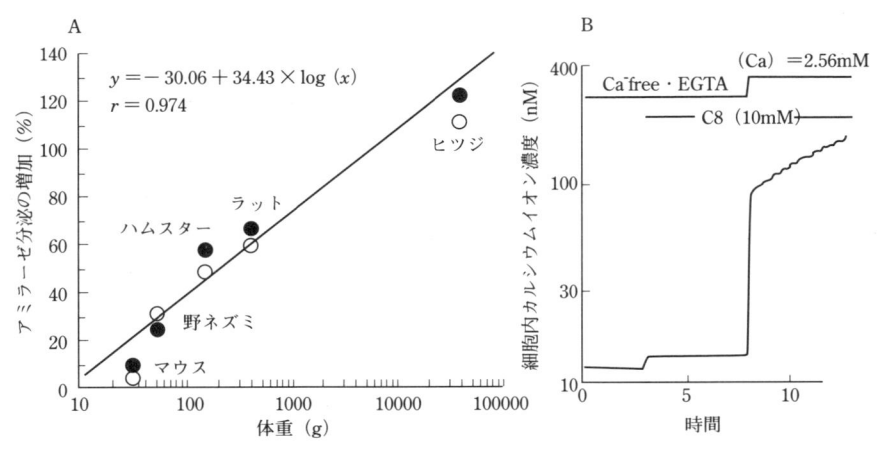

図3.5.1 A：VFA刺激によるアミラーゼ分泌増大と体重との関係，B：ヒツジ膵腺房細胞内Caイオン濃度に及ぼす培養液中Caの影響

（刺激脂肪酸はオクタン酸〈C8〉を用い，培養液中Caがない状態で刺激を行い，刺激途中で培養液中Ca濃度を2.56mMに増加した）

最近のRohら（2005）の研究によると，VFA受容体はユビキタスに発現していることが，マウスの研究で明らかにされている。また，VFAは，アセチルコリンと同様に，膵外分泌腺の腺細胞内のCa^{2+}濃度を増大させ（図3.5.1B），細胞膜のイオン透過性（内向き電流）を増大させる。このCa^{2+}は，細胞外液と細胞内小器官に由来することが知られている。

4. 同化的代謝作用

VFAは膵ランゲルハンス島からのインスリン分泌を刺激するが，成長ホルモン（GH）やACTHなどの下垂体前葉ホルモン分泌を抑制する効果を示す（図3.5.2，KatohとObara，2001）。VFAがGH分泌を抑制する理由は，VFAが成長ホルモン放出ホルモン（GHRH）刺激による細胞内Ca^{2+}やサイクリックAMP（cAMP）濃度の増加を抑制し，GH遺伝子の転写を抑制するためであると考えられる。また，VFAはバソプレッシン刺激によるACTH分泌増加も抑制する。これらのVFAの効果は，*in vivo*実験でも確認されている（第4章第2節参照）。

インスリンは，脂肪細胞や他の多くの細胞へのエネルギーの蓄積を促進する。一方，GHやACTHは脂肪分解作用を示す。したがって，VFAは総合的に，同化的方向に代謝をシフトする作用を示すことになる。

最近，VFAはGタンパク共役型受容体41, 43（GPR41, 43）によって認識されることが明らかにされている（Hongら，2005）。マウスでの研究によると，この受容体は広範な組織に発現しているが，膵臓での発現は小さい。

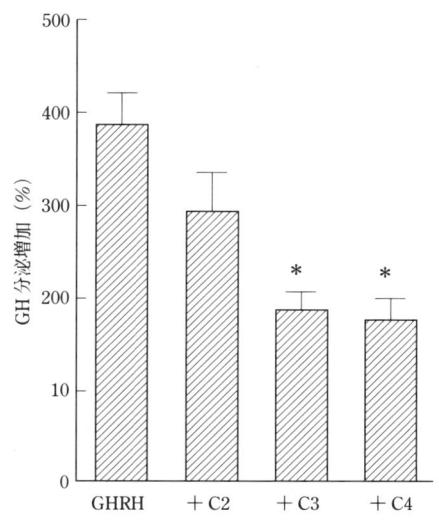

図3.5.2 GHRH刺激時のGH分泌増加に及ぼすVFAの抑制効果（培養ヤギ下垂体前葉細胞）C2：酢酸，C3：プロピオン酸，C4：酪酸（いずれも10mM）　＊$p < 0.05$

この結果は、マウスではVFAによる膵外分泌腺の刺激効果が小さいことと一致する。GPR41, 43の活性化を介して、脂肪蓄積や分泌効果が起こると考えられている。

5. ガン抑制効果

酪酸は、種々のガン株細胞の増殖を抑制することから、昔から in vitro 系の研究において用いられてきた。また、大腸内のVFAの産生割合が大腸ガンの産生と関連性があることが指摘されている。酪酸の細胞機能への作用としては、膜輸送の変化、遺伝子発現修飾、タンパク質合成の変化、細胞内情報伝達機構の変化など多彩である。in vivo の実験系において、酪酸のガン抑制効果について解明することは重要と思われる。

〈加藤和雄〉

第6節　生理活性物質による代謝・内分泌・免疫機能制御

哺乳子ウシは、誕生後に初乳を与えられたあとは人工哺乳となるものの、通常は生後しばらくの間、代用乳で飼育される。初乳は、常乳と比較して、タンパク質、カゼイン、アルブミンおよびグロブリン、脂肪などを多く含むので、子ウシの栄養や免疫機能維持にとって初乳の摂取は必須と考えられている。

また、初乳中には各種の生理活性物質が含まれ、哺乳子ウシの発育・成長と疾病予防に関与しているものと思われる。初乳中に含まれる生理活性物質については、その生理的意義が明らかになり、それぞれの生理活性物質を子ウシに給与して子ウシの代謝、内分泌、免疫機能を制御する試みがなされてきている。本節では、初乳中に含まれる生理活性物質であるイムノグロブリン（免疫グロブリン, Ig）、核酸、インスリン様成長因子-I (IGF-I)、腫瘍壊死因子 (TNF-α)について概説する。

1. イムノグロブリン

ウシ初乳中のタンパク質濃度は17.6％に達し、乳汁中の免疫グロブリンIgG濃度は約3,000mg/100mlにもなる。ウシ乳汁中のタンパク質量は分娩直後では

17.6％と高く，分娩後6日目には10.0％，さらに12日目には6.1％と経時的に減少していき，168日以降では3.3％となる。ウシの初乳中に含まれる免疫グロブリンは主にIgGであり，その他にIgAおよびIgMを含む。分娩1日目の乳汁中IgG濃度は約3,000mg/100mlであるが，分娩3日後には約50mg/100mlに減少する。子ウシは，妊娠中には母体からの免疫グロブリンの獲得がなく，誕生直後に初乳を介して得られるIgGを腸管から吸収することによって，自身の感染防御に役立てている。ウシの初乳中に含まれるサイトカインは，主にIL-1，IL-6，TNF-α，TNF-γであり，特にIL-1やTNF-αが多い。初乳中のサイトカイン濃度も免疫グロブリンと同様に経時的に減少する。また，初乳中のビタミンA濃度も常乳の10〜30倍高い。

2. 核　酸

　反芻動物の初乳は核酸関連物質を高濃度に含んでいる。初乳中の核酸の組成と濃度は動物種によって異なるが，ウシの初乳は1,000 μMに達するウリジンとその誘導体（uridine monophosphate〈5'-urydylic acid, UMP〉やuridine diphosphate）を含んでいる。一方，ヤギの初乳はピリミジンとプリン体をほぼ同量含んでいる。乳汁中に含まれる核酸関連物質の濃度は分娩直後は低く，1日目に最大濃度を示したあと，経時的に減少すると報告されている。しかし，乳汁中の核酸関連物質が，体液から乳汁へ移行したものなのか，乳腺で生成・分泌されたものなのかは未だ不明である。

　核酸が腸管微生物や免疫系賦活化効果を示すことは広く研究されており，その成果をもとに核酸が添加されている乳児用粉ミルクも市販されている。核酸の効果については以下のような報告がなされている。人工乳を与えた新生児の糞中には大腸菌の占める割合が高いが，母乳またはヌクレオチド添加市販ミルクを与えた新生児ではビフィズス菌が多くなる。また，小腸絨毛の発達や成熟度がヌクレオシド添加により促進された。免疫能に対する影響では，母乳や核酸を添加した市販ミルク給与は，無添加ミルクに比べて，ナチュラルキラー細胞（NK細胞）の活性化やIL-2の生産能の増大，血漿中IgG濃度の増大，T細胞機能の維持など，免疫能が促進した。

　一方，核酸の代謝に及ぼす影響に関する研究は少ないが，以下のことが報告

されている。脂質代謝に関しては，母乳やヌクレオシド添加の市販ミルク給与は，無添加ミルクに比べて，血漿中の超低比重リポタンパク質の比率を下げ，高比重リポタンパク質比率を上げる効果があった。また，母乳やヌクレオシド添加市販ミルク給与により赤血球脂質分画の不飽和度が高くなった。しかしながら，子ウシの代謝や内分泌に及ぼすウリジル酸（UMP）の影響については知られていなかった。

Katohら（2005）は，新生子ウシにウリジル酸を給与した時の影響について検討した。ウリジル酸を代用乳に溶かし，1日当たり1gを7日間給与しても顕著な影響が認められなかったが，2gに増加すると以下のような変化が認められた。新生子ウシでは，ミルク摂取後に血中グルコース濃度が有意に増大するが，その増加がウリジル酸給与により抑制された。血中グルコースの反応に平行して，ミルク摂取後のインスリン濃度の増加も有意に抑制された（図3.6.1）。一方，血中GH濃度はミルク摂取後に増大したが，GH濃度増大はウリジル酸給与により促進される傾向にあった。また，ウリジル酸給与は胸最長筋中の中性脂肪濃度を増大させ，グリコーゲン濃度を低減させた。

次に，子ウシの免疫能および抗酸化能に対するウリジル酸投与の影響を調査

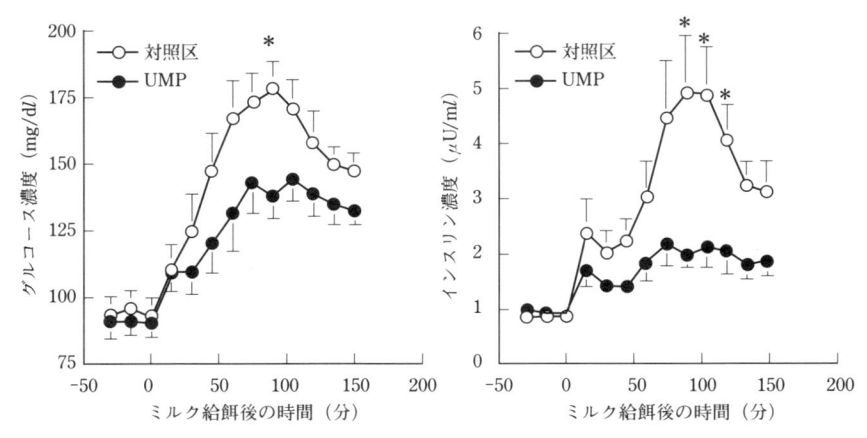

図3.6.1　2週齢子ウシのミルク給餌後にみられる血中グルコースおよびインスリン濃度に及ぼすウリジル酸（UMP）同時給与の影響
　　＊は対象区とUMPで$p<0.05$の有意差があることを示す

した（明治飼糧KK研究グループ）。ウリジル酸を投与した牛群において，末梢血リンパ細胞をマイトジェンで刺激した際の幼若化反応およびサイトカイン産生能が有意に上昇した。さらに，子ウシにロタウイルスワクチンを投与したところ，ワクチン投与後の血漿中ロタウイルス特異IgG抗体の上昇がウリジル酸給与で有意に大きくなった。また，腸管免疫において重要な役割を果たしている回腸粘膜IgA抗体がウリジル酸給与で有意に上昇し，それに加えて糞中ロタウイルス特異IgA抗体が有意に増加した。

さらに，LPS（大腸菌菌体毒素）投与によるストレス負荷試験を行ったところ，ストレス負荷後における赤血球SOD（活性酸素除去酵素）活性が上昇し，同時に過酸化脂質の生成が抑制された。以上のことから，子ウシに対するウリジル酸投与により，子ウシの免疫能および抗酸化能を向上させることが確認できた。

ミルク摂取後の血中グルコースおよびインスリン濃度増大を抑制するウリジル酸の効果は，生活習慣病にとって有利な効果であり，非反芻動物種でも効果が発現するかどうか興味のもてる課題であることから，ラットを用いて検討した（Yoshiokaら，2006）。ラットに代謝体重当たりのウリジル酸給与を子ウシと同量にして7日間給与した結果，採食量と増体量が抑制される傾向を示し（表3.6.1），血中グルコースおよびNEFA濃度の有意な低下が認められた。インスリン濃度はやや低下する程度であったが，レプチン濃度が有意に増加していた。血中レプチンは主に脂肪細胞から分泌され採食行動を抑制する作用を示すサイトカインであることから，ウリジル酸が採食を制御し肥満を抑制している可能性が考えられる。

以上のように，ウシ初乳中に多量に含まれるウリジル酸を経口投与することによって，代謝や内分泌機能に種差を超えた効果を表すことを初めて示した。しかし，ウリジル酸を6週間にわたって長期間給与した場合，腎周囲脂肪蓄積量の低減効果は

表3.6.1 ラットの血中ホルモンおよび代謝産物濃度に及ぼすウリジル酸（UMP）給餌の影響

	対照区	UMP	P value
レプチン（ng/ml）	4.7±0.1	5.9±0.3	0.0025
インスリン（μU/ml）	4.4±0.7	3.5±0.2	0.1557
グルコース（mg/dl）	126.2±2.7	114.7±2.2	0.0041
NEFA（mEq/l）	0.597±0.042	0.424±0.032	0.0040

UMPは1日当たり124mg/kg BWで1週間給餌した

残るものの，上述の内分泌的な効果は消失した。この原因は，4週齢時から開始するスターターの摂取によりルーメン発酵が始まり，反芻動物の膵液に多量に含まれるリボヌクレアーゼ活性によって微生物RNAから生じたウリジル酸およびその誘導体が下部消化管から吸収されたために，経口投与したウリジル酸の内分泌への効果が不明瞭になったためと考えられる。

ウリジル酸が直接的あるいは内分泌を介して間接的にその効果を示すことが明らかとなりつつある。Rohら（未発表）は，脂肪細胞株やラットから単離した脂肪細胞を用いて，ウリジル酸の直接的効果を証明した。さらに，循環器系組織におけるウリジル酸の作用機構が，ATP受容体を介している可能性が指摘されているが，脂肪細胞でも同様かどうかについては明らかにされていない。

3．インスリン様成長因子-I（IGF-I）

ウシの初乳は高濃度のIGF-Iを含んでいる。Odaらの研究（1989）によると，分娩母牛の血漿中IGF-I濃度は200ng/ml程度であり，分娩前後では濃度に変化はみられなかった。しかし，子ウシの血漿中IGF-I濃度は母牛のそれよりも高く，初乳中の濃度は母牛の血漿濃度の2倍ほど高かった。初乳中IGF-I濃度は急速に低下し，分娩4日目に母牛の血漿中濃度と等しくなり，その後も漸減し，最終的には血漿濃度よりもはるかに低い値に達した。初乳はGH，インスリンおよびプロラクチンを含んでいるが，IGF-Iと異なり，初乳中のGHやインスリン濃度は分娩前後において母牛の血漿濃度を上回ることはなかった。

新生子ウシの腸管は比較的成熟しているが，離乳に向けて形態的および機能的に発達していく。初乳の摂取，特に初乳中の免疫グロブリンの摂取は，腸管の発達にとっても必須であるとされている。スイスのBlumら（2003）は，初乳の摂取は新生子ウシの血漿中GHおよびIGF-I濃度を増大することを報告している。また，この効果は，糖質コルチコイドであるデキサメサゾンの投与によって消失した。

ラットの腸管上皮組織においては，IGF-I受容体が存在し，IGF-Iが上皮細胞の分化を促進すると考えられている。

4. 腫瘍壊死因子（TNF-α）

　TNF-αは初乳中にも多いが，その原因は母牛の分娩時のストレスによるものかも知れない。なぜなら，乳房炎のような細菌感染時にLPSにより乳腺組織や血中のTNF-α濃度が急激に上昇するからである。この原因は，乳腺中のマクロファージがLPSに反応してTNF-αを分泌するためである。乳腺へのLPS投与は発熱，好中球および代謝的な急性症状を示し，乳量の顕著な低下を引き起こす。

　Kushibikiら（2003）は，雌ホルスタイン牛にTNF-αを皮下注射して，以下のような興味のある反応を報告している。すなわち，TNF-α投与によって血中GH濃度は有意に上昇したが，IGF-I濃度は投与後3時間から有意に低下した。このような条件下では，ストレスによってGH分泌は増大するものの，肝細胞でのIGF-I産生能が低下することを示している。また，血中コルチゾールや遊離脂肪酸（NEFA）濃度が有意に増大したことからも，TNF-α投与は強力なストレス反応を引き起こしたことが理解できる。一方で，TNF-α投与はGHRH投与刺激によるGH分泌増大を有意に抑制した。

　このようなTNF-α投与にともなう代謝的および内分泌的な異常反応が，泌乳量を有意に減少させる原因と考えられる。

（加藤和雄・小原嘉昭）

参 考 文 献

第1節　反芻家畜の成長にともなう栄養生理機能の獲得

1) Bado, A., S. Levasseur, S. Attoub, S. Kermorgant, J.P. Laigneaui, M.N. Boutolzzi, L. Moizo, T. Lehy, M. Guerre-Millo, Y. Le Marchan-Brustel and M.J. Lewin (1998) The stomach is a source of leptin. Nature., 394: 790-793.

2) Hayashi, H., T. Yonezawa, T. Kanetani, K. Katoh and Y. Obara (2005) Expression of mRNA for sodium-glucose transporter 1 and fatty acid translocase in the ruminant gastrointestinal tract before and after weaning. J. Anim. Sci., 76: 339-344.

3) Hayashi, H., M. Kawai, I. Nonaka, F. Terada, K. Katoh and Y. Obara (2006) Developmental changes in the kinetics of glucose and urea in calves (*Bos taurus*, Holstein breed) J. Dairy Sci., 89 : 1654-1661.
4) Jesse, B.W., L. Q. Wang and R.L. Boldwin (1995) Gemetic vegulation of postnantal sheeprumen mentabolic development. Ruminant Pysiology:Digestion, Metabolism, Growth and Reproduction. pp.501-517. Fierdmand Enke Verlag, Stuttgart.
5) Kitade, K., K. Takahashi, S. Yonekura, N. Katsumata, G. Furukawa, S. Ohsuga, T. Nishita, K. Katoh and Y. Obara (2002) J. Comp. Physiol., B. 172: 379-385.
6) Nickel, R., A. Schmmer and E. Sciferle (1979) The visccera of the domestic mammals. 2nd Berlin: Verlag Paul Parey.
7) Nitta, H., T. Sugawara, H. Sugawara, Y. Kobayashi, K. Katoh, and Y. Obara (2005) Absorption of horseradish peroxidase (HRP) *in vitro* across bovine jejunal and ileal epithelia around the time of weaning. Tohoku J. Agri. Res., 56: 1-10.
8) 小原嘉昭（2001）哺乳子ウシの発育にともなう生理機能の変動に及ぼす加齢と飼養形態の影響．栄養生理研究会報，45: 65-74.
9) Tamate, H., A.D. McGilliad, N.L. Jakobson and R. Getty (1962) Effect of various dietaries on the anatomical deveropment of the stomach in the calf. J. Dairy Sci., 55: 408-420.
10) Yonekura, S., K. Kitade, G. Furukawa, K. Takahashi, N. Katsumata, K. Katoh and Y. Obara (2002) Effects of aging and weaning on mRNA expression of leptin and CCK receptors in the calf rumen and abomasum. Domest. Anim. Endocrinol., 22: 25-35.
11) Zhang, Y., R. Proenca, M. Maffei, L Leopold and J. M. Friedman (1996) Postitionalcloning of the mouse obes gene and its human homologue. Nature, 373: 425-433.

第2節　ルーメン発酵と唾液分泌

1) Denton, D.A. (1956) The effect of $^+$Na depletion on the $Na^+:K^+$ ratio of the parotid saliva of the sheep. J. Physiol., 131: 516-525.
2) 小原嘉昭・渡辺　亨・佐藤良樹・佐々木康之・津田恒之（1971）めん羊の一側

耳下腺唾液除去が第一胃発酵および生理諸元におよぼす影響. 日畜学会報, 42: 559-565.
3) Obara, Y., Y. Ootomo and T. Tsuda (1972a) The effects of constantly maintained pH on the parotid saliva secretion of sheep. Tohoku J. Agri. Res., 23: 72-78.
4) Obara, Y., Y. Sasaki, T. Watanabe, Y. Satoh and T. Tsuda (1972b) The effects of the intravenous infusion of volatile fatty acid on the parotid secretion of sheep. Tohoku J. Agri. Res., 23: 142-147.
5) Obara, Y., T. Watanabe, Y. Sasaki and T. Tsuda (1972c) The effects of the administration of volatile fatty acid to the emptyrumen on the parotid saliva secretion of sheep. Tohoku J. Agri. Res., 23: 130-140.
6) Obara, Y. and K. Shimbayashi (1979) Intraruminal injection of urea on changes in secretion of parotid saliva in sheep. Br. J. Nutr., 42: 497-505.

第3節　窒素代謝と炭水化物代謝の関連性

1) 新林恒一・小原嘉昭・米村寿男（1975）*In vitro* 第一胃醗酵による遊離アミノ酸の変動と尿素—^{15}N の微生物対への取り込み. 日本畜産学会報, 46: 243-250.
2) 小原嘉昭・新林恒一・米村寿男（1975）尿素飼料給与時のめん羊の第一胃内性状の変動. 日本畜産学会報, 46: 140-145.
3) Obara, Y. and K. Shimbayashi (1980) The appearance of re-cycled urea in the digestive tract of goats during the final third of a once daily feeding of a low-protein ration. Br. J. Nutr., 44: 295-305.
4) Obara, Y. and K. Shimbayashi (1987) The appearance of recycled urea in the digestive tract of goats fed high-protein ration. Jpn. J. Zootech. Sci., 58: 611-617.
5) Obara, Y., D.W. Dellow and J.V. Nolan (1991) The influence of energy-rich supplements on nitrogen kinetics in ruminants. In Physiological Aspects of Digestion and Metabolism in Ruminant (Eds. T. Tsuda, Y. Sasaki and R. Kawashia). pp.515-539. San Diego: Academic Press.
6) Obara, Y. and D.W. Dellow (1993) Effects of intraruminal infusions of urea, sucrose or urea plus sucrose on plasma urea and glucose kinetics in sheep fed choppedlucerne hay. J. Agric. Sci. (Camb.), 121: 125-130.

7) Obara, Y., H. Fuse, F. Terada, M. Shibata, A. Kawabata, M. Sutoh, K. Hodate and M. Matsumoto (1994) Influence of sucrose supplementation on nitrogen kinetics and energy metabolism in sheep fed with lucerne hay cubes. J. Agric. Sci. (Camb.), 123: 121-127.

第4節 神経内分泌機構からみた栄養と繁殖機能

1) Brown, A.J., S. Jupe and C.P. Briscoe (2005) A family of fatty acid binding receptors. DNA Cell Biol., 24: 54-61.
2) Hirasawa, A., K. Tsumaya, T. Awaji, S. Katsuma, T. Adachi, M. Yamada, Y. Sugimoto, S. Miyazaki and G. Tsujimoto (2005) Free fatty acids regulate gut incretin glucagon-like peptide-1 secretion through GPR120. Nat. Med., 11: 90-94.
3) Hotchkiss, J. and E. Knobil (1994) The menstrual cycle and its neuroendocrine control. In The Physiology of Reproduction, 2nd ed. Vol. 2. E. Knobil and J. D. Neill (Eds.). pp. 711-749. Raven Press, New York.
4) Kinoshita, M., R. Moriyama, H. Tsukamura and K.-I. Maeda (2003) A rat model for the energetic regulation of gonadotropin secretion: role of the glucose-sensing mechanism in the brain. Domest. Anim. Endocrinol., 25: 109-120.
5) Lincoln, D.W., H.M. Fraser, G.A. Lincoln, G.B. Martin and A.S. McNeilly (1985) Hypothalamic pulse generators. Recent Prog. Horm. Res., 41: 369-419.
6) Matsuyama, S., S. Ohkura, T. Ichimaru, K. Sakurai, H. Tsukamura, K.-I. Maeda and H. Okamura (2004) Simultaneous observation of the GnRH pulse generator activity and plasma concentrations of metabolites and insulin during fasting and subsequent refeeding periods in Shiba goats. J. Reprod. Dev., 50: 697-704.
7) McNeilly, A.S. (1994) Suckling and the control of gonadotropin secretion. In The Physiology of Reproduction, 2nd ed. Vol. 2. E. Knobil and J.D. Neill (Eds.). pp.1179-1212. Raven Press, New York.
8) 中尾敏彦(2000)最新 乳牛の繁殖管理指針．酪農総合研究所．札幌．
9) 西原眞杉(1998)生殖の神経内分泌調節．脳と生殖—GnRH神経系の進化と適応．pp.155-180,学会出版センター，東京．
10) Ohkura, S., T. Ichimaru, F. Itoh, S. Matsuyama and H. Okamura (2004) Further evidence for the role of glucose as a metabolic regulator of

hypothalamic gonadotropin-releasing hormone pulse generator activity in goats. Endocri., 145: 3239-3246.
11) Stevenson, J. S. and J. H. Britt (1979) Relationships among luteinizing hormone, estradiol, progesterone, glucocorticoids, milk yield, body weight and postpartum ovarian activity in Holstein cows. J. Anim. Sci., 48: 570-577.

第5節 生理活性物質としてのVFA

1) Hong, Y.-H., Y. Nishimura, D. Hishikawa, H. Tsuzuki, H. Miyahara, C. Gotoh, K.-C. Choi, D.D. Fung, C. Chen, H.-G. Lee, K. Katoh, S.-G. Roh and S. Sasaki (2005) Acetate and propionate short chain fatty acids stimulate adipogenesis via GPCR43. Endocrinol., 146: 5092-5099.
2) Katoh, K. and Y. Obara (2001) Effects of fatty acids on exocrine and endocrine functions of the ruminant. Trend Comp. Biochem. Physiol., 8: 147-158.
3) Sakata, T. (1995) Effects of short-chain fatty acids on the proliferation of gut epithelial cells *in vivo*.289-305. In Physiological and clinical aspects of short-chain fatty acids. Cambridge Univ. Press.
4) Stevens, C.E. and I.D. Hume (1995) Comparative Physiology of the Vertebrate Digestive System. 2nd ed. Cambridge Univ. Press.
5) Tamate, H., A.D. McGilliard, N.L. Jacobson, and R. Getty (1962) Effect of various dietaries on the anoatomical development of the stomach in the calf. J. Dairy Sci., 45: 408-420.
6) Yajima, T. (1985) Contractile effect of short-chain fatty acids on the isolated colon of the rat. J. Physiol., 368: 667-678.

第6節 生理活性物質による代謝・内分泌・免疫機能制御

1) Katoh, K., K. Yoshioka, H. Hayashi, T. Mashiko, M. Yoshida, Y. Kobayashi and Y. Obara (2005) Effects of 5'-uridylic acid feeding on postprandial plasma concentrations of growth hormone, insulin and metabolites in young calves. J. Endocrinol., 186: 157-163.
2) Kushibiki, S., K. Hodate, H. Shingu, Y Obara, E. Touno, M. Shinoda and Y. Yokomizo (2003) Metabolic and lactational responses during recombinant bovine

Tumor Necrosis Factor: Treatment in lactating cows. J. Dairy Sci., 86: 819-827.
3) Oda, S., H. Satoh, T. Sugawara, N. Matsunaga, T. Kuhara, K. Katoh, Y. Shoji, A. Nihei, M. Ohta and Y. Sasaki (1989) Insulin like growth factor-I, GH, insulin and glucagon concentrations in bovine colostrum and in plasma of dairy cows and neonatal calves around parturition. Comp. Biochem. Physiol., 94A (4): 805-808.
4) Sauter, S.N., E. Ontsouka, B. Roffler, Y. Zbinden, C. Philipona, M. Pfaffl, B.H. Breier, J.W. Blum and H.M. Hammon (2003) Effects of dexamethasone and colostrum intake on the somatotropic axis in neonatal calves. Am. J. Physiol., Endocrinol. Metabol., 285: E252-E261.
5) Yoshioka, K., K. Katoh, H. Hayashi, T. Mashiko and Y. Obara (2006) Oral administration of uridylic acid increases plasma leptin, but suppresses glucose and non-esterified fatty acid concentrations in rats. Life Sci. 79 : 532-535.

第4章 内分泌制御の解明と新たなアプローチ

第1節　成長にともなう内分泌機能の動態

　成長ホルモン（GH）は泌乳増大を誘発する効果を有するために多くの研究がなされているが，GH分泌調節系すなわちソマトトロピン軸（somatotropic axis）の成長にともなう発達に関する研究は遅れており，生産性との関連性はいまだ明らかではない。しかし，最近の研究で，10カ月齢時の黒毛和種牛の体重と成長ホルモン放出ホルモン（GHRH）刺激によるGH分泌との間には，一定の範囲内ではあるが正の相関性が認められているし，血中レプチン濃度との間には負の相関が認められている。したがって，この分野の研究をさらに進歩させ理解することができれば，生産性を予測・調節する科学や技術開発に大きく寄与できると思われる。

1. ソマトトロピン軸

　ソマトトロピン軸の概要を図4.1.1に示す。ソマトトロピン軸には，間脳の一部である視床下部からのGH分泌調節ホルモンの分泌—下垂体前葉からのGH分泌—肝臓でのインスリン様成長因子-I（IGF-I）生成と分泌—IGF-IのGH分泌調節，までのGH分泌調節系全体が含まれる。

(1) GH分泌細胞および調節因子

　下垂体前葉のGH分泌細胞はソマトトロフとよばれ，"GHRH刺激でGHを分泌する細胞"と定義されている。雌ヤギから単離した下垂体前葉細胞全体に占めるソマトトロフの割合は，おおよそ40％程度である。GHRH刺激によるGH分泌は，ウシ胎児の下垂体細胞でも確認されているので，誕生間近の胎児のソ

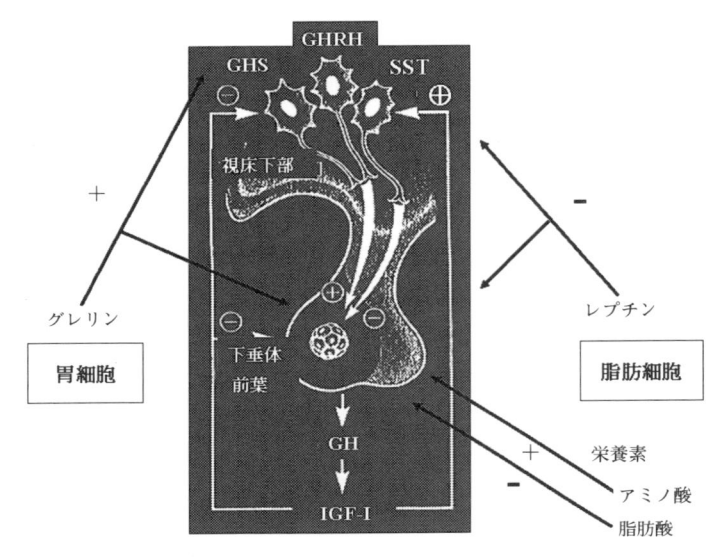

図4.1.1 ソマトトロピン軸の概要

マトトロフは種々の刺激因子に対して，GHを分泌する能力を有している。

下垂体前葉からのGH分泌はパルス状であり，この原因は視床下部からのGHRH分泌がパルス状であるからである。下垂体門脈血中GHRHパルスと末梢血中GHパルスが一致する割合は，60〜70％程度とヒツジで報告されている。

GH分泌調節の主要な因子として，視床下部から放出される2つのホルモンがある。一つはGHRHであり，GH分泌を刺激する。もう一つはソマトスタチン（SST）であり，GH分泌を抑制する。最近では，胃から分泌されGH分泌を刺激するホルモンであるグレリンと脂肪細胞などから分泌されGH分泌を抑制するレプチンが知られるようになった。そのほかに，栄養素もGH分泌に影響する。いくつかのアミノ酸は刺激的に，脂肪酸は抑制的に作用する。反芻動物の主要なエネルギーである低級脂肪酸（短鎖脂肪酸，VFA，SCFA）の作用機構に関しては，本章第2節 Rumeno-pituitary軸で説明する。また，ストレス時に分泌増大するバソプレッシン（AVP）刺激は，ヤギの副腎皮質刺激ホルモン（ACTH）およびGH分泌を刺激する。

グレリンは，GHRH以外の内因性GH分泌刺激因子として1999年にKojimaらによって発見・報告されている。それまで，1970年代からアメリカのBowersらによって開発されてきたGH分泌刺激ペプチド（GHRP）の研究・開発の進歩や，メルクの研究者たちによるGHRHと異なるGHRP受容体のクローニングなどから，内因性のGHRPの存在が予想されていた。GHRPやグレリンを含めた刺激因子はGHSファミリーと呼ばれ，GHRHと区別されているが，その作用効果は複雑である。たとえば，GHSはGH分泌刺激効果以外に直接的な脂肪蓄積効果を有している。また，GH分泌刺激効果に関しては，視床下部からのGHRH分泌刺激を介して行われていると考えられている。したがって，GHRH遺伝子をノックアウトしたマウスでは，GHRPはGHRHの欠損効果を代償できないと報告されている。

GHRHとGHSは，ソマトトロフ細胞膜上の別々の受容体に結合し，細胞内のサイクリックAMPおよびCaイオン濃度を上昇させることにより，GH分泌を促進する。一方，GH分泌抑制因子としてのSSTは少なくとも5種類の受容体を有し，ソマトトロフでは複数の受容体が細胞膜のカリウム・チャネルを活性化に関係している。すなわち，SSTは細胞の興奮を抑制し，結果的にカルシウム・チャネルの開口を抑制することによりGH分泌抑制効果を発現する。

IGF-Iは，視床下部や下垂体前葉に作用して，GHRH刺激によるGH分泌を抑制する。培養ヤギ下垂体前葉細胞での結果では，IGF-Iは培養液中に存在する条件下でのみGHRH刺激効果を抑制し，GHRH刺激前にIGF-Iを培養液に添加するだけでは抑制効果を示さず，細胞内GH含量にも変化がなかった。したがって，IGF-Iの抑制効果は，下垂体細胞におけるGHRH刺激によるGH分泌機構（刺激—分泌連関）の一部を抑制するが，GH合成機能には作用しないと考えられる。

(2) 成長ホルモン（GH）の遺伝子型と生産性

ウシGH遺伝子には少なくとも3種類の変異型（したがって3種類のGH分子）（図4.1.2）が存在することが知られており，泌乳量や増体量などの生産性と複雑に影響している（河野，2005）。すなわち，GH遺伝子第5エキソンにコードされているGHタンパク質のN端から127番目のアミノ酸がロイシン（Leu）

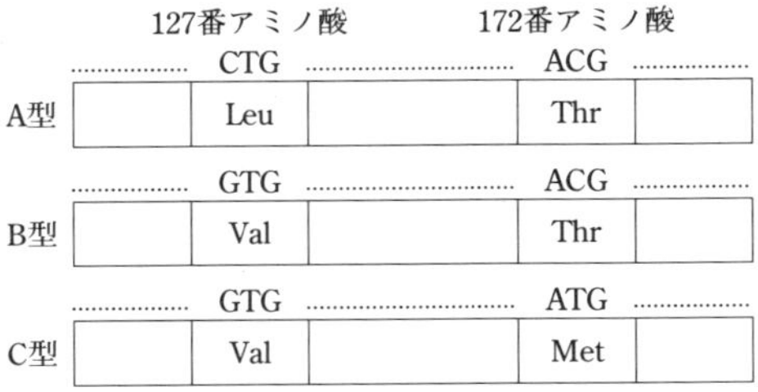

	127番アミノ酸	172番アミノ酸
A型	CTG / Leu	ACG / Thr
B型	GTG / Val	ACG / Thr
C型	GTG / Val	ATG / Met

図4.1.2　ウシにおけるGH遺伝子多型

で172番目のアミノ酸がスレオニン（Thr）である場合をA型，127番目のLeuがバリン（Val）に変異しているものをB型，B型で172番目のThrがメチオニン（Met）にさらに変異しているものをC型，とよんでいる。泌乳牛はAとB型を，黒毛和種牛はA，B，C型をホモかヘテロにもっている。

泌乳量のGH遺伝子変異の研究に関してはA型が優れているという報告が，主に外国の研究で行われている。したがって，永年にわたって泌乳量で選抜された泌乳牛では，AAが多い。

黒毛和種牛でのGH遺伝子変異の研究は中国地方を中心に進められているが，GH遺伝子型の分布は各県によって異なる。たとえば，岡山県ではAC＞AB＝CC型の順であるが，広島県ではAAやAC型が大部分である。この原因は，脂肪交雑に有利な遺伝子の解析が進んでいないことや各県がどの遺伝子型の種雄牛を選抜・保持・人工授精しているのかに大きく依存するためと思われる。B型やC型が脂肪交雑に有利であるといわれている。

筆者らの研究では，10，17および29カ月齢時のBB型黒毛和種牛の体重は，AAやAB型に比較して有意に小さく，枝肉重量や皮下脂肪厚も小さかった。ホルモン分泌に関しては，やはりBB型の血中GHやIGF-I濃度が低かった。これらの結果は，GH遺伝子の変異によってソマトトロピン軸が変化する可能性を示唆している。しかし，GH遺伝子と脂肪交雑度の関連性は未だ明らかではない。

(3) GH分泌と加齢

GHの血中基礎濃度およびGHRHやGHRP刺激による分泌は加齢とともに低下する。ホルスタイン雄子ウシを用いて離乳前（3週齢）と離乳後（12週齢）で比較した研究では，離乳前の基礎GH濃度が離乳後より有意に高く，GHRHやGHRP刺激によるGH分泌も同様に加齢とともに低下した（図4.1.3）。この

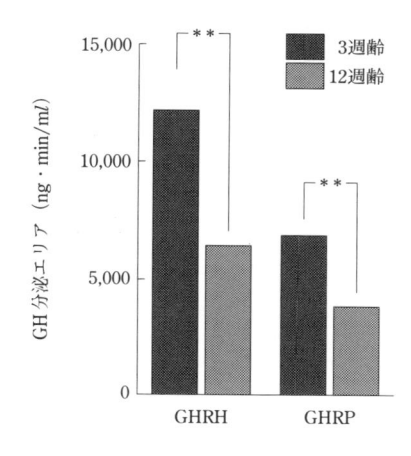

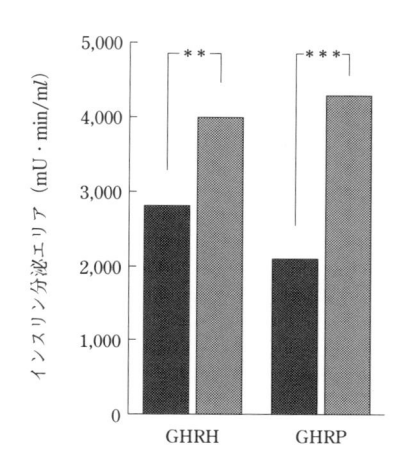

図4.1.3　離乳前後におけるGHおよびインスリン分泌応答の変動
　＊＊ $p<0.05$　＊＊＊ $p<0.01$

　加齢にともなうGH分泌能の低下は，離乳せずにミルクのみで飼育した13週齢子ウシでも認められることから，加齢が抑制効果を起こすと考えられる（Katohら，2004b）。一方，血中基礎インスリン濃度は加齢とともに増大するので分泌エリアは増大する。一方，離乳前にはGHRP刺激によって血中インスリン濃度が有意に増大したが，この効果がGHS受容体の刺激による直接的効果かどうか不明である。

　GH分泌や採食行動に対して抑制作用を示すレプチンの子ウシ下垂体細胞での遺伝子発現は，培養液中へのVFA添加によって増大した（Yonekuraら，2003）。一方，ルーメンにおけるレプチン遺伝子発現は離乳後に消失した（Yonekuraら，2002）。離乳せずにミルクのみで飼育した13週齢子ウシのルーメンでは，発現が消失しないことから，離乳にともなうルーメン機能の変化，特に微生物発酵によるVFA産生の増大が消化管でのレプチン発現の消失に関与していると考えられる。したがって，GH分泌や採食量抑制効果を示すレプチン遺伝子の末梢組織における発現は，VFAによって複雑に制御されているといえる。

(4) GH 分泌と栄養

栄養状態は血中基礎 GH 濃度に影響する。成ヒツジへの高エネルギー飼料給与は GH 濃度を抑制し，逆に，飢餓や低栄養は GH 濃度を増大する。この原因は，SST の生成・分泌が低下するためと考えられている。

栄養素の中で，ヒツジの血中 GH 濃度を高めるアミノ酸は酸性アミノ酸（グルタミン酸）である（Kuhara ら，1991）。しかしながら，ヒトやネズミで強力な GH 分泌刺激効果が報告されているアルギニンには GH 分泌刺激効果は認められない。このような動物種による差が生じる原因に関する研究はみられないが，反芻動物の飼養管理上からは興味のある事実であり，アミノ酸の効果についてはさらに研究を進める必要がある。

非必須アミノ酸（NEAA）にはヤギ培養下垂体細胞からの GH 放出を直接刺激する作用がある。この理由は，アミノ酸が Na イオンとともに細胞内に輸送され，その結果膜電位の脱分極が起こるために，細胞内 Ca イオン濃度が増大して，GH 分泌を引き起こすためと考えられる（図 4.1.4, Ohata ら，1997）。

グルコースによる GH 放出刺激効果は *in vitro* では小さく，細胞内の ATP 産生を高めるための間接的効果と考えられる。また，脂肪酸の GH 分泌抑制効果に関しては，本章第 2 節 Rumeno-pituitary 軸で述べる。

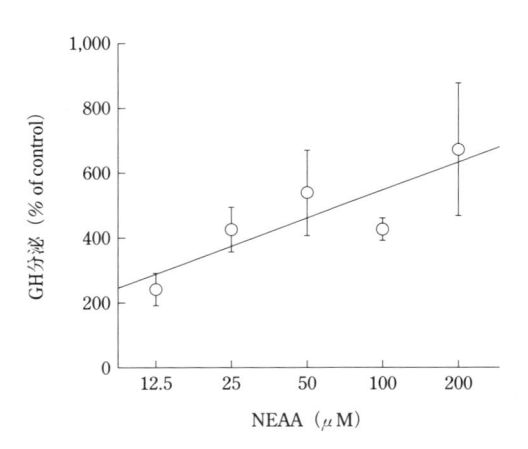

図4.1.4 非必須アミノ酸（NEAA）添加による濃度依存性の GH 分泌増加

(5) 採食と GH 分泌

成反芻動物における採食は，血中 GH 濃度を低下させる。これは GH の直接効果が異化作用であり，採食にともなう栄養素摂取・蓄積という同化的作用に同調する目的からであろう。しかし，1 日 2 回給餌した黒毛和種牛では，午前の給餌後の血中 GH 濃度やパルスの低下は顕著であったが，午後の給餌

での抑制効果は不鮮明であった。採食頻度をさらに増大すると，採食にともなうGH濃度低下反応は不鮮明になる。その理由は，採食頻度の増大によって基礎GH濃度が低下しているところに，各々の採食にともなうGH分泌低下反応が生じても，低下の程度には限界があるためと，採食にともなうルーメン内のVFAや血中栄養素濃度変化が小さくなるためと考えられる。

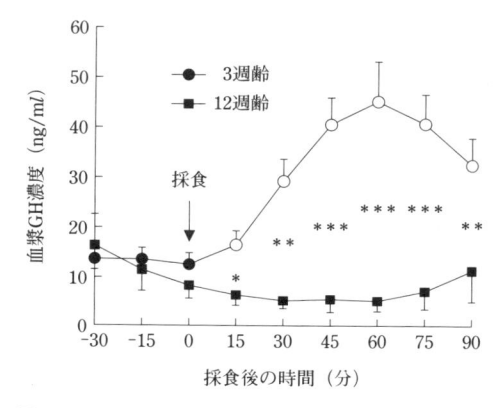

図4.1.5 子ウシの離乳前後における採食に伴う血中GH濃度の変化
＊p＜0.05，＊＊p＜0.01，＊＊＊p＜0.001
○印と●印の間には有意な差（p＜0.05）があることを示す

採食にともなう血液中GH濃度変化は離乳前後で変化する（図4.1.5, Katohら，2004b）。成牛での採食時と異なり，離乳前の子ウシへのミルク給与は血中GH濃度を増大した。ミルク給与のみで13週齢まで飼育すると，ミルク給与にともなうGH濃度の増加は認められたが，離乳前と比較して小さかった。また，GHRHやGHRPに対するGH分泌反応も加齢とともに減少した。ウシの血中GH濃度（おそらく分泌）が離乳前のミルク給与で増大するという事実は，子ウシの飼養管理にとって注目すべき現象である。また，離乳前の時期では，ある程度多量のミルク給与やミルクと人工乳の給与条件下は，GH分泌を抑制しない。したがって，成牛と異なる離乳前子ウシのGH調節機構の存在は，栄養飼養環境を改善することで子ウシの成長を促進する新技術開発へと発展する可能性を示唆している。

一方，採食にともなう子ウシの血中インスリンやグルコース濃度は，GH濃度と同様に，顕著に増大するが離乳とともに反応は漸減した。また，ミルク給与のみで13週齢まで子ウシを飼育した場合，血中グルコース濃度が高いまま維持されるので，インスリン濃度も顕著に高く維持された（Katohら，2004b）。

ヨーロッパでは，ミルクのみで子ウシの体重が約200kgになるまで飼育する方法，すなわちveal calfの生産技術が知られている。肉の値段は普通に離乳さ

せる子ウシより高価であり，肉質は癖がなく軟らかい。離乳期以降もミルク給与で子ウシを飼育することは，血中のGHおよびインスリン濃度を高く維持することになり，美味しい子ウシ肉の効率的生産に結びついているのかも知れない。

2. HPA axis （視床下部-下垂体-副腎軸）

視床下部—下垂体前葉（ACTH分泌）—副腎皮質（グルココルチコイド分泌）系（視床下部-下垂体-副腎軸，HPA axis）は，離乳，騒音，寒冷，輸送などのストレス反応の中心的役割を担っている調節系であり，家畜の生産性を左右する重要な内分泌調節系である。

ヒトやネズミでは，視床下部ホルモンであるCRHがACTH（副腎皮質刺激ホルモン）分泌を促進する主要なホルモンである。しかし，ヒツジでは，下垂体門脈血中のAVP（アルギニ・バソプレッシン）濃度はCRH濃度より高く，ストレス負荷時にはAVP濃度変化がより顕著になるので，ヤギ，ヒツジおよびウシではAVPが主要なACTH分泌刺激ホルモンである。AVP刺激による血中ACTH濃度増加反応は，子ヤギでは離乳前にも認められたが反応の大きさが不規則であったことから，HPA axisは生後徐々に発達する可能性がある。また，血中ACTH濃度の上昇は，必ずコルチゾール濃度の上昇をともなった

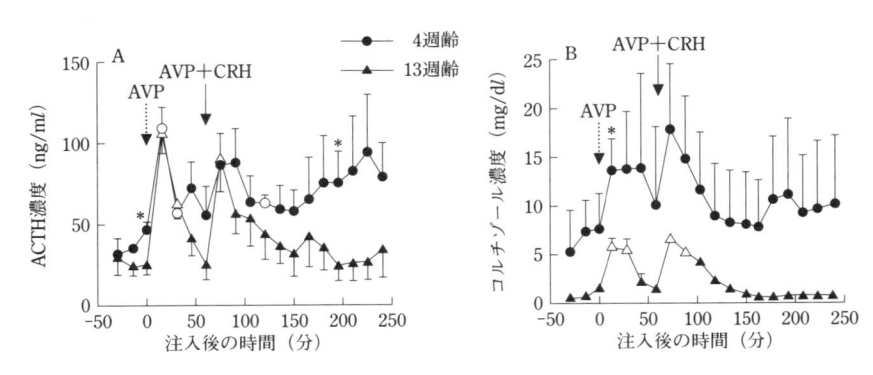

図4.1.6　子ウシの離乳前後におけるAVP投与による血中ACTHおよびコルチゾール濃度変化

　　＊ $p < 0.05$ で週齢間に差あり　●○，▲△はAVP投与により有意に変化したことを示す

(図 4.1.6, Katoh ら, 2005)。この結果は, 離乳前後の時期におけるストレス管理の重要性を示唆している。

末梢血中 ACTH 分泌も, GH と同様に, パルス状に変化し, 下垂体門脈血中の AVP 濃度変化と一致する。ACTH は, 図 4.1.6 に示したように副腎皮質からのグルココルチコイド分泌を刺激する作用をもつホルモンである。AVP 投与後に血中遊離脂肪酸濃度が増大したが, これは AVP 刺激による血中 ACTH およびグルココルチコイド濃度の増加により, 脂肪分解作用効果が誘起されたためと考えられる。一方, 脂肪酸は培養ラット下垂体前葉細胞からの ACTH 分泌を抑制する (図 4.1.7, Katoh ら, 2004a)。この詳細な機構は不明であるが, ストレスにより HPA axis が賦活化され血中脂肪酸濃度が増大することから, コルチゾールと脂肪酸は ACTH 分泌をフィードバック的に抑制することを示唆している。適切な種類の脂肪の利用はストレス反応を緩和する可能性がある。

子ヤギの HPA axis で興味のある反応は, AVP 刺激による GH 分泌増大である。すなわち, ストレスによる HPA axis の活性化は, 異化ホルモンである GH 分泌は増大するが, IGF-I 濃度を低下するというソマトトロピン軸の乖離を生じ, 生産性を抑制する可能性があることを示唆している。

(加藤和雄)

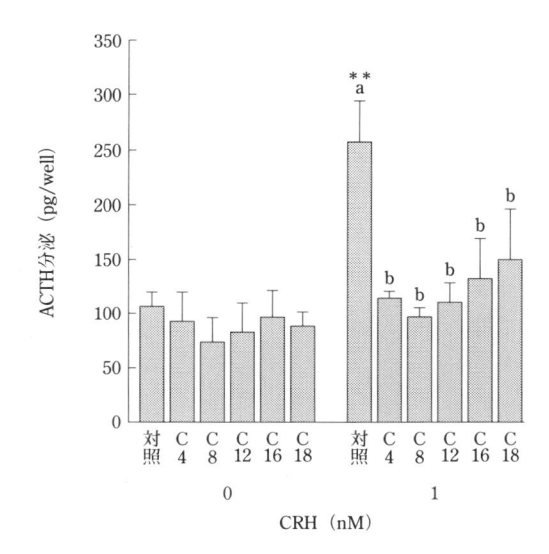

図4.1.7 ラット培養下垂体細胞におけるCRH非刺激時あるいは刺激時 (1nM) のACTHに及ぼす飽和脂肪酸の抑制効果
C4：酪酸, C8：オクタン酸, C12：ラウリン酸, C16：パルミチン酸, C18：ステアリン酸
＊＊$p<0.01$ (CRH刺激による有意な分泌増大)
a, b：処理間に有意差あり ($p<0.05$)

第2節 Rumeno-pituitary（ルーメン-下垂体）軸

1. VFAの動態とGH分泌抑制の機構

　反芻動物の採食にともなう血液中GH濃度は，離乳前後で劇的に変化する（本章第1節ソマトトロピン軸）。すなわち，離乳前の子ウシへのミルク給与はGH濃度を増大させるが，離乳後の動物では採食にともない血中GH濃度は低下するか変化しない。しかし，13週齢までミルク給与のみで飼育しても，ミルク給与にともなうGH分泌増大は漸減してくる。したがって，採食にともなう血中GH濃度増加は，加齢とともに減少することになる。この「加齢の影響」以外にルーメン機能の発達がどのように関与しているか興味ある研究が行われてきた。

　成ヒツジを用いた実験でルーメン内へVFA混合液（酢酸：プロピオン酸：酪酸＝70：20：10, 注入速度107 μmol/kg/min）を投与すると，血液中への投与と同じように血中GH濃度は低下し，インスリン濃度は増大した（図4.2.1, Matsunagaら, 1999）。この投与量は，採食にともなうルーメン内のVFA濃度変化を再現したものである。したがって，ルーメン内へのVFA注入によって引き起こされる血中GH濃度の低下は，採食にともなうルーメン内VFA濃度の上昇が関与すること

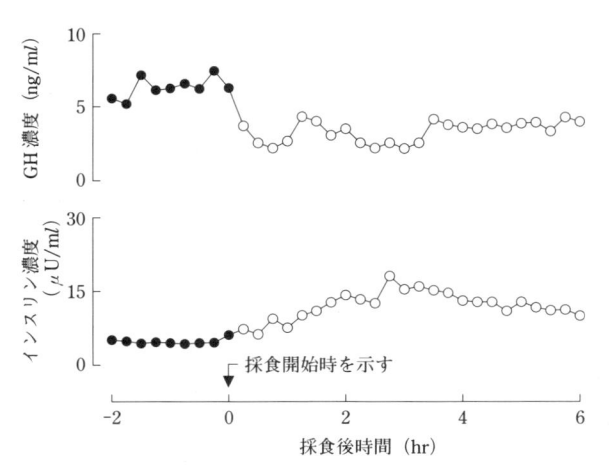

図4.2.1　成ヒツジにおける採食にともなう血中GHおよびインスリン濃度変化
　　●○は採食により有意（$p<0.05$）の変化がおこったことを示す

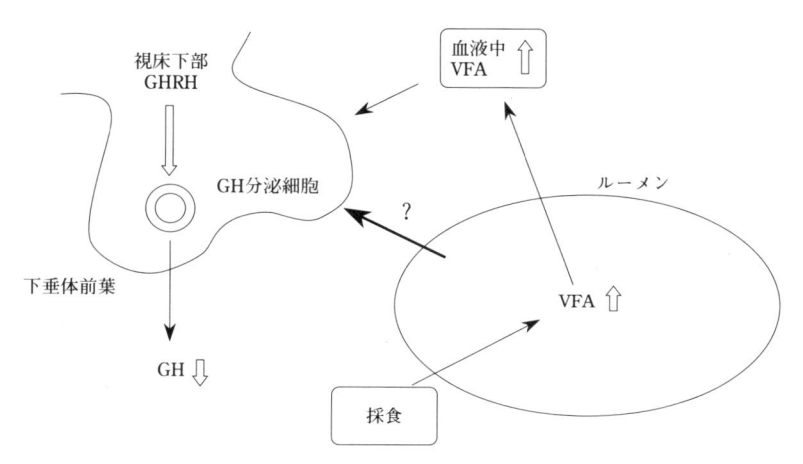

第4章 内分泌制御の解明と新たなアプローチ　*151*

```
    視床下部                    血液中
    GHRH                        VFA ⇧
        ⇩
          ○ GH分泌細胞
                       ?              ルーメン
    下垂体前葉
                               VFA ⇧
        ⇩
        GH ⇩
                            採食
```

図4.2.2　Rumeno-Pituitary軸の概要

を強く示唆している。また，VFAを頸静脈内に注入しても血液中GH濃度は有意に低下し，その強さは酪酸＞プロピオン酸＞酢酸の順であった。

　佐々木は，このような再現性のある成ヒツジを用いた一連の実験結果に基づいて，採食からGH分泌抑制に至る一連の機構を「Rumeno-pituitary（ルーメン-下垂体）軸」として提唱した。すなわち，採食にともなうルーメン内微生物発酵促進によるVFA濃度増大-VFAのルーメンからの吸収増大による血中VFA濃度増大-血中VFAによる下垂体ソマトトロフからのGH分泌抑制，という一連の機構の存在の可能性を示した（図4.2.2）。

　しかし，1日2回午前と午後に給餌した黒毛和種牛では午後の給餌にともなう血中GH濃度低下がほとんど認められないことや，子ウシにミルクのみを給与した場合とミルク＋スターターを給与した場合，GHレベルに差が認められないなど，「Rumeno-pituitary軸」仮説ではうまく説明できない事例も報告されている。また，ルーメンと中枢間の神経性情報伝達系の関与の可能性が，この仮説が提唱された時代においては十分には考慮されていなかった。

2．GH分泌抑制に関与する諸要因と抑制機構の解明

　その後，Matsunagaらは腸管脈静脈に装着したカテーテルからVFAを注入

して，採食後に上昇する腸管脈静脈血中VFA濃度上昇を再現してみたが，生理的に観察されるVFA濃度上昇では，GH分泌低下は観察されなかった。そのため，ルーメン内に注入したVFAによるGH分泌低下は，ルーメン内のVFAが吸収され，血液を介して下垂体前葉機能に影響するという可能性を立証できなかったものの，ルーメンを支配している求心性自律神経系が関与する可能性を示すことができた。この結果に基づいて，Matsunagaら（1998）は，採食およびルーメン内へのVFA注入にともなう血中GH濃度低下を，コリン作動性神経遮断剤を併用することにより抑制することができることを立証した。これらのことから，採食やルーメン内へのVFA注入によって引き起こされる血中GH濃度低下は，コリン作動性の副交感神経系によって引き起こされる可能性が示唆された。

しかし，Matsunagaらが用いたムスカリン受容体遮断薬は末梢性や中枢性のムスカリン受容体を遮断するが，ヘキサメソニウムは神経節遮断薬であり交換神経節も遮断が可能である。したがって，コリン作動性神経が関与する可能性は事実であるが，求心性神経を遮断したのか中枢の神経系を遮断したのか区別がつかず，詳細な機構解明は今後に残されている。

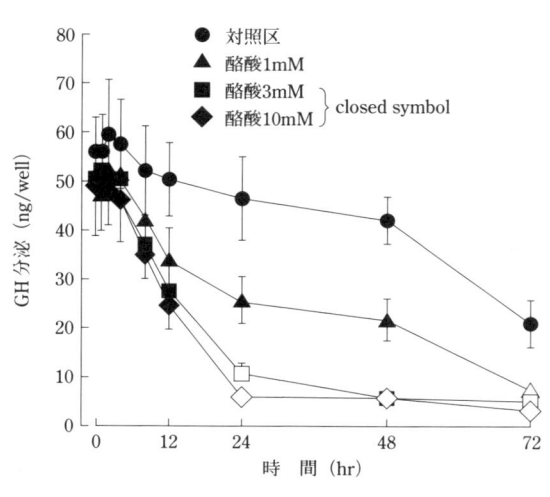

図4.2.3 GHRH刺激時のGH分泌に及ぼす酪酸の抑制効果（ラット培養下垂体細胞）
■と□の間，◆の◇の間には有意な差（$p<0.05$）があることを示す

上述のように，*in vivo*での実験の結果に基づいて提唱された「Rumeno-pituitary軸」仮説では，主に血液を介したVFAのGH分泌抑制効果が強調されている。事実，末梢血液中にVFAを注入してもGH分泌抑制効果が認められることから，下記に述べるように細胞レベルでもかなりの部分について再現

第4章　内分泌制御の解明と新たなアプローチ　*153*

できることが明らかにされつつある．しかし，今までの結果では，VFAによる抑制効果は反芻動物に限定されるものではなく，ラットのGH分泌やACTH分泌でも観察できることが明らかにされている．

ヤギやヒツジの下垂体前葉から単離した培養細胞を用いて，VFAがソマトトロフ（GH分泌細胞）からのGH分泌を直接抑制することが証明された．すなわち，ヤギやラット培養下垂体細胞に酪酸を添加して培養すると，酪酸の濃度に依存して，GHRH刺激時のGH分泌量が有意に低下した（図4.2.3）．このような酪酸による抑制は，酢酸＜プロピオン酸＜酪酸の順で抑制効果が強くなることが確認されている．この酪酸によるGH分泌抑制効果は，細胞内の

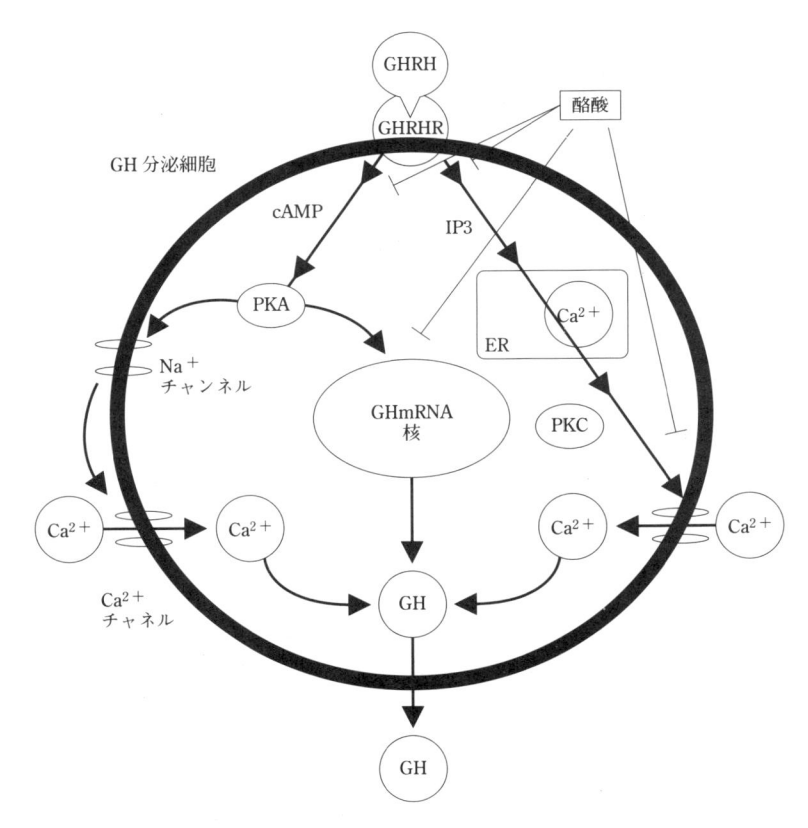

図4.2.4　GHRH刺激時のGH分泌に及ぼす酪酸の抑制効果の概略

多くの分泌過程で起こることが明らかにされている。すなわち，酪酸は，①ソマトトロフの細胞内伝達物質生成，例えばGHRH刺激による細胞内サイクリックAMP生成を抑制し，プロテイン・キナーゼAやCの生成を抑制する，②基礎およびGHRH刺激によるCaチャネルの開口を抑制することにより，細胞内のCaイオン濃度上昇を抑制する，③基礎およびGHRH刺激によるGHmRNA発現を抑制する，など多くの過程を抑制することが示されている（図4.2.4）。

VFAによるGH分泌抑制作用を現す機構についても明らかにされつつある。すなわち，脂肪酸は受容体によって認識されていると考えられるようになった。VFAの場合は，Gタンパク共役型受容体（GPR41と43）の遺伝子発現がラットの下垂体細胞で証明されており，これらの受容体を介してGH分泌抑制作用効果を現す可能性が示唆される（図4.2.5）。また，膵島B細胞やヒト乳腺株細胞では，長鎖脂肪酸受容体（GPR40）の発現が確認されている。マウスでの研究結果によると，脂肪酸受容体はたいていの細胞で広範に発現しているようであるが，反芻動物での研究はまだ少ない。

もし，VFAにGH分泌を抑制する作用があるならば，離乳前の子ウシでみられるミルク給与時のGH分泌増大と拮抗する可能性がある。すなわち，離乳時期を無理に早めることは，子ウシの成長にとって不利になる可能性がある。したがって，離乳前後の内分泌学的研究がもっと精力的に進めば，将来，高い生産性が期待できるような家畜生産を離乳前

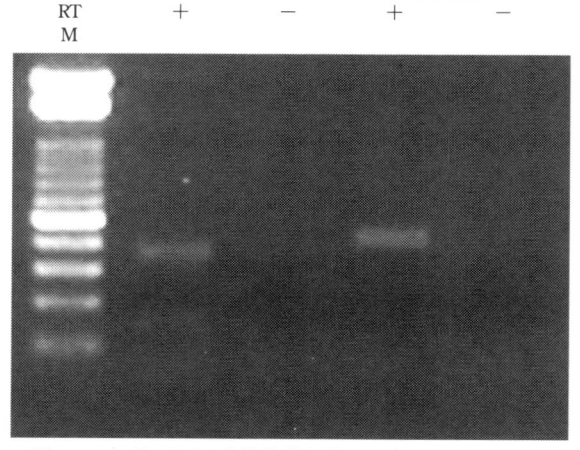

図4.2.5　ラット下垂体前葉細胞におけるVFA受容体mRNAの発現

第4章 内分泌制御の解明と新たなアプローチ　155

3. ACTHの分泌抑制にも影響を及ぼす脂肪酸

　採食によるルーメン内VFA濃度の増大は，GHほどではないが，ACTHの分泌にも影響する可能性が存在する。その詳細な機構は不明であるが，VFAを含む脂肪酸はACTH分泌を抑制するようである。すなわち，脂肪酸はラット培養下垂体前葉細胞からのACTH分泌抑制作用を示す。（生物学的意義については，本章第1節HPA axisを参照されたい）。酪酸（C4）からステアリン酸（C18）までの飽和脂肪酸は，CRH刺激によるACTH分泌を有意に抑制した（Katohら，2004a）。炭素数8個のカプリル酸は，1μMでも有意な抑制効果を示した。一方，不飽和脂肪酸のうちアラキドン酸のみが突出したACTH分泌刺激効果を示したが，この理由は，アラキドン酸カスケードがACTH分泌に関与しているからと理解されている。

（加藤和雄）

第3節　泌乳牛におけるグルコース代謝と内分泌制御

　ウシの泌乳において成長ホルモン（GH）が最も重要な生理活性物質であることが明らかにされ，バイオテクノロジーの技術革新と相まって，GHの酪農分野における応用研究がアメリカを中心に数多くなされてきた。反芻家畜におけるGHによる増乳効果には，視床下部から分泌される成長ホルモン放出ホルモン（GHRH），成長ホルモン抑制因子（GIF，ソマトスタチン），下垂体前葉から分泌されるGH，肝臓などで作られるインスリン様成長因子-Ⅰ（IGF-I）から乳腺に至るソマトトロピン軸が関与していることが想定されている。旧農水省畜産試験場，生理第一研究室グループが泌乳牛を用いてソマトトロピン軸と泌乳の関連性を明らかにするために興味ある研究を行なっている。本節では，それらの研究結果について紹介する。

1. GRF刺激に対する乳牛のGH分泌ならびにIGF-Iおよび乳生産

　泌乳牛においてソマトトロピン軸（GHRH-GH-IGF-I軸）と泌乳はきわめて

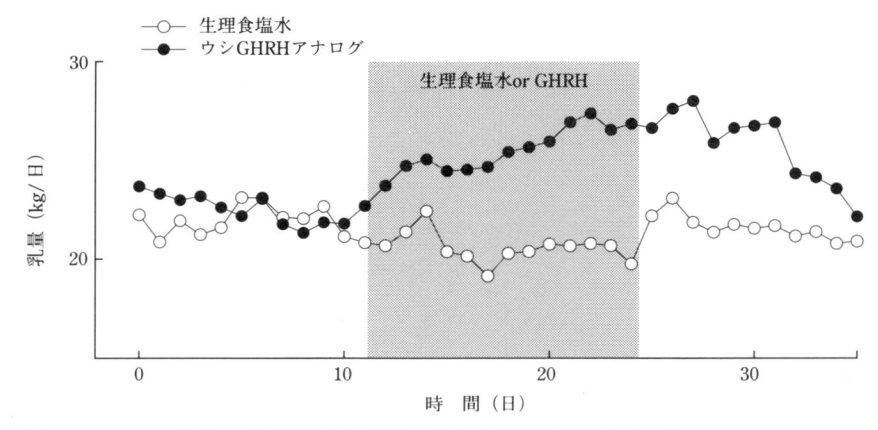

図4.3.1 GHRHアナログを連続皮下注射した時の泌乳牛の乳量の変化

密接な関係にあるといわれている。甫立らは，GH分泌を促進するGHRHに着目して持続活性を示すGHRHアナログを作成して，それを乳牛に投与しGH分泌およびIGF-Iならびに乳生産に及ぼす影響について研究を行っている（Hodateら，1990, 1992）。

ヒトGHRHアナログを乳牛に注射することにより内因性のGH分泌が高まると，IGF-Iの産生および乳生産が増大することから，ウシの泌乳促進にヒトのGHRHが有効であることを明らかにした。また，この内因性GHの増乳作用の一部をIGF-Iが仲介する可能性を示唆した。さらにウシGHRHおよびそのアナログもヒトGHRH同様，ウシのGH分泌ならびにIGF-I産生を促進させ，乳量を増加させる（図4.3.1）ことを明らかにし，ウシの泌乳促進にこれらのアナログが使用できる可能性を示唆した。

2. 乳牛のグルコース・カイネティクスと内分泌制御

筆者らは泌乳牛におけるグルコース代謝とその内分泌制御機構を明らかにするために，乳糖合成の前駆物質として重要な役割を果たすグルコースの代謝をカイネティクスとしてとらえ，インスリン，GHなどの代謝性ホルモンとの制御機構を明らかにする研究を行った。

実験には，泌乳牛を用いGHRH，GIF，GHの頸静脈内連続投与，ユーグリ

第4章 内分泌制御の解明と新たなアプローチ 157

セミック・インスリンクランプ法（インスリン注入によって低下した血液グルコース濃度を外因性のグルコースを注入することにより実験期間中一定に保ち生理実験を行う手法），安定同位体で標識した [6, 6-^{2}H$_2$] グルコースの定速連続注入による同位元素希釈法（同位体を体内に注入し，その希釈の程度を時間の関数としてとらえて，栄養素の体内での存在量と単位時間当たりの代謝量を求める）などの手法を用いた．

この実験から乳牛の乳生産におけるソマトトロピン軸の制御，インスリン抵抗性（インスリン感受性のある筋肉の脂肪組織でのインスリンによるグルコースの取り込みを押さえる作用），グルコースの生産量と代謝量の関連性について，いくつかの新しい知見を得た（Roseら，1996，1997，1998）．泌乳中・後期の乳牛におけるインスリン抵抗性はGHRHやGHの注入で増加したが，泌乳前期ではその効果は観察できなかった．泌乳中・後期のインスリン抵抗性の増加には血液中GH，IGF-I濃度の上昇が関連していた．泌乳前期の泌乳最盛期には，グルコースの乳腺への配分が最もダイナミックに働いているためGHの効果が観察されなかったものと思われる．泌乳牛におけるGH投与時の体内におけるグルコースの体内の消費量の割合について図4.3.2に示した．泌乳中・後期において，インスリン依存性のグルコース消費量は，体内で消費され

図4.3.2　成長ホルモン投与による体内でのグルコース消費割合

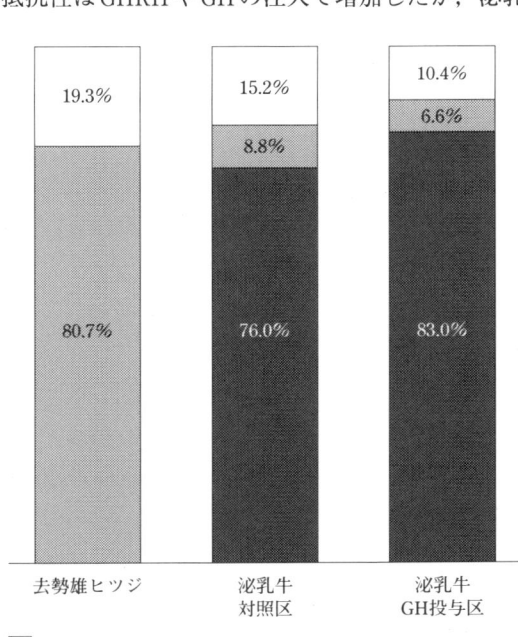

□ インスリン依存性グルコース消費量
▨ 乳腺以外の組織によるインスリン非依存性グルコース消費量
■ 乳腺によるインスリン非依存性グルコース消費量

去勢雄ヒツジ: 19.3%, 80.7%
泌乳牛 対照区: 15.2%, 8.8%, 76.0%
泌乳牛 GH投与区: 10.4%, 6.6%, 83.0%

る全グルコースのわずか15％前後で，同じ反芻動物であるヒツジと比較しても少なかった（図4.3.2）。

このことは，泌乳牛ではインスリン非依存的にグルコース消費を行う代表的な組織である乳腺において多くのグルコースが使われていることを示唆する。泌乳牛にGHを投与すると筋肉や脂肪などの組織へのインスリン依存性グルコースの取り込みが抑制され，乳腺に配分されるグルコース量が増加した。GH投与は泌乳基質確保のために，インスリン非依存性のグルコースの取り込みも増強する可能性を示唆している。

以上のことをまとめると，泌乳中の乳牛は視床下部から乳腺に至るGHの制御系であるソマトトロピン軸を介して筋肉や脂肪などのインスリン感受性組織におけるグルコースの取り込みを抑制して，さらに脳・神経系や腸管でのグルコースの消費もできるだけ抑えて，グルコースを優先的に乳腺に配分して乳糖

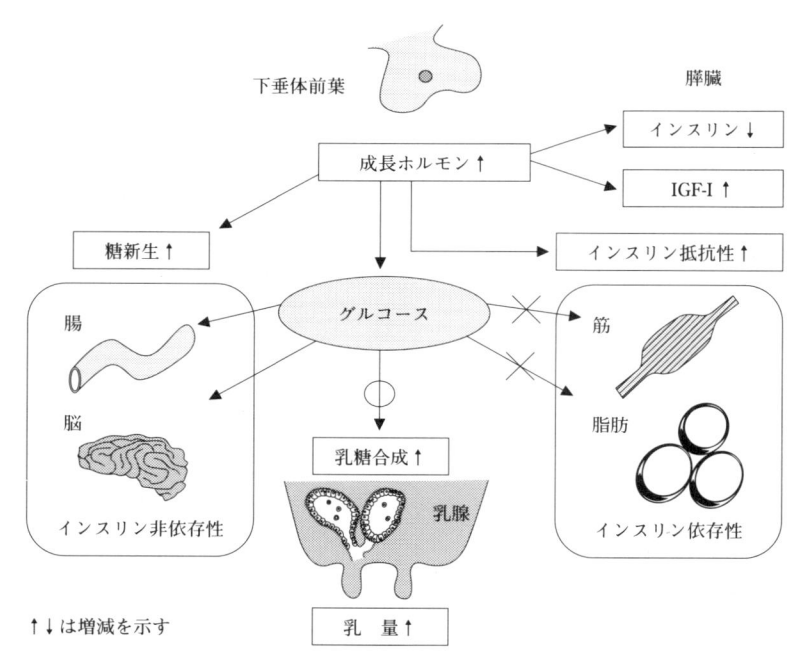

図4.3.3 泌乳牛におけるソマトトロピン軸によるグルコース代謝調節と泌量増加の機構

の合成を増加させることにより乳量を増加させる(図4.3.3)。しかし,この作用は泌乳中・後期のみに見られる作用であり泌乳最盛期では外因性GHの効果は見られなかった。

泌乳牛における泌乳曲線の変化から見ると,泌乳中・後期において乳量の減少が著しくなるが,この時期に飼料給与を工夫して栄養素の供給によりソマトトロピン軸を活性化させて,乳量を増加させる飼養技術の確立が可能であると思われる。

3. 反芻家畜におけるグレリンの役割

1999年,kojimaらによってラットおよびヒトの胃からGHのセレクタゴーグの内因性リガンドとして28個のアミノ酸からなるグレリンが発見された。このグレリンは空腹時に胃から分泌され,摂食を誘起する強力な摂食亢進ホルモンであることを明らかにされている。また,最近,グレリンは末梢性のGH分泌調節ホルモンであるとともに,インスリンをはじめとする代謝性ホルモンの分泌や栄養代謝の制御に関与していることが,ヒトや実験動物を用いた研究で明らかになってきた。ウシを含む反芻家畜では栄養素の消化吸収機構や乳生産性の特性を反映して,グレリンとソマトトロピン軸—代謝制御系にも特性が見られると考えられる。

Itohら(2005)はホルスタイン種乳牛にグレリンを投与した実験において,成長や泌乳にともなうグレリンによるGH分泌動態について観察している。哺乳子ウシにおいて,GH放出ホルモンであるGHRHによるGHの分泌反応はグレリンによるGH分泌反応と比べて明らかに大きかった。しかし,泌乳牛におけるグレリンのGH分泌応答の相対値は増大することが観察された。また,泌乳期においてグレリンがインスリンやグルカゴンなどの糖代謝関連ホルモンの分泌と血糖値の調節に及ぼす作用に特有の反応が認められ,グレリンがインスリン抵抗性など反芻家畜の栄養素代謝の特性に関与していると思われる結果が得られた(図4.3.4)(Itohら,2006)。このようにグレリンがウシの泌乳を制御している可能性が考えられる。

さらに,Itohらは,10日齢の哺乳子ウシ,乾乳牛,泌乳牛を用いて,頸静脈を介してグレリンを直接注入したときの血糖,膵内分泌,コルチゾール分泌に

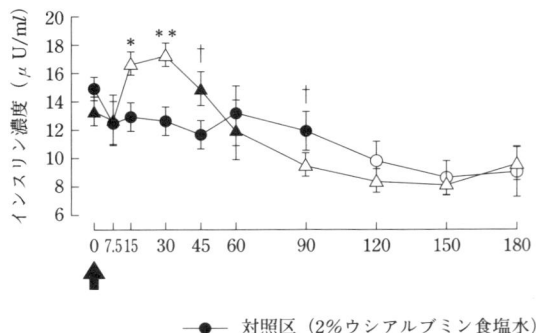

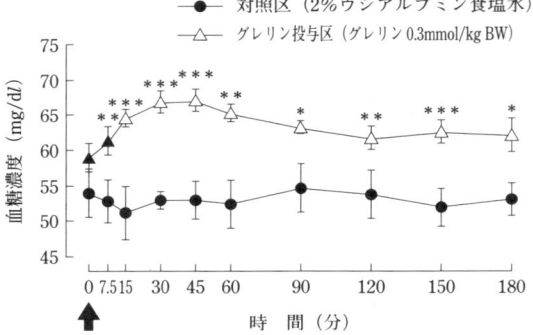

図4.3.4 泌乳牛の血糖およびインスリン濃度に及ぼすグレリン投与の影響　（Itohら，2006）
↑は，この時点でグレリンが注入されていることを示す

及ぼす影響について比較した。

グレリンの注入は，成牛，特に泌乳牛において血糖濃度を増加させた。しかし，哺乳子ウシでは，血糖の増加は観察されなかった。泌乳牛においてグレリン投与に反応してインスリン，グルカゴンの一過性の増加が観察され，哺乳子ウシではインスリンレベルは減少した。グレリンは，哺乳子ウシ，乾乳牛，泌乳牛においてコルチゾールのレベルを増加させた。

これらの結果は，グレリンが乳牛の生理状況に応じて血糖，インスリン，グルカゴン分泌に異なる効果を及ぼし，コルチゾールに対しては生理状況にかかわらず増加させる反応を示した。泌乳期においては，インスリン抵抗性など反芻家畜の栄養素代謝の特性が影響しているものと考えられる。乳牛におけるグレリンの生理作用を解明するには，さらなる研究が必要と思われる。

4．乳牛における糖代謝関連生理活性物質の遺伝子発現の特性

生体のエネルギー代謝は，エネルギー摂取量と消費量のバランスによって成立するが，生体のエネルギーバランスを調節する重要なシグナルとして体脂肪の増減がある。また，脂肪組織は種々のホルモンやサイトカインなどの生理活

性物質(アディポカイン)を分泌する生体最大の内分泌器官といえる。アディポカインはエネルギーバランス,免疫およびインスリン感受性の変化に関与しているものと考えられ,インスリン抵抗性の強いウシでは脂肪組織が内分泌器官として積極的に関与している可能性が考えられる。反芻家畜における脂肪組織や筋肉でのインスリン応答性の低下は,糖を節約しなければならない生理機能に対して重要な役割を果たしていると思われる。

 泌乳は,乳腺組織においてグルコースをはじめとした栄養素の供給のもとに,乳腺で乳汁を合成し分泌を行うという複雑な生理現象である。乳量を決定する重要な因子の一つは,乳腺における乳糖の合成量であることからグルコースの乳腺への流入が重要な要因となってくる。乳腺におけるグルコースの取り込みの際に重要な役割を果たすグルコーストランスポーター(GLUT)などについては未だに明らかになっていない。

 小松ら(2003,2005,2006)は,ウシのグルコースのホメオレシスの特性は脂肪組織がその主因であるという仮説のもとに,泌乳牛の脂肪組織と乳腺組織に注目してレジスチンやアディポネクチンなどのインスリン抵抗性に関与するアディポカインやGLUTなどの糖代謝関連生理活性物質の遺伝子発現の特性について実験を行い,泌乳牛の糖代謝の特性を明らかにした。実験は,泌乳最盛期,後期,乾乳期のホルスタイン乳牛の脂肪組織と乳腺組織の糖代謝関連生理活性物質の遺伝子発現を比較したものである。

 得られた成果をまとめて,泌乳期の乳牛における生体のグルコース代謝と内分泌の制御機構について,脂肪組織と乳腺に焦点を当てて図4.3.5に示した。泌乳最盛期の脂肪組織では,GLUT1の発現量の減少が観察され,インスリン非依存性のグルコースの取り込みがGLUT1により調節されていることが示唆された。また,泌乳最盛期には,レジスチンの発現量の増加,アディポネクチンやレプチンの発現量の低下が観察された。これらの現象は泌乳期においてグルコースを乳腺以外の組織で節約させるために,脂肪組織が中心となってインスリン抵抗性を更新させ,乳腺へのグルコース供給量を増加させていることを示唆している。

 また,泌乳期においてグルコース利用の主要組織である乳腺組織では,GLUT1の発現は泌乳期で高く乾乳期では発現が見られなかった。これは,泌

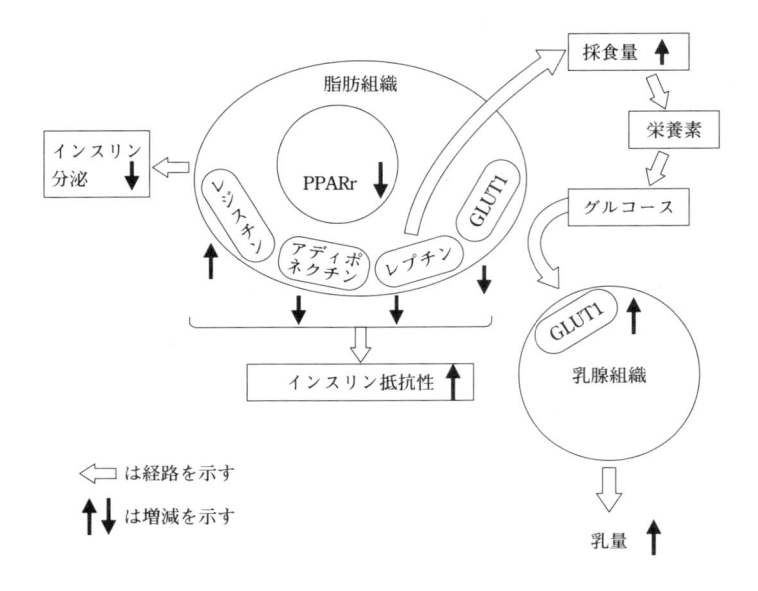

図4.3.5 泌乳期における乳牛の脂肪組織のグルコース代謝・内分泌調節機構

　乳後期に起こる乳量の減少は，乳腺組織のおけるグルコース供給量の減少と乳腺細胞のアポトーシスによって引き起こされることを示唆する。さらに，乳腺組織においてもレジスチンの発現が確認され，乾乳期において高い値を示した。

　これらの結果は泌乳期の乳腺における乳生産の能力が，GLUT1をはじめとするインスリン非依存性のグルコース取り込みに左右されると同時に，乾乳期におけるインスリンに関係したグルコース取り込み機構の存在を示唆するものである。本研究で明らかにされた泌乳牛のグルコース代謝に関する特性は，脂肪組織との関連性からウシにおける糖代謝の特性を明らかにしたものである。

（小原嘉昭）

第4節　暑熱環境下における泌乳牛の内分泌調節

　環境ストレスの中で，暑熱ストレスは泌乳牛の生理現象および泌乳に最も大きな影響を与える環境要因である。したがって，わが国においては高温多湿の

気象条件となる夏季の暑熱ストレスの緩和が泌乳牛の飼養管理において重要な課題である。暑熱ストレスは乳牛の内分泌系に影響を与え，栄養素の分配やその他の生理機能を変化させることで，夏季の乳生産を低下させる原因になっていると考えられる。高温環境における乳生産の減少は，高泌乳の場合ほど大きいことが報告されている（JohnsonとVanjonack，1976）。

乳生産には，体内の物質代謝にかかわるホルモンが重要な役割を果たしている。暑熱ストレスによってGH，甲状腺ホルモン，副腎皮質ホルモンなどの基礎レベルが変化することが報告されているが，分泌刺激に対する反応については，報告がない。筆者らは，インスリン，GH，甲状腺ホルモン，副腎皮質ホルモン雄刺激物質に対する分泌反応に対する暑熱ストレスの影響について泌乳牛を用いて実験を行っているので，その結果を以下に紹介する。

1. インスリンの分泌応答

乳生産を優先する内分泌特性を有するホルスタイン種乳牛の育成期，乾乳期，泌乳期において，糖代謝調節ホルモンであるインスリンと糖新生制御ホルモンであるグルカゴンの分泌に対する温熱環境の影響について明らかにするため，乳牛4頭を同時に収容できる人工気象室（ズートロン）を用いて実験を行った。環境条件は，乾乳牛や育成牛の場合は暑熱感作時環境温度を30℃，対照時20℃，泌乳牛の場合は暑熱感作時環境温度28℃，対照時18℃とし，相対湿度は60％とした。暑熱環境下では泌乳牛の乳量は明らかに減少し，呼吸数は43から85回/分，体温は39から41℃と有意の増加が観察された。この実験では，インスリンとグルカゴンの基礎値に対する暑熱環境の影響と主要な栄養素であるグルコース，アミノ酸（アルギニン），VFA（酪酸）を分泌刺激物質として投与し，育成牛，乾乳牛，泌乳牛におけるインスリンとグルカゴンの分泌反応の変化について観察した（Itohら，1998a，b，c）。

育成牛のインスリン分泌では，酪酸に対する分泌反応が暑熱環境下で遅延し，低下する傾向にあったが，グルコースやアルギニンに対する反応には影響は見られなかった。乾乳牛の栄養素注入に対するインスリン分泌反応は暑熱暴露によって抑制された。一方，泌乳牛ではアルギニンと酪酸注入に対するインスリン分泌反応は暑熱暴露によって増大した（図4.4.1）。グルコースに対する反応

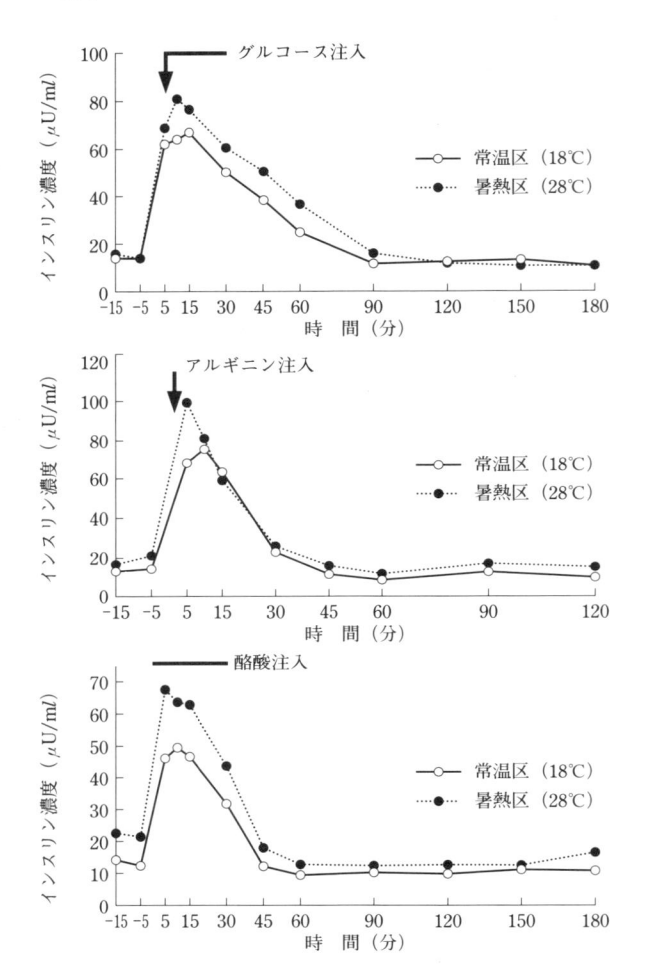

図4.4.1 グルコース，アルギニン，酪酸投与による血中インスリン濃度の変化

は変化が小さく，有意差は見られなかった。以上のように，ホルスタイン種乳牛の暑熱に対するインスリン分泌の適応は泌乳という生理条件によって異なることが明らかになった。生理条件の違いとは関係なく，育成，乾乳，泌乳牛のすべてにおいてアルギニン注入に対するグルカゴンの分泌反応が暑熱暴露によって増大した。グルカゴンの上昇はグルコースの供給を増加させるのに重要なものではなく，分泌組織の分泌刺激に対する感受性が高まっていることを反映したものだと考えられる。

この研究により明らかになった，育成，乾乳，泌乳牛のインスリンの暑熱環境に対する反応の違いについて考察すると，育成牛は成長期にあるため暑熱環境下でも，インスリン分泌には影響せず，栄養素を体組織構築のために分配する機能が働いているものと思われる。乾乳牛では，暑熱環境下における栄養素の収支を最小限にするため，インスリン分泌は抑制され，体組織に蓄積する栄

養素を節約して維持に必要なエネルギー基質を確保していることがうかがわれる。泌乳牛においてはホメオレシス（動物が，成長，妊娠，泌乳などに対応するために恒常性による代謝調節を変化させて，比較的長期間にわたってその変化を維持する機構）と呼ばれる泌乳制御機構によって代謝・内分泌系が制御されているが，暑熱環境下では泌乳制御機能が低下し，インスリン分泌能は常温環境下と比べて増加する。このことが暑熱環境下における乳生産減少の一因となっているものと思われる。

2．成長ホルモンの分泌応答

乳牛においては成長ホルモン（GH）の投与により乳流が増加することが知られており，米国では遺伝子工学によって合成したGHを乳牛に注射して乳量を増加させる技術が実用化されている。GHの分泌は視床下部から分泌される成長ホルモン放出ホルモン（GHRH）や成長ホルモン抑制因子（ソマトスタチン）などにより制御されている。著者らはGHRHに対するGHの分泌反応に及ぼす暑熱暴露の影響について観察した。

常温と暑熱におけるGHRH（$0.25\mu g$/体重kg）に対するGHの分泌反応を図4.4.2に示した。常温におけるGHの分泌パターンは両環境でなだらかに上昇し，実験期間中では基礎値に回復せず投与前に比較して高い値で推移した。泌乳期においてはGHRH刺激に対するGH分泌作用が緩慢だったのは，泌乳という生理現象が作用していると考えられる。泌乳牛のGHRHに対するGHの分泌応答は暑熱区において明らかに増加した。異化ホルモンであるGHの分泌は，熱産生を抑制し体温上昇を防ぐ必要

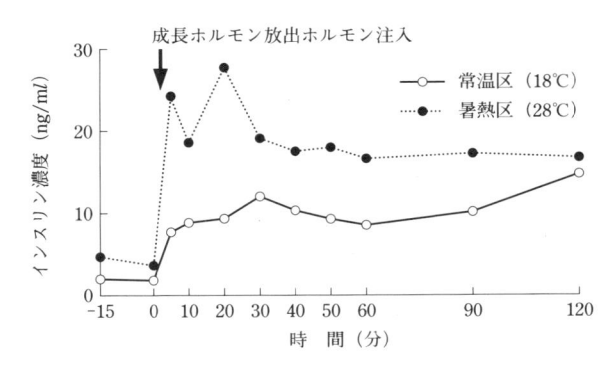

図4.4.2　成長ホルモン放出ホルモン投与による血中成長ホルモン濃度の変化

がある暑熱環境下では抑制傾向になる一方，泌乳を維持するためにはGHの分泌の維持が必要であることから，分泌能は暑熱環境下でも維持され，外因的な放出因子に対して大きく反応したものと思われる。暑熱暴露の影響は，下垂体レベルではなく，視床下部レベルで作用している可能性が示唆された。

3. 甲状腺ホルモンの分泌応答

甲状腺で合成・分泌される甲状腺ホルモンには，サイロキシン（T_4）とトリヨードサイロニン（T_3）の2種類があり，T_3はT_4から生成される。T_3はT_4の数倍の生物学的活性化を有することが知られている。甲状腺ホルモンは，GHと同様に泌乳に重要な役割を果たしており，甲状腺機能の低下により乳量が低下することが報告されている。甲状腺ホルモンの分泌は，下垂体前葉で産生・分泌される甲状腺刺激ホルモン（TSH）によって調節されるが，TSHの分泌はさらに視床下部ホルモンである甲状腺刺激ホルモン放出ホルモン（TRH）により促進される。そこで，TRHに対する甲状腺ホルモンの分泌応答に及ぼす暑熱ストレスの影響を調べた。その結果を図4.4.3に示した。

T_3の基礎値

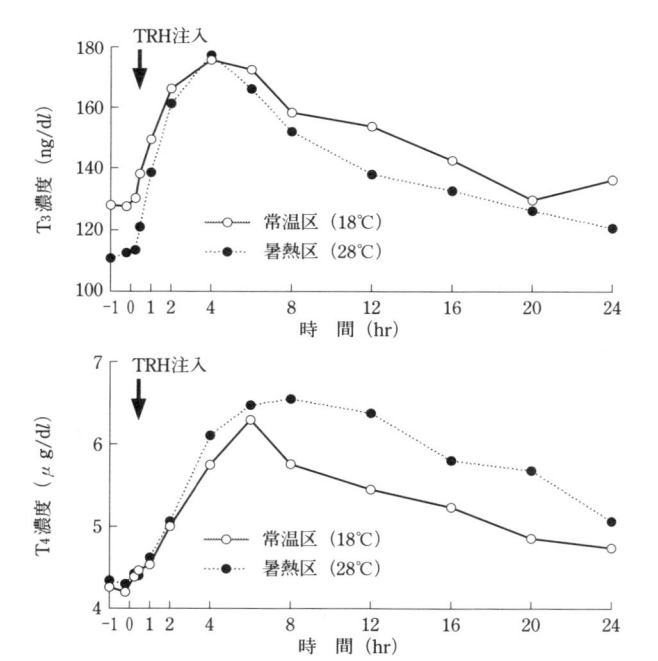

図4.4.3 甲状腺刺激ホルモン放出ホルモン（TRH）投与による血中T_3（トリヨードサイロニン）とT_4（サイロキシン）濃度の変化

(TRH投与前の値)は暑熱区で低下した。T_3値はTRH値を示したが、このピーク値には環境温度による差は認められなかった。しかし、TRHによる分泌応答(基礎値と分泌反応で囲まれた面積)は、暑熱環境下で増大した。T_4のTRHに対する分泌反応のピークはより遅れて現れ、常温区6時間後に、暑熱区では8時間後にそれぞれのピークが観察された。このピーク値には暑熱の影響は認められなかったが、分泌応答はT_3と同様に増大した。暑熱ストレスによって泌乳牛の血漿T_4およびT_3濃度が減少することが報告されており(Magdubら,1980, Valtortaら,1980)、今回の実験で、T_3の基礎値が低下したことはこの報告と一致する。

一方、泌乳牛ではTRH注入に対するT_3およびT_4の分泌応答が暑熱ストレス下で増大していることが明らかになった。下垂体前葉のTSH分泌を刺激しTSHが甲状腺に作用して甲状腺ホルモンの分泌が引き起こされる。今回の実験でT_3の基礎値が暑熱感作で抑制される一方TRH刺激に対する分泌応答が増大したことから、代謝性ホルモンであるT_3は抑制傾向にあるが、視床下部レベルで作用している可能性が示唆された。

4. コルチゾールの分泌応答

コルチゾールは、副腎皮質から分泌される糖質代謝関連ホルモンのグルココルチコイドの一種であり、泌乳の制御に重要な役割を果たすとともにストレス関連ホルモンとして知られている。血中グルココルチコイド濃度は、乾乳牛と比較して泌乳牛の方が高く、副腎を除去したヤギでは乳量が低下するという報告がなされている(佐々木,1987)。そこで、筆者らは泌乳牛のコルチゾール

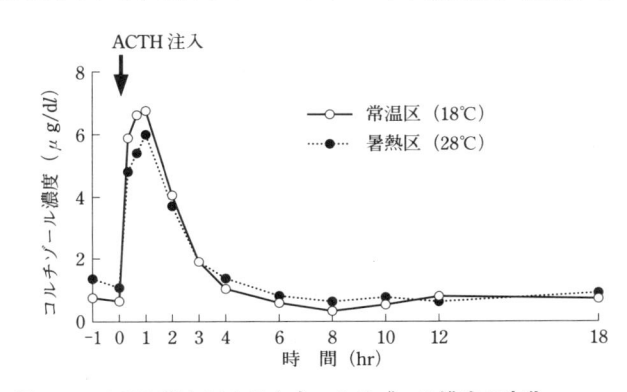

図4.4.4 ACTH投与による血中コルチゾール濃度の変化

の分泌応答に及ぼす暑熱ストレスの影響を観察した。

　血中コルチゾールの基礎値は暑熱区で常温区と比べて高い傾向にあった。コルチゾールは副腎皮質刺激ホルモン（ACTH）投与後60分で両区ともにピーク値に達し，この値には両環境間で有意差は認められなかった。しかし，ACTHに対するコルチゾールの分泌応答は暑熱ストレスにより低下した（図4.4.4）。泌乳牛ではT_4やGHとともに，コルチゾールレベルも暑熱環境下における体温上昇にともなって低下することが報告されている（Collierら，1982）。一方この実験では，コルチゾールの基礎値は，逆に上昇した。この反応は供試牛のストレスによる反応と考えられる。

5. 暑熱ストレス評価のための内分泌パラメーター

　暑熱ストレスは，さまざまな生理反応を引き起こすが，筆者は泌乳と恒常性維持に重要な役割を果たす内分泌系の変化が暑熱ストレス反応の指標（パラメーター）になるかどうかについて研究を行った。泌乳牛における暑熱ストレスによる代謝性ホルモンの変化を基礎値，分泌刺激に対する分泌反応のピーク値および分泌応答の反応面積に分類して表4.4.1に示した。

　インスリンの基礎値は，暑熱環境下で上昇する傾向にあったが個体間のバラ

表4.4.1　暑熱環境下における各分泌刺激に対する血中ホルモンの反応

血中ホルモン	分泌刺激	基礎値	分泌ピーク値	反応面積
インスリン	グルコース		―	
	アルギニン	―	↑	
	酪　酸		↑	
成長ホルモン	成長ホルモン放出因子		↑	↑
	成長ホルモン抑制因子＋成長ホルモン放出因子		↗	
T_3	甲状腺刺激ホルモン放出ホルモン	↓		↑
T_4				↑
コルチゾール	副腎皮質刺激ホルモン	↑	―	↓

　―：常温区と比べて差がない
　↗：常温区と比べて増大する傾向にあるが，統計的な有意差はない
　↑：常温区と比べて上昇あるいは反応が増大
　↓：常温区と比べて低下あるいは反応が縮小

ツキが大きく有意差は見られなかった。T_3の基礎値は暑熱環境下で低下し，コルチゾールの基礎値は暑熱環境下で上昇した。GHおよびT_4の基礎値は暑熱暴露の影響は見られなかった。

　分泌刺激に関するそれぞれのホルモンの分泌応答は，暑熱環境下では，アルギニンと酪酸刺激に対するインスリン分泌応答のピークが上昇し，GH放出因子GH分泌反応も増大した。甲状腺ホルモンはおよびコルチゾール分泌応答のピーク値には暑熱の影響は見られなかった。刺激物質に対するホルモンの応答面積は，成長ホルモン，甲状腺ホルモンで，暑熱環境下で増大し，逆にコルチゾールは低下した。インスリンの反応面積には有意な変化は見られなかった。これらの研究結果から，泌乳牛における暑熱ストレスを最も客観的に評価できるホルモンはT_3であることが示された。

（小原嘉昭）

参考文献

第1節　成長にともなう内分泌機能の動態

1) Katoh, K., M. Asari, H. Ishiwata, Y. Sasaki and Y. Obara (2004a) Saturated fatty acids suppress adrenocorticotropic hormone (ACTH) release from rat anterior pituitary cells *in vitro*. Com. Biochem. and Physiol., 137A: 357-364.
2) Katoh, K., G. Furukawa, K. Kitade, N. Katsumata, Y. Kobayashi and Y. Obara (2004b) Postprandial changes in plasma GH and insulin concentrations, and responses to stimulation with GH-releasing hormone (GHRH) and GHRP-6 in calves around weaning. J. Endocrinol., 183: 497-505.
3) Katoh, K., M. Yoshida, Y. Kobayashi, M. Onodera, K. Kogusa and Y. Obara (2005) Responses induced by arginine-vasopressin injection in the plasma concentrations of adrenocorticotropic hormone, cortisol, growth hormone, and metabolites around weaning time in goats. J. Endocrinol., 187:249-256.
4) 河野幸雄（2005）系統及び成長ホルモン遺伝子型が異なる黒毛和種肥育牛の成長特性.栄養生理研究会報, 49（2）: 1-9.
5) Kuhara, T., S. Ikeda, A. Ohneda and Y. Sasaki (1991) Effects of intravenous

infusion of 17 amino acids on the secretion of GH, glucagons, and insulin in sheep. Am. J. Physiol., 260: E21-E26.

6) Ohata, M., Y. Maruyama, K. Katoh and Y. Sasaki (1997) GH release induced by an amino-acid mixture from primary cultured anterior pituitary cells of goats. Domest. Anim. Endocrinol., 14: 99-107.

7) Yonekura, S., K. Kitade, G. Furukawa, K. Takahashi, N. Katsumata, K. Katoh and Y. Obara (2002) Effects of aging and weaning on mRNA expression of leptin and CCK receptors in the calf rumen and abomasum. Domest. Anim. Endocrinol., 22: 25-35.

8) Yonekura, S., T. Senoo, K. Katoh and Y. Obara (2003) Effects of acetate and butyrate on the expression of leptin and short-form leptin receptor (OB-Ra) in bovine and rat anterior pituitary cells. Gen. Comp. Endocrinol., 133: 165-172.

第2節　Rumeno-pituitary（ルーメン-下垂体）軸

1) Katoh, K., M. Asari, H. Ishiwata, Y. Sasaki and Y. Obara (2004a) Saturated fatty acids suppress adrenocorticotropic hormone (ACTH) release from rat anterior pituitary cells *in vitro*. Comp. Biochem. Physiol., 137A: 357-364.

2) Matsunaga, N., N.T. Arakawa, T. Goka, K.T. Nam, A. Ohneda, Y. Sasaki and K. Katoh (1999) Effects of ruminal infusion of volatile fatty acids on plasma concentration of growth hormone and insulin in sheep. Domest. Anim. Endocrinol., 17: 17-27.

第3節　泌乳牛におけるグルコース代謝と内分泌制御

1) Hodate, K., T. Jhoke, A. Ozawa and S. Ohashi (1990) Plasma growth hormone, insulin-like growth factor-I, and milk production responses to exogenous human growth hormone-releasing factor analogs in dairy cows. Endocrinol. Japon. 37: 261-273.

2) Hodate, K., T. Johke, A. Ozawa, H. Fuse, Y. Obara and S. Ohashi (1992) Plasma growth hormone and insulin-like growth factor-I responses to bovine growth hormone-releasing factor and its analogs in dairy cattle. Anim. Sci. Technol. (Jpn.), 163: 576-584.

3) Itoh, F., T. Komatsu, M. Yonai, T. Sugino, M. Kojima, K. Kanagawa, Y. Hasegawa, Y. Terashima and K. Hodate (2005) GH secretary responses to ghrelin and GHRH in growing and lactating dairy cattle. Domest. Anim. Endocrinol., 28: 34-45.
4) Itoh, F., T. Komatsu, S. Kushibiki and K. Hodate (2006) Effects of ghrelin injection on plasma concentrations of glucose, pancreatic hormones and cortisol in Holstein dairy cattle. Comp. Biochem. Physiol., Part A 143:97-102.
5) Kojima, M., H. Hosoda, Y. Date, M. Nakazato, H. Matsuo and K. Kanagawa (1999) Ghrelin is a novel growth-hormone-releasing acylated peptide from stomach. Nature, 402: 656-660.
6) Komatsu, T. (2003) Gene expression of resistin in adipose tissue and mammary gland of lactating and non-lactating cows. J. Endocrin., 178: R1-5.
7) Komatsu. T. (2005) changes in gene expression of glucose transporters in lactating and non-lactating cows. J. Anim. Sci., 83: 557-564.
8) 小松篤司・伊藤文彰・甫立孝一・櫛引史郎 (2006) ホルスタイン乳牛の脂肪及び乳腺組織における糖代謝関連遺伝子の発現に関する研究. 栄養生理研究会報, 50: 35-44.
9) Rose, M.T., Y. Obara, H. Fuse, F.Itoh, A. Ozawa, Y. Takahashi, K. Hodate and S. Ohashi (1996) Effect of growth hormone-releasing factor on the response to insulin of cows during early and late lactation. J. Dairy Sci., 79: 1734-1745.
10) Rose, M.T., Y. Obara, F. Itoh, H. Hashimoto, Y. Takahashi and K. Hodate (1997) Non-insulin and insulin mediated glucose uptake in dairy cows. J. Dairy Res., 64: 341-353.
11) Rose, M.T., F. Itoh, M. Matsumoto, Y. Takahashi and Y. Obara (1998) Effect of growth hormone on insulin independent glucose uptake in dairy cows. J. Dairy Res., 65: 423-431.

第4節　暑熱環境下における泌乳牛の内分泌調節

1) Collier R.J., D.K. Beede, W.W. Thatcher, L.A. Israel, and C.J. Wilkox (1982) Influences of environmental and its modification on dairy animal health and production. J. Dairy Sci., 65: 2213-2227.

2) Itoh, F., Y. Obara, H. Fuse, M.T. Rose, I. Osaka and H. Takahashi (1998a) Effect of heat exposure on plasma insulin, glucagon and metabolites in response to nutrient injection in heifers. Com. Biochem. Physiol., 119C: 157-164.

3) Itoh, F., Y. Obara, M.T. Rose and H. Fuse (1998b) Heat influences on plasma insulin, glucagon, and metabolites to secretagogues in non-lactating cows. Domes. Anim. Endocrinol., 15: 499-510.

4) Itoh, F., Y. Obara, M.T. Rose, H. Fuse and H. Hashimoto (1998c) Insulin and glucagon secretion in lactating cows during heat exposure. J. Anim. Sci., 76: 2182-2189.

5) Johnson, H.D. and W.J. Vanjonack (1976) Effects of environmental and other stressors on blood hormone patterns in lactating animals. J.Dairy Sci., 59:1603-1617.

6) Magdub, A., N. Khoja, S. Ganaba, and H.D. Johnson (1980) Plasma , milk and urinary thyroid hormones as indicators of heat stress in dairy cows. Abstr. In 75th Ann. Meetng Am. Dairy Sci. Ass., 63: 84.

7) 佐々木康之 (1987) ホルモンバランス. 新乳牛の科学 (津田恒之監修), 300-307. 農文協.

8) Valtorta, S.E., M.A. Bober, B.A. Becker, L. Hahn, and H.D. Johnson (1980) Hormonal responses in lactating dairy cows during acclimation to and compensation from heat exposure. Abstr. In 75th Ann. Meetng Am. Dairy Sci. Ass., 63: 83.

第5章 泌乳生理の解明と新たなアプローチ

第1節 泌乳のメカニズムと泌乳生理の研究手法

1. 泌乳を支配する内分泌（ホルモン）

　乳牛は，摂取した飼料を材料にして，ルーメン発酵，発酵産物の中間代謝，栄養素の乳腺への分配，内分泌制御，乳腺細胞での代謝，乳汁の合成など，均衡の取れた生理作用によって多量のミルクを産生する。しかし，ウシやその他の哺乳類の乳腺発育や泌乳の調節には，さまざまな生理活性物質が関与するため，その機構は複雑である。乳牛の乳腺発育，泌乳の開始および維持は，体内のホルモンの協調によってなされている（甫立，1998）。ヒツジやヤギの泌乳を維持するためには，プロラクチン＋グルココルチコイド＋甲状腺ホルモン＋GHが不可欠とされる。ウシではホルモンの作用を知るための実験手法（内分泌器官を外科的に除去しホルモンを投与してその機能回復を見る試み）がきわめて難しいために，その証明は困難であるが，ウシの乳腺発育および泌乳には，図5.1.1に示したようにヒツジやヤギとほぼ同様のホルモンが不可欠とみなされている。

（1）プロラクチン

　分娩前後のプロラクチンの動向が，泌乳牛のその後の乳量にきわめて重要な役割を果たすことが知られている（上家，1983）。ウシの血液中のプロラクチンは分娩時に著しく増加する。プロラクチンの分泌を特異的に抑制する物質であるプリモクリン（CB154）を分娩前2週間にわたって，乳牛に皮下注射すると血液中のプロラクチンは，低レベルのまま推移し，分娩時に見られたプロラ

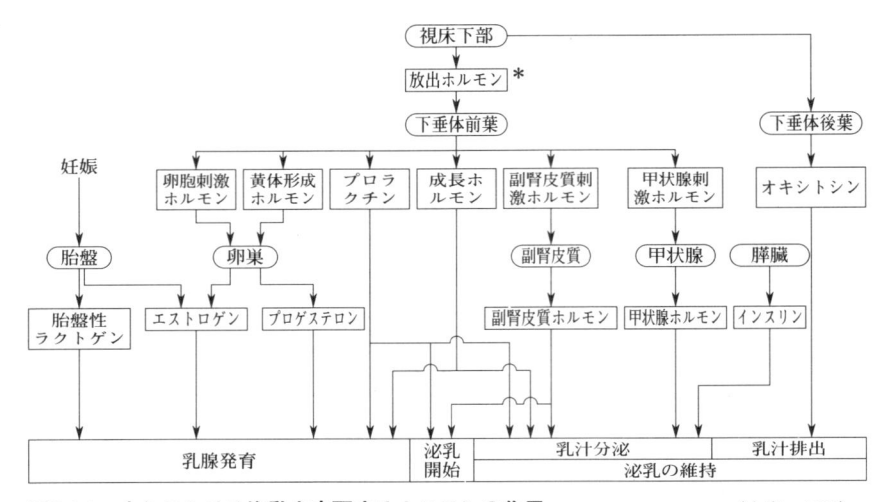

図5.1.1 ウシにおける泌乳を支配するホルモンの作用 （上家，1980）
＊：プロラクチンと成長ホルモンの分泌は，放出ホルモンとともに抑制ホルモンによって二重の支配を受けている

クチンの分泌増加は消失した。

このプロラクチンレベルの低下によって泌乳開始は抑制され，泌乳初期の乳量は前産次および次産次と比較して著しく低下した。しかし，プロラクチン以外のホルモン，採食量，分娩，子ウシの健康に対するCB154注射の影響は見られなかった。これらの実験結果は，プロラクチンがウシの泌乳開始に不可欠であることを示唆している。

(2) 成長ホルモン（GH）

ウシの泌乳開始時におけるGHの役割については不明な点が多いが，分娩時には血液GHが増加することから，GHは泌乳の維持には不可欠なホルモンであるといえる。泌乳期の血中GHレベルを乳用牛であるホルスタイン種と肉用牛である黒毛和種で比較すると，乳用牛で高く肉用牛で低いことが報告されている（新宮，2006）。また，乳用牛において，泌乳中の血液GHは高いが，乾乳中では低くなることが報告されている。

1937年にAsimovとKrouzeが下垂体抽出物に増乳効果があることを発見し，

1947年にYoungによってGHに増乳効果の本体があることが明らかにされた。それ以降，約半世紀を経て，1993年11月にアメリカ食品医薬品局（FDA）は遺伝子組換えウシGH（bSTもしくはrbGH）の商業的販売を許可した。

遺伝子工学により合成されたウシのGHを6カ月間，泌乳牛1頭当たり13.5〜45.0mg投与したところ，泌乳期間の乳量が23.3〜41.4％増加したことが報告されている。GHの増乳効果の機構では，①ソマトトロピン軸によるグルコース代謝の調節すなわちインスリン抵抗性機能，②GHの脂肪細胞に及ぼす異化作用と，③肝臓でのIGF-I産生・分泌増加を介した乳腺血流量の増大，である。

血液中GH濃度の増大は脂肪分解作用により脂肪組織からの脂肪酸遊離を高め，脂肪酸は乳腺細胞においてエネルギー源として乳汁生成を高める。一方，IGF-Iは乳腺の血管拡張作用により血流量を増大し，乳汁生成を高めるとともにインスリン抵抗性を高め，乳腺以外でのグルコースの利用を抑制し，乳汁生成を促進する乳牛におけるGHの増乳効果の機構についてRoseらが詳細な研究を行っており（第4章，第3節参照），ソマトトロピン軸によるグルコース代謝の調節すなわちインスリン抵抗性機能が主な要因であると考えられている。また，IGF-Iをヤギの乳動脈に直接注入した場合，乳汁分泌が増加したという報告がなされている（Prosser, 1989）。

(3) 反芻家畜の代謝の内分泌制御の特性

1988年にVernonが発表した総説の中で，泌乳中の代謝適応の内分泌制御について，げっ歯類と反芻動物の泌乳中の肝臓，脂肪組織，筋肉中の代謝を比較し，肝臓における代謝適応に大きな差があることを認めた（表5.1.1）。この結果は，反芻動物のルーメン発酵を中心とした栄養摂取過程の特異性が影響しているものと考察している。

次に泌乳中のげっ歯類と反芻動物の乳腺，肝，脂肪組織に対するプロラクチン，GH，インスリン，IGF-Iの作用を比較している。プロラクチンとGHは，動物種によってその標的組織が異なっており，げっ歯類において，プロラクチンは乳腺や肝臓に直接作用するが脂肪組織には作用しない。一方，GHは肝臓や脂肪組織には直接作用するが，乳腺には作用しない。しかしながら反芻動物

表 5.1.1 泌乳にともなう臓器の活性と血中ホルモンの変化―反芻動物とげっ歯類との比較―

組織	項目	げっ歯類	反芻動物
肝臓	グルコースの利用	↑	?
	糖新生	―	↑
	脂肪生成	↑	?
	脂肪酸のエステル化	↑	―
	ケトン生成	↓	↑
	タンパク質合成	↑	?
脂肪組織	グルコースの利用	↓	↓
	リポタンパク‐リパーゼ	↓	↓
	脂肪生成	↓	↓
	脂肪酸のエステル化	↓	↓
	脂肪分解	↑	↑
筋肉	グルコースの利用	↓	↓
	タンパク質合成	―	―
	タンパク質分解	?	↑
血中ホルモン	プロラクチン	↑	↑
	成長ホルモン	―	↑
	インスリン	↓	↓
	グルカゴン	―	―

注 1.↑増加,↓減少,―変化なし,?不明
 2.反芻動物とほかの動物とでは,ミルク生産の仕組みに違いがある (Vernonら,1988)

では,GHはIGF-Iの産生を刺激して,乳腺に直接作用する。

2. 泌乳生理の研究・実験方法の進展

泌乳生理の研究を行うにあたって,精巧な生理学的実験手法を用いる必要がある。in vivoにおける泌乳生理の実験方法としては,乳房還流実験,乳房の血流量測定と動静脈差法,前駆物質や同位体の血管内注入などがあげられる。泌乳生理の実験方法の確立は,Linzellら(1974)によって意欲的行われ,これらの方法を駆使してすばらしい成果が得られている。以下にその概要を紹介する。

(1) 乳房還流実験

泌乳している動物から切り離した乳房を人工血液を還流して生体内にあったときと同様の機能を長時間にわたって,維持することができれば乳量や乳成分と栄養素補給の関係が明らかにできる。HardwickとLinzell(1960)はヤギを用いて実験方法の改良を重ねて精巧な還流実験方法を確立した。この装置は,還流経路に人工心臓,人口肺,人工腎臓,栄養素,前駆物質などの添加装置などをもつ大掛かりな装置である。この装置を用いて,Linzellらの研究グループは,反芻家畜の乳成分であるタンパク質,脂肪,乳糖合成などの泌乳に関する多くの貴重な成果を報告している。

(2) 乳房血流量の測定

Linzell（1974）は，ヤギを用いて乳腺における血液量測定法を検討して，サーモダイリューションという方法を確立した。この方法は，乳静脈に温度の低い溶液を少量注入し，下流の血管の温度変化を熱電対でとらえることにより血流量を算出する方法である。この方法を用いて，乳量と血流量には密接な関係を見たのが図5.1.2である。乳量と血流量には，非常に高い相関関係があることがわかる。

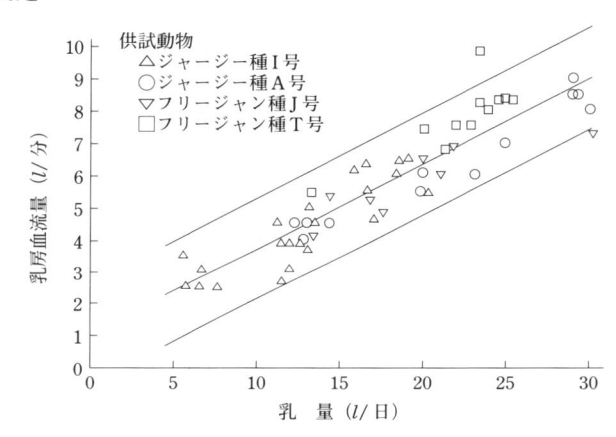

図5.1.2 乳量と乳房血流量の関係 （Linzellら，1974）

供試動物
△ ジャージー種Ⅰ号
○ ジャージー種A号
▽ フリージャン種J号
□ フリージャン種T号

次にミルクの主成分である乳脂肪，乳タンパク質，乳脂肪が，どの血液成分に由来し，どれだけの量の前駆物質からできているかを動静脈差法，血流量のデータから算出した。その結果を図5.1.3に示す。乳脂肪合成の原料になる種々の脂肪酸とグリセロール，乳糖合成のためのグルコース，乳タンパク質合成のためのアミノ酸について詳しい知見が得られている。

乳腺におけるグルコースの取り込みが，乳量を規制する大きな要因であることも明らかになった。これは，血液中のグルコースが乳腺における乳糖合成の前駆物質であり，合成された乳糖が乳汁の浸透圧を決める最も重要な成分であり，水の取り込みを調節しているからである。乳腺における前駆物質の取り込みは，乳動脈のその物質の濃度に比例することが認められている。そこで，泌乳している動物の血管に前駆物質を長時間注入して乳量や乳成分への効果が検討された。

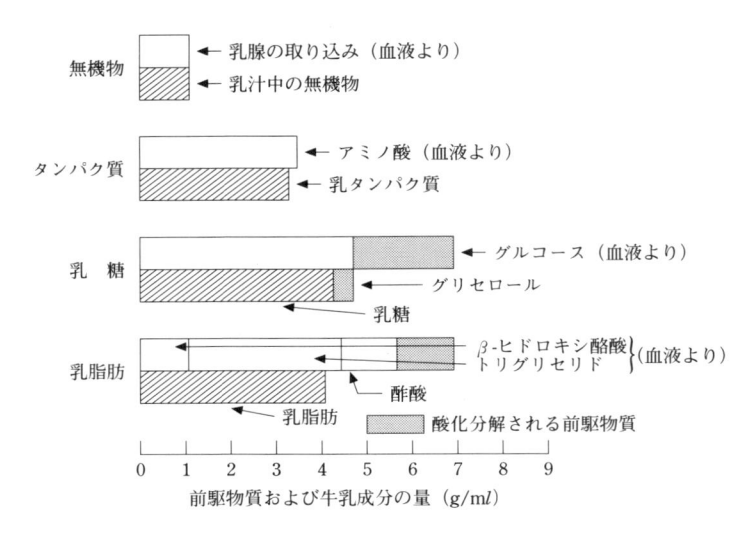

図5.1.3　乳腺における前駆物質と牛乳成分のバランスシート
(Linzell, 1974)

3. 乳生産における体内物質代謝

　泌乳牛の養分摂取と乳腺における乳汁成分形成の中間に介在す体内の物質代謝を把握する試みがなされ，Annison（1974）らは，同位元素希釈法や動静脈差法などを用いて，粗濃比の異なる飼料を給与した場合のグルコース，酢酸の代謝，乳脂肪合成について明らかにした（表5.1.2）。酢酸の代謝回転速度は，飼料組成によって大きな相違が見られ，これは吸収される酢酸量によるものと思われた。グルコース代謝回転速度には，ルーメン内のプロピオン酸産生が関与しているようであった。乳腺の酢酸の取り込み量は，酢酸の代謝回転速度が大きい場合に大きく，濃厚飼料多給により酢酸の代謝回転速度が減少している場合に少なかった。乳腺へのグルコースの取り込みは，グルコースの代謝回転速度のいかんにかかわらずほぼ同じであった。
　また，Suttonら（1986）は，給与飼料中の乾草と濃厚飼料の比率と飼料給与回数を変えた時の，泌乳牛の中間代謝と内分泌の変動について観察している。この実験から，濃厚飼料多給による乳脂肪率の低下は，給餌回数の増加により

表 5.1.2 泌乳牛における酢酸,グルコースの代謝回転量と乳腺における取り込み量,乳量,乳脂率との関係

品　種 供試牛	酢　酸		グルコース		乳量 (kg)	乳脂率 (%)
	代謝回転量 (g/日)	乳腺取り込み量 (g/日)	代謝回転量 (g/日)	乳腺取り込み量 (g/日)		
平均粗：濃比 36：64,平均乾物摂取量 17.1kg（16.6 ～ 17.6kg）						
ジャージー	3,646	504	1,815	1,584	26.1	4.5
フリージャン	4,458	633	1,852	1,517	23.0	3.0
ジャージー	3,646	504	1,813	1,584	25.0	4.5
フリージャン	2,229	504	1,852	1,512	23.0	3.0
平均粗：濃比 11：89,平均乾物摂取量 17.5kg（15.0 ～ 18.4kg）						
フリージャン	2,078	216	2,979	1,714	23.9	1.5
フリージャン	2,565	374	2,402	1,915	29.3	2.3
ジャージー	2,400	316	2,812	1,080	20.0	4.2

(Annison ら，1974)

緩和されるが,給餌回数の多い場合には,ルーメン発酵の急速な変化が起こらず,インスリンなどの分泌を一定に維持するためと考察している。泌乳期にインスリン分泌が低ければ,乳腺以外の組織における栄養素の利用が少なくなって,その分だけ乳腺以外の組織で利用される基質が多くなると考えられる。

4. 乳腺組織における脂肪酸の合成

反芻家畜の体内における脂肪酸合成の面から見ると,泌乳中の乳腺は,体内で最も活性の高い組織である。反芻家畜の乳腺では,脂肪酸合成の基質としてグルコースを使わずに,酢酸,あるいはβ-ヒドロキシ酪酸を基質として利用する。ウシやヒツジの乳腺では,脂肪酸合成の基質としてグルコースの125倍もの酢酸を使う。反芻家畜とは対照的に,非反芻動物の乳腺では脂肪酸合成の主要な基質はグルコースである。

脂肪酸合成の基質が動物種によって異なることを理解するには,脂肪酸合成の代謝過程が細胞内でどう行われているかを知る必要がある。反芻家畜の脂質代謝の特徴は,アセチル CoA（補酵素 A）を生成するための ATP-クエン酸解裂酵素の活性とリンゴ酸からピルビン酸を生成する MADP-リンゴ酸脱水素酵

素が極端に低いことである。反芻家畜の乳腺細胞での脂肪酸合成の前駆体となるアセチルCoAは,血液からの酢酸やβ-ヒドロキシ酪酸からできる。アセチルCoAから脂肪酸を産生するために消費されるNADPHの他の経路からの供給も反芻家畜の特徴といえる。このような生理的特性が血液中の酢酸やβ-ヒドロキシ酪酸を利用して脂肪を合成し,グルコースは乳糖合成のために使って多量の乳を分泌しているのである。

(小原嘉昭)

第2節 乳腺細胞における泌乳生理研究

胎生期の乳腺の発達に必要なホルモンはあまり知られていないが,急激な乳腺の発達がみられる性成熟から妊娠中期までは主として乳管系が発達し,妊娠中期から乳腺胞が急速に形成され妊娠末期にほぼ完成する。性成熟期以降にはエストロゲン,プロゲステロン,グルココルチコイド,プロラクチンおよびGHが必要である。泌乳開始の引き金は,分娩期前の血中プロゲステロン濃度の低下である。ウシ泌乳期のGH投与は増乳効果を引き起こすが,この効果はヤギやヒツジでも認められる。

乳腺細胞の分化(ミルク成分の合成や分泌)に必要なホルモンは,インスリン,コルチゾールおよびプロラクチン(ラクトジェニック〈催乳〉ホルモン)である。インスリンは細胞の生存に,コルチゾールは細胞の分化に,プロラクチンはミルクの生合成に関与するとされている。ウシ乳腺培養細胞では,上記の3つのラクトジェニックホルモンで処理した細胞でも分泌増加が見られるし,GH刺激だけでもカゼインの分泌増加が観察される。

1. 乳腺細胞におけるGHの作用機構

反芻家畜におけるGHの増乳効果は,乳腺細胞に対する直接効果ではなく,糖代謝などの中間代謝を介する間接的な効果であるとされてきた。しかし,GHの乳腺細胞に対する直接作用はないのか,あるいはGHにより動員された遊離脂肪酸の乳腺細胞に対する影響はないのか,という疑問が残されていた。この疑問を解明する目的で以下のような in vitro の研究が行われた。最近のウ

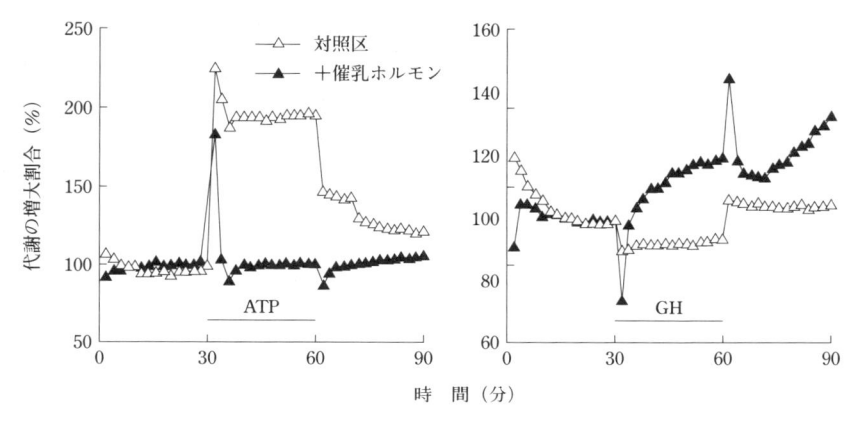

第5章 泌乳生理の解明と新たなアプローチ

図5.2.1 ウシ乳腺細胞におけるATP（100μM）あるいはGH刺激時の代謝増大に及ぼすラクトジェニック（催乳）ホルモンの影響
ラクトジェニックホルモンは，1μg/mlプロラクチン，1nMデキサメサゾンおよび5μg/mlインスリンからなり，2日間処理した

シ乳腺細胞を用いた研究で，GHの直接作用がしだいに明らかにされてきているので，以下それらの実験結果について紹介する。

　もし，GH刺激で細胞内での代謝が促進されればHイオンが生成されるので，細胞内のpHを下げないようにHイオンは細胞外へと輸送される。したがって，GH刺激で細胞内代謝が促進されれば，細胞外溶液中のpHが低下することになる。測定装置（サイトセンサー）を用いて，細胞の代謝増大を測定すると，搾乳牛の血液中濃度にほぼ匹敵する濃度のGH（100ng/ml）は，培養乳腺細胞の代謝を有意に増大した。このGHの刺激効果はラクトジェニックホルモン処理をした細胞でより顕著に増大した（図5.2.1，Katohら，2001）。この実験では，ATPを対照として用いた。ATPは，ネズミ類において乳腺細胞間の情報伝達物質と考えられている。実験結果では，しかしながら，ATP刺激による代謝増大に及ぼすラクトジェニックホルモンの効果は，GHへの効果と逆である。すなわち，乳腺細胞のラクトジェニックホルモン処理は，ATP刺激による代謝増大を抑制したが，GHによる刺激増大を顕著に増大した。したがって，この結果は，泌乳がGH刺激による情報伝達系を促進し，ATP刺激による細胞間情報伝達系を抑制する可能性を示唆している。

ATPおよびGHによる代謝反応と同様に，細胞内Caイオン濃度も変化した（図5.2.2）。すなわち，両刺激物質は細胞内Caイオン濃度を増大させたが，ラクトジェニックホルモンはATP刺激による反応を抑制し，GH刺激による反応を増強した。乳腺上皮細胞は，唾液腺や膵外分泌腺のように，基本的には外分泌腺細胞なので，細胞内Caイオン濃度の増大はタンパク質の開口放出による分泌増加の指標になる。すなわち，この結果は，泌乳がGH刺激によるタンパク質分泌を促進し，ATP刺激によるタンパク質分泌を抑制する可能性を示唆している。

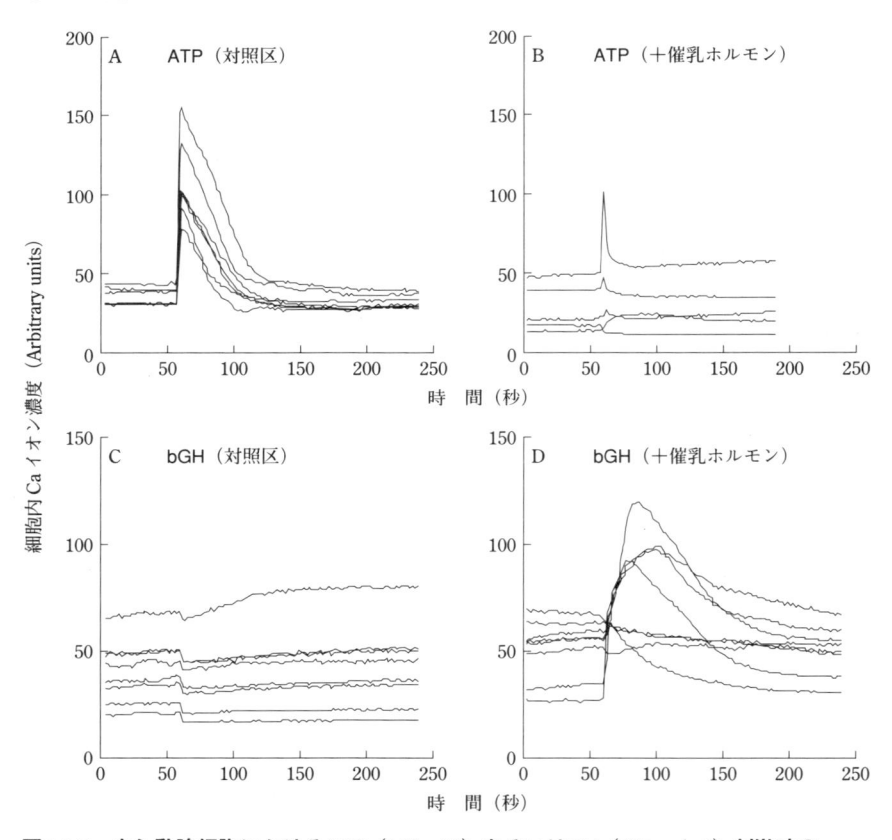

図5.2.2　ウシ乳腺細胞におけるATP（100μM）あるいはGH（100ng/m*l*）刺激時の細胞内Caイオン濃度増大に及ぼすラクトジェニック（催乳）ホルモンの影響
ラクトジェニックホルモンの組成や処理日数は，図5.2.1と同様

第5章 泌乳生理の解明と新たなアプローチ　183

上述のように，GHはウシ乳腺細胞のGH受容体を介して，HイオンやCaイオン代謝を刺激する可能性を強く示唆した(Katohら，2001)。この受容体が，カゼイン合成や分泌にどのように関与しているか興味あるところである。ウシ乳腺細胞では，GH受容体は細胞基質や細胞膜上に存在する（図5.2.3, Sakamotoら，2005)。

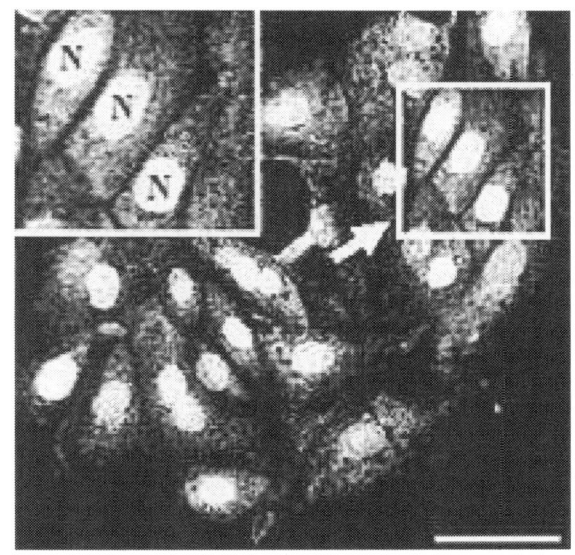

図5.2.3　ウシ乳腺細胞におけるGH受容体（GH受容体は，細胞基質や細胞膜に存在する）
Nは核，→はその部分を左上図に拡大していることを示す

培養液中GH濃度を100ng/ml以上にすると，ラクトジェニックホルモン存在下で有意なカゼイン分泌増加が観察された。また，GHは単独でカゼイン遺伝子発現を増大した。このように，GHは単独でも，泌乳期のようにラクトジェニックホルモン存在下でも，カゼイン生成・分泌を刺激した。

一方，脂肪酸は膵外分泌腺細胞に惹起する作用と同じように乳腺上皮細胞に対してもきわめて興味のある広範な生物作用を示す。まず，培養ウシ乳腺細胞に対して，脂肪酸はトリグリセリドを細胞内に蓄積する作用を示す。作用効果は脂肪酸の炭素数（C）に依存し，C16から18の長鎖脂肪酸の効果は顕著であるが，C2から4の短鎖脂肪酸の効果は小さいようである。長鎖脂肪酸（オレイン酸〈C18〉など）の場合は，培養液中の濃度が100μM以上になるように添加すると，培養ウシ乳腺細胞は24時間以内に有意なトリグリセリド蓄積増加を起こした（図5.2.4, Yonezawaら，2004a)。また，トリグリセリド蓄積は脂肪酸の濃度に依存して増大し，飽和脂肪酸よりも不飽和脂肪酸の効果が大きかった。一方，短鎖脂肪酸である酢酸や酪酸添加ではトリグリセリド蓄積は認め

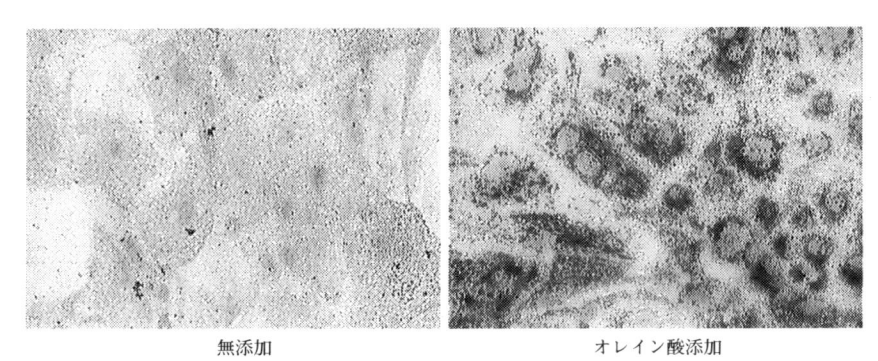

　　　　　　　無添加　　　　　　　　　　　オレイン酸添加
図5.2.4　ウシ乳腺細胞におけるオレイン酸添加による脂肪滴（蓄積）の発現

られなかった。中鎖脂肪酸であるオクタン酸（C8）添加時の蓄積効果は濃度依存性に認められたが，mM以上の濃度でないと効果は起こらなかった（Yonezawaら，2004b）。

　ヒト乳腺細胞には，ランゲルハンス島のインスリン分泌細胞のように，長鎖脂肪酸受容体（GPR40）が存在する。実際，ヒト乳癌株細胞であるMCF-7では，GPR40のmRNAが確認され，この受容体の刺激により細胞内Caイオン濃度が増大したことから，この脂肪酸受容体は機能しているといえる（Yonezawaら，2004c）。さらに，脂肪酸の細胞内Caイオン濃度増大効果は，脂肪酸濃度に依存するとともに，不飽和基の数にも依存して増大した。この受容体の遺伝子発現は，細胞増殖開始と終了時に増大することが示されていることから，細胞増殖に関与するシグナルの一つと考えられる。しかし，ウシ乳腺細胞でGPR40の存在を示した報告はまだなく，また，この受容体と脂肪蓄積効果との関連性も明らかにはされていない。

　脂肪酸は，脂肪代謝関連酵素や種々の遺伝子発現を，濃度依存性に調節する。まず，長鎖脂肪酸は，レプチン，CD36およびカゼインの遺伝子発現を増大した（Yonezawaら，2004b）。一方，酪酸やオクタン酸はトリグリセリド蓄積には影響を及ぼさなかったが，レプチンやCD36の遺伝子発現を抑制し，ミトコンドリアの脱共役タンパク質の遺伝子発現を増大した（Yonezawaら，2004a）。これらの結果は，乳腺細胞が脂肪酸を細胞内に輸送してトリグリセリド蓄積を促進するとともに，ミトコンドリアでの熱産生を促進する可能性を示唆してい

る。

　乳腺は乳汁タンパク質以外に種々の活性物質を分泌している。たとえば，レプチン，GH，IGF-Iおよびラクトフェリンなどが知られているが，子動物への効果は不明である。ウシ乳腺細胞へのGH刺激は，刺激開始3日目以降からカゼイン遺伝子発現や分泌増大反応を引き起こした。一方，刺激開始2日目以降からレプチン遺伝子発現を抑制した（Yonekuraら，2006）。GHによるレプチンの遺伝子発現抑制は採食行動の促進のシグナルなのかも知れない。

　以上のように，ウシ乳腺細胞を用いた結果では，GHが乳腺細胞に対して直接作用を示すばかりではなく，GHの異化作用により脂肪細胞から動員された遊離脂肪酸が乳汁生成の調節機構に直接関与するという，ホルモンと栄養素による外分泌調節機構が存在することが示唆されている。

2．乳腺における細胞外マトリックスの重要性

　細胞外マトリックス（ECM）は，細胞機能に重要な役割を果たしており，乳汁蛋白質合成にも関与していると考えられる。Yanoら（2004）は乳腺上皮細胞の分化に及ぼすECMの作用を明らかにするため，ウシ乳腺組織におけるコラーゲンI，コラーゲンIV，ラミニンの発現およびウシ乳腺上皮細胞のカゼイン合成に及ぼすECMの作用について検討した。

　泌乳最盛期と後期の乳腺組織の乳腺胞周囲にコラーゲンI，コラーゲンIV，ラミニンの発現が認められた。また，泌乳最盛期は泌乳後期よりも染色の度合いが強かった。乳腺上皮細胞を用いた実験では，ラクトジェニックホルモン刺激の有無にかかわらずラミニンコート上でカゼイン合成が最も高く，続いてコラーゲンIV，コラーゲンIの順であった。ギャップジャンクション（細胞膜にある物質の輸送に携わる孔）タンパク質であるコネキシン43と26は非妊娠時，乾乳期で発現がみられ，泌乳中では発現がみられなかった。コネキシン26の発現はカゼイン合成に変化がみられないコラーゲンIコート上で増加したが，カゼイン合成が増加したラミニン，コラーゲンIVコート上では減少した。以上の結果から細胞外マトリックスはコネキシンの発現を抑えるとともに乳腺上皮細胞の分化を促進していることが示唆された。

3. 乳腺上皮細胞・ミルク中の炭酸脱水酵素アイソザイムⅥの解析

炭酸脱水酵素アイソザイムⅥ（CA Ⅵ）は，炭酸脱水酵素アイソザイムの中で唯一分泌型であり唾液腺，涙腺で分泌され，抗菌作用に一役買っているといわれている。Kitadeら（2003）は，ウシのミルク中にCA Ⅵが存在することを初めて見つけた。CA Ⅵは，初乳中で高くその後徐々に低下して2週間で常乳レベルに到達する。ウシミルク中のCA Ⅵはヒト，ラットに比べてはるかに低いことがKarhmaaらの報告（2001）と比較して明らかである。ウシミルク中のCA Ⅵが低いことが乳房炎に感染しやすくなっている可能性がある。

このアイソザイムはクローニングされたウシ乳腺上皮細胞にも局在していることが確かめられており（Kitadeら，2003），今後この酵素の役割について検討することは乳房炎感染抵抗性のかかわりから重要かも知れない。

（加藤和雄・小原嘉昭）

参 考 文 献

第1節 泌乳のメカニズムと泌乳生理の研究方法

1) Annison, E.P., R. Bicherstaffe and J.L. Linzell (1974) Glucose and fatty acid metabolism in cows producing milk of low fat content. J. Agric. Sci. (Camb.), 82: 87-95.
2) Hardwick, D.C. and J.L. Linzell (1960) Some factors affecting milk secretion by the isolated perfused mammary gland. J. Physiol. (Lond), 154: 547-571.
3) 甫立孝一（1998）第6章 生産の生理，第4節 泌乳の生理 反芻動物の栄養生理学（佐々木康之監修，小原嘉昭編），368-380. 農文協．東京．
4) 上家 哲（1983）乳牛におけるプロラクチンおよび成長ホルモンの分泌と泌乳に対する作用．農水省畜試研報，23: 109-124.
5) Linzell, J.L. (1974) Mammary blood flow and methods of identifying and measuring precursors of milk. In: B.l. Larson and V.R. Smith (Eds.) lactation: A comprehensive treatise, Vol.2. pp.143-220. Academic press, New York.
6) Prosser, C.G., I.R. Fleet and R.B. Heap (1989) Action of IGF-I on mammary

function. In Biotechnology in growth regulation. Heap, R.B., C.G. Prosser and G.E. Lamming (Eds.), pp. 141-151. Butterworths.
7) 新宮博之 (2006) 日本短角種雌牛の内分泌機能と泌乳特性に関する研究. 東北畜産学会報, 55: 9-20.
8) Sutton, J.D., I.C. Hart, W.H. Broster, R.J. Elliot and E. Schller (1986) Feeding frequency for lactating cows: effect on rumen fermentation and blood metabolites and hormones. Brit. J. Nutr., 56: 181-192.
9) Vernonn, R.J. (1988) The partition of nutrients during the lactation cycle. In nutrition and lactation in the dairy cow. P.C. Grnsworthy (Eds.),. pp.32-52. Butterworths, London.

第2節　乳腺細胞における泌乳生理研究

1) Karhmaa, P., J. Leinomen, S. Parkkila, K. Kaunisto, J. Tapanainen and H. Rajaniemi (2001) The identification of secreted carbonic anhydrase Ⅵ as a constitutive glycoprotein of human and rat milk. Pro. Natl. Acad. Sci. USA, 98: 11604-11608.
2) Katoh, K., T. Komatsu, S. Yonekura, H. Ishiwata, A. Hagino and Y. Obara (2001) Effects of adenosine 5'-triphosphate and growth hormone on cellular H^+ transport and calcium ion concentrations in cloned bovine mammary epithelial cells. J. Endocrinol., 169: 381-388.
3) Katoh, K., G. Furukawa, K. Kitade, N. Katsumata, Y. Kobayashi and Y. Obara (2004b) Postprandial changes in plasma GH and insulin concentrations, and responses to stimulation with GH-releasing hormone (GHRH) and GHRP-6 in calves around weaning. J. Endocrinol., 183: 497-505.
4) Kitade, K., T. Nishita, M. Yamato, K. Sakamoto, A. Hagino, K. Katoh and Y. Obara (2003) Expression and localization of carbonic anhydrase in bovine mammary gland and secretion in milk. Comp. Biochem. Physiol., A134: 349-354.
5) Sakamoto, K., T. Komatsu, T. Kobayashi, M.T. Rose, H. Aso, A. Hagino and Y. Obara (2005) Growth hormone acts on the synthesis and secretion of a-casein in bovine mammary epithelial cells. J. Dairy Res., 72: 264-270.
6) Yano, T., H. Aso, K. Sakamoto, Y. Kobayashi, A. Hagino, K. Katoh and Y. Obara

(2004) Laminin and collagen IV enhanced casein synthesis in bovine mammary epithelial cells. J. Anim. Feed Sci., 13 (Suppl. 1): 579-582.

7) Yonekura, S., K. Sakamoto, T. Komatsu, A. Hagino, K. Katoh and Y. Obara (2006) Growth hormone and lactogenic hormones can reduce the leptin mRNA expression in bovine mammary epithelial cells. Domes. Anim. Endocrinol., 31: 88-96.

8) Yonezawa, T., K. Katoh and Y. Obara (2004a) Effects of fatty acids on cytosolic TAG accumulation in primary cultured bovine mammary epithelial cells. J. Anim. Feed Sci., 13 (Suppl.1): 583-586.

9) Yonezawa, T., S. Yonekura, M. Sanosaka, A. Hagino, K. Katoh and Y. Obara (2004b) Octanoate stimulates cytosolic triacylglycerol accumulation and CD36 messenger ribonucleic acid expression but inhibits Acetyl coenzyme A calboxylase activity in primary cultured bovine mammary epithelial cells. J. Dairy Res., 71: 1-7.

10) Yonezawa, T., K. Katoh and Y. Obara (2004c) Existence of GPR40 functioning in a human breast cancer cell line, MCF-7. Biochem. Biophys. Res. Commun., 314: 805-809.

第6章　反芻家畜の消化器疾病と代謝障害

　反芻家畜は，非反芻家畜が利用できない飼料成分を，ある栄養成分の源として利用することができる有利性をもっており，ヒトやブタあるいは家禽などの家畜との間で食料（飼料）を競合しないで生きていけるきわめて有利な面をもっている。その有利性はルーメン機能に依存しているといっても過言ではない。ルーメンは反芻家畜が持つ巨大な発酵タンクであり，そこには細菌，原生動物（プロトゾア）を主体とした多種類の微生物が生息し，相互関連をもった複雑な生態系を構築している。反芻家畜は，これらルーメン内の微生物による発酵と唾液分泌，胃運動などルーメンをめぐる各生理機能の調和によりその恒常性を保ちながら，生体機能の維持，成長，乳肉などの生産を営んでいる。しかし，ひとたびその共生関係が乱れ，恒常性が破綻するような状態になると，生産性の低下ばかりでなく，家畜にとっては重大な障害が引き起こされることになる。

　わが国では近年，生産効率を上げることを目的とした濃厚飼料依存型の飼養方式が主体となっているが，反面，この方式は反芻動物の生理を無視することになるため，ルーメン機能異常にともなう消化器病を中心とした代謝性疾病発生の要因となっている。家畜の生産現場において，ルーメン環境の変化とそれにともなう病態を理解し対応することは，安全で良質な畜産物の生産するうえできわめて重要なことである。

　酪農経営では高泌乳化と配合飼料価格の低下にともなって，濃厚飼料の多給化が普及し，年間の平均乳量は8,000kgを上回っている。しかし，反面，濃厚飼料の過給によるルーメン機能異常や肝機能障害を中心とした疾病の発生が多く認められている。乳牛の場合，ほとんどの代謝病が分娩前後に集中している。その主な原因は，泌乳前後における栄養エネルギーと乳汁生産のアンバランスにある。一方，肉牛生産においても肥育効率の上昇，省力化や飼養面積が狭いため，多くの畜産農家は濃厚飼料依存型の集約的フィードロット方式を採用し

ている。しかし，この方式はルーメン環境や消化器機能の恒常性を乱し，各種疾病の要因となることが少なくない。

乳牛や肉牛で最近問題となっている代謝性疾病は，ウシが産業動物として過剰な乳肉の量的・質的生産を要求されると同時にその管理法も近代的な集約管理となり，家畜の能力がそれに追いつかないために起こる疾病である。このような代謝性の疾病を生産病と呼称しており，その多くはこれまでも代謝性疾患として知られていた疾病が多い。それらはすべて栄養の「input」と「output」との間の不均衡が原因となっている。特に高生産牛では通常の飼料による生産の維持が不可能になったり，あるいは飼料中の栄養不足や不均衡により「output」の方が「input」の方よりも大きくなったりしがちである。この不均衡が継続すると生産病の徴候を示すことになる。

このように近年，ウシに発生している代謝疾病の基本的な発生要因は高位生産をめざす飼養管理にあるといっても過言ではない。発現する病態は妊娠，分娩や泌乳，運動状態などさまざまな生理的付加要因によって異なってくるが，病態発生の基本的な道筋は，濃厚飼料多給によるルーメン機能の変化→肝臓機能などの臓器機能の変化→代謝障害の発現，をたどるのであろう。ここでは主として濃厚飼料多給にともなうルーメン機能変化が及ぼす代謝障害などについて述べる。

第1節　濃厚飼料多給にともなうルーメン機能変化

1. ルーメン発酵の変動要因とその調節

ルーメン発酵は種々の要因で変化し，発酵生産物の組成が変わるが，生産の目的にふさわしい発酵パターンを維持することが重要となる。例えば，乳生産で乳脂率を高めたい時には酢酸と酪酸の比率を高く維持し，プロピオン酸の比率を低めることが効果的で，逆に乳タンパク質率を高めたい時にはプロピオン酸の比率を上げることが重要となる。

発酵パターンは飼料の給与方法，特に粗飼料と濃厚飼料の比率，給与飼料中の粗繊維含量，ルーメン液のpHなどを変えることによってある程度は調節で

きる。乾物中の粗繊維含量が20％程度の高い含量の場合には，酢酸の比率は60％前後，プロピオン酸の比率20％，酪酸の比率は15％程度となり，pHは6.0～6.7程度となる。通常VFA生成パターンは飼料組成に依存しており，粗繊維含量と酢酸およびプロピオン酸の間には正および負の相関がみられる。pHが5以上では産生された乳酸はプロピオン酸に変換されるが，pHが4.8以下になると乳酸発酵が著しくなり，pHの低下とともに乳酸濃度が増加する（図6.1.1）。

ルーメンのVFA組成は微生物構成，特にプロトゾアの存否によっても影響される。実験的にルーメンからプロトゾアを除去すると酢酸と酪酸の比率は低下し，プロピオン酸の比率が増加する傾向にある。これは，プロトゾアがプロピオン酸をほとんど生成しないためと，細菌叢が変化し，プロピオン酸生成菌が増えるためと思われる。通常，ほとんどの反芻家畜のルーメンにはプロトゾアが生息しているが，濃厚飼料多給などでpH5.5以下の状態が続く場合にはプ

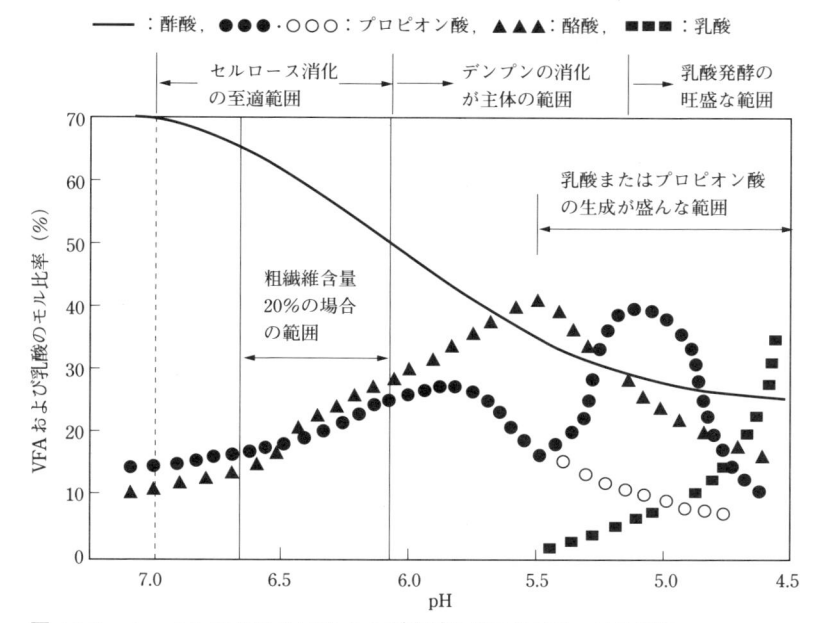

図6.1.1　ルーメンにおけるVFAおよび乳酸のモル比率とpHの関係

(kaufmannら，1980)

ロトゾア数は減少し，その影響が発酵パターンの変化となって現れる（板橋，1998）。

ウシは通常，重炭酸ソーダを多く含むアルカリ性の高い唾液を多量に分泌し，ルーメン内で産生されるVFAや乳酸の酸度を中和する緩衝能を有し，ルーメン環境の恒常性を維持する大きな因子となっている。この唾液分泌は採食や反芻行為ばかりでなく，摂取する飼料の種類によってもその分泌量は異なる。ルーメン内に酢酸，プロピオン酸，酪酸を注入してルーメンpHを5に維持したとき，プロピオン酸，酪酸ではルーメン運動や唾液分泌が著しく抑制され，酢酸の血中濃度を高めると唾液分泌量が増加する（Obaraら，1972）。

濃厚飼料の形状も反芻機能に影響を与え，メッシュの細かい穀物を固形化したものでは，ルーメン内に入って微粉末泥状となり，ルーメン粘膜に対しての刺激が少なくなるので，反芻回数は減少する。また，ルーメン内の細菌やプロトゾアなどの数や種類に影響を与え，発酵産物の量的，質的変化ばかりでなく，発泡性の増加なども招く。このように給与飼料の種類はルーメン内の発酵産物の生成量や組成に影響し，そしてその発酵産物は唾液やルーメン運動などのルーメン恒常性維持因子を制御する。

2. ルーメン発酵の日内変動

ウシに配合飼料や圧ぺん大麦などの濃厚飼料を多給すると，ルーメン発酵の日内変動パターンは採食にともなって大きく変動する。すなわち濃厚飼料多給区では，乾草，ヘイキューブ，ワラ，配合飼料からなる対照飼料給与区と比較して，VFA濃度は採食にともなって上昇するが，そのうちプロピオン酸の上昇が顕著であり，酢酸とプロピオン酸の比率（A/P比）は対照区では5～6であったのに対し，濃厚飼料区では2～3になった。

また，ルーメン液のpHは5以下の値を数時間にわたって維持しており，ルーメン液のpHとVFA濃度の日内変動は逆相関の関係が示された。対照区ではルーメン内の乳酸産生量は少なく採食にともなう変動は明確でなかったが，濃厚飼料給与区では採食後著しい上昇が見られ，その後もとの値に回復するという変動パターンを示した（図6.1.2）。

血液の乳酸量はルーメンの変動と必ずしも一致していないが，対照区に比べ

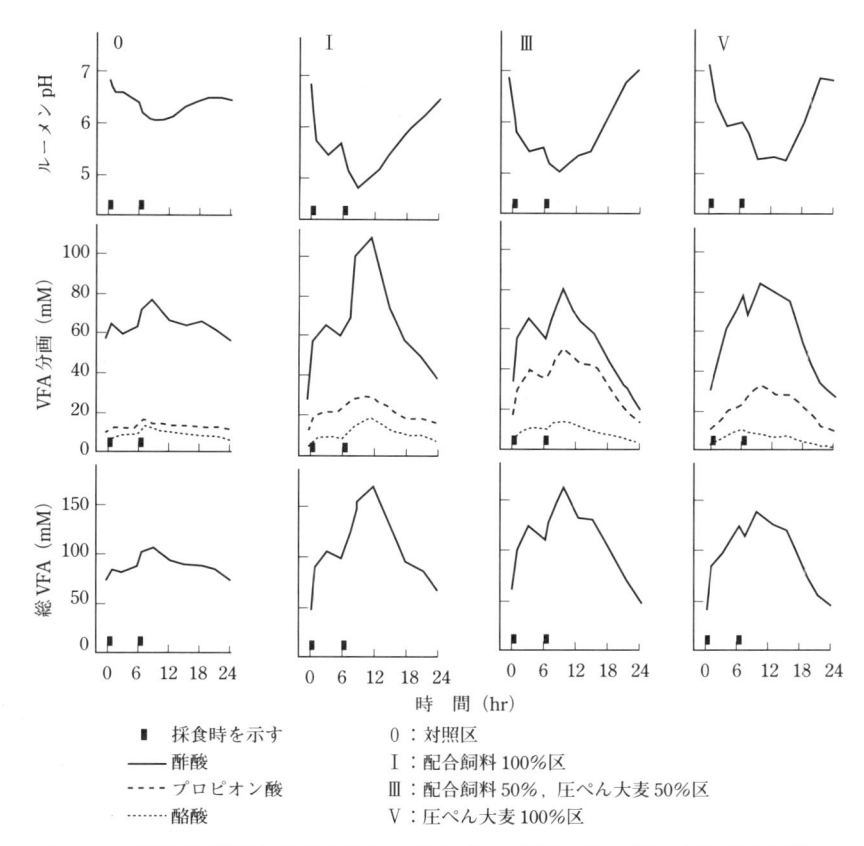

図6.1.2 各濃厚飼料給与区における総VFA，VFA分画とルーメンpHの日内移動

凡例：
- ■ 採食時を示す
- ―― 酢酸
- ---- プロピオン酸
- ……… 酪酸

- 0：対照区
- I：配合飼料100％区
- III：配合飼料50％，圧ぺん大麦50％区
- V：圧ぺん大麦100％区

て明らかに増加した。また血液pHも低下が認められた（図6.1.3，Obaraら，1994）。さらに濃厚飼料多給区では，有害アミンであるヒスタミン産生がルーメン液pHの低下にともなってしだいに増加することが判明した（図6.1.4，Motoiら，1984）。

このように，濃厚飼料を多給するとルーメン発酵では採食にともなう劇的な変動が見られるが，24時間後，次回の採食前にはもとの値に回復するという日内変動を繰り返す。このことはウシが，飼料に起因する発酵異常に対して恒常性を維持しようとする防御反応のあらわれであろうと考えられる。しかしこ

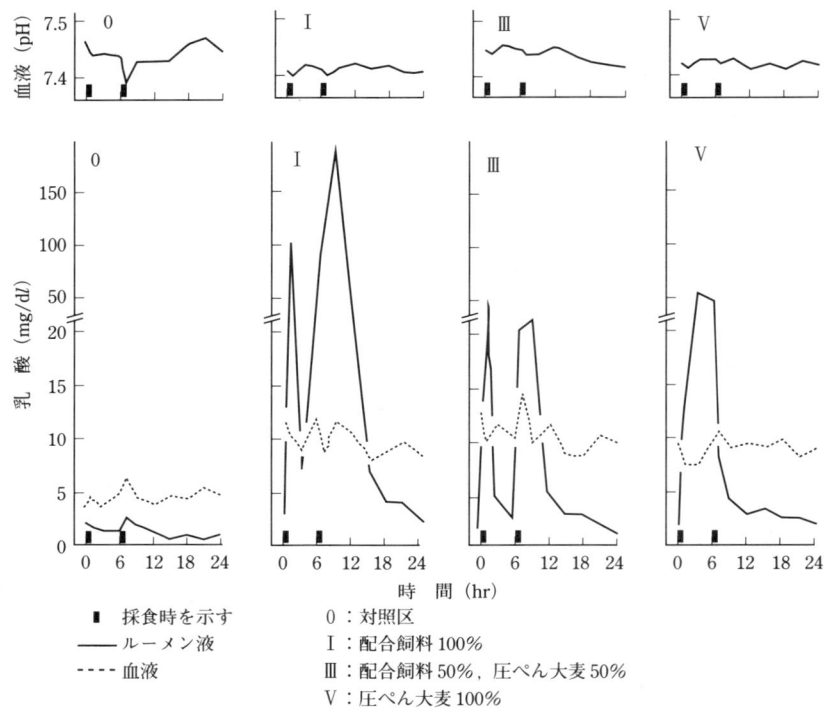

図 6.1.3　各濃厚飼料給与区における乳酸と血液 pH の日内移動

■　採食時を示す
─　ルーメン液
----　血液

0：対照区
I：配合飼料 100%
Ⅲ：配合飼料 50%，圧ぺん大麦 50%
V：圧ぺん大麦 100%

の変動幅が大きいことが，やがてはルーメン機能恒常性の維持機能の破綻を導くことになり，ルーメンアシドーシス，フィードロット鼓脹症，第一胃不全角化症―第一胃炎―肝膿瘍症候群などさまざまな消化器障害などを引き起こす要因になる。

（元井葭子）

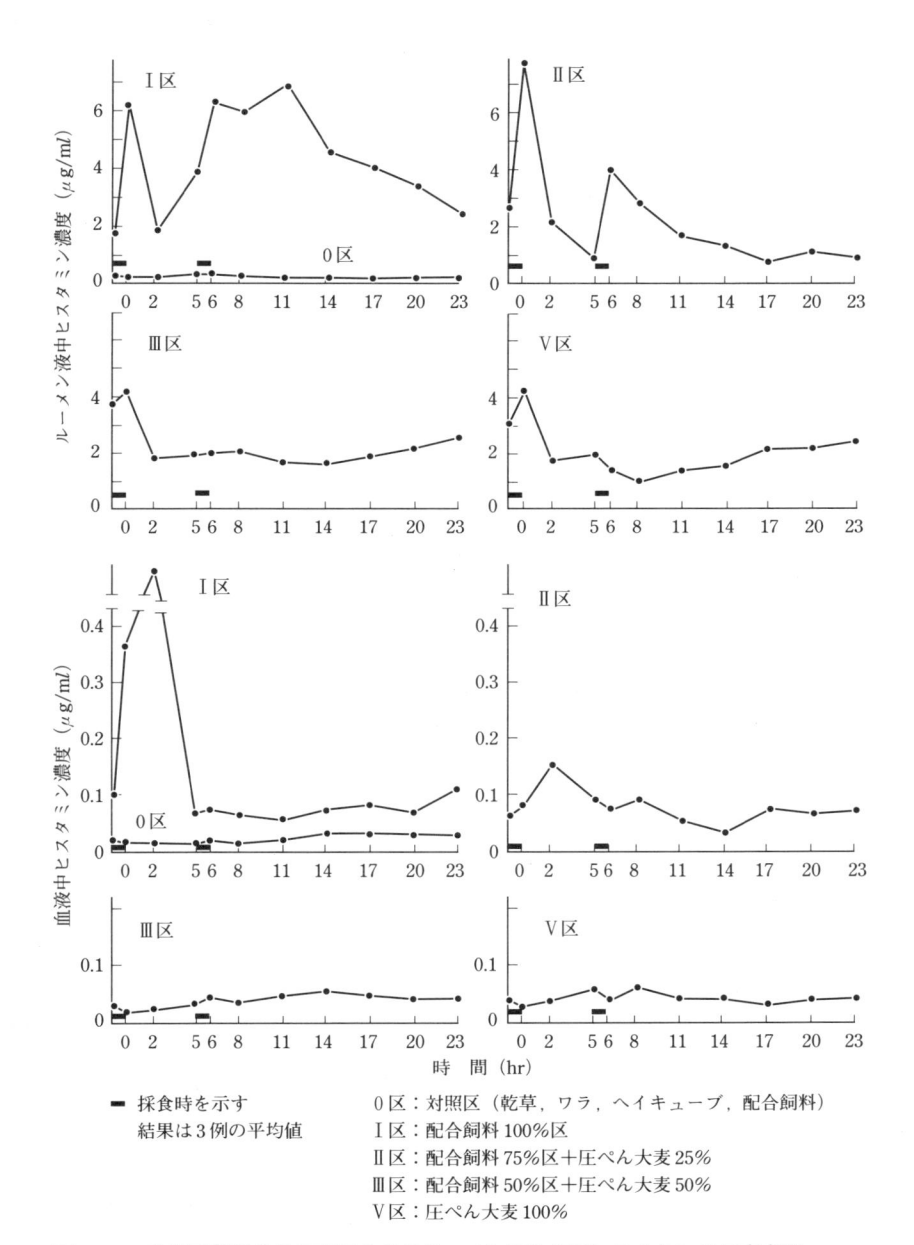

図 6.1.4　各濃厚飼料多給与区におけるルーメン液と血液ヒスタミンの日内変動

■ 採食時を示す
結果は3例の平均値

0区：対照区（乾草，ワラ，ヘイキューブ，配合飼料）
I区：配合飼料100%区
II区：配合飼料75%区＋圧ぺん大麦25%
III区：配合飼料50%区＋圧ぺん大麦50%
V区：圧ぺん大麦100%

第2節　内因性エンドトキシン生成と生体機能への影響

1. エンドトキシンとサイトカインの作用

　濃厚飼料多給に起因する代謝病が特に，ルーメンを介してなぜ多種多様な病態を示すのかが疑問とされていたが，その理由として易発酵性飼料の給与によってルーメン内ではさまざまな物質が産生され，そのなかで際だって多様な生物活性を引き起こす物質が産生され，これが多様に生体機能の代謝を狂わせることが考えられる。

　従来から穀物の多給はルーメン発酵産物を介していわゆる穀物飽食性疾患を引き起こすことが知られており，その原因を究明する過程で，ルーメン液中に遊離エンドトキシン（endotoxin, ET）が産生されることが明らかとなった（Doughertyら，1975，Nagarajaら，1978）。ETはグラム陰性菌の細胞壁毒素で，リン脂質を含むリピッドAに多糖体が結合したリポ多糖である（図6.2.1）。ETは多彩な生物活性を示すが，その直接作用によるものは少なく，ほとんどは肝臓のクッパー細胞やマクロファージなどに作用してサイトカインといわれるケミカルメディエーターを放出させ，これらのメディエーターの作用がETの生物活性としてとらえられる。

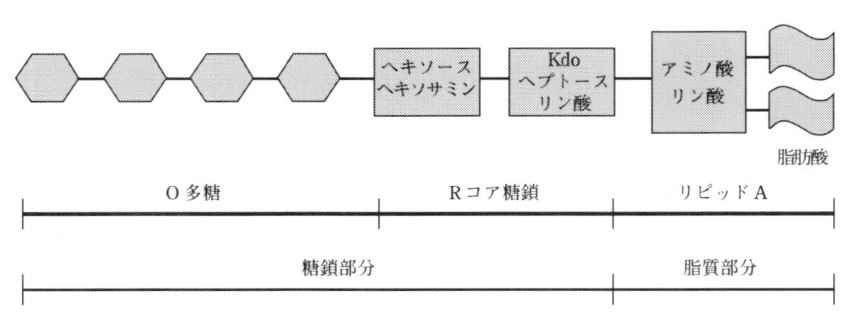

図6.2.1　エンドトキシンの構成
　　グラム陰性菌の外膜構成成分であり，アミノ酸と脂肪酸からなるリピッドAとヘキソース，ヘキソサミンヘプトースなどからなるRコア糖鎖および菌の抗原性を担うO多糖類部分から成立している

サイトカインは種々の細胞から分泌される生理活性をもつ高分子のペプタイド，抗体のような特異性をもたない物質の総称であるが，生体内で免疫，炎症，造血機構に関与し，その多くは，直接的あるいは間接的に感染や腫瘍に対する

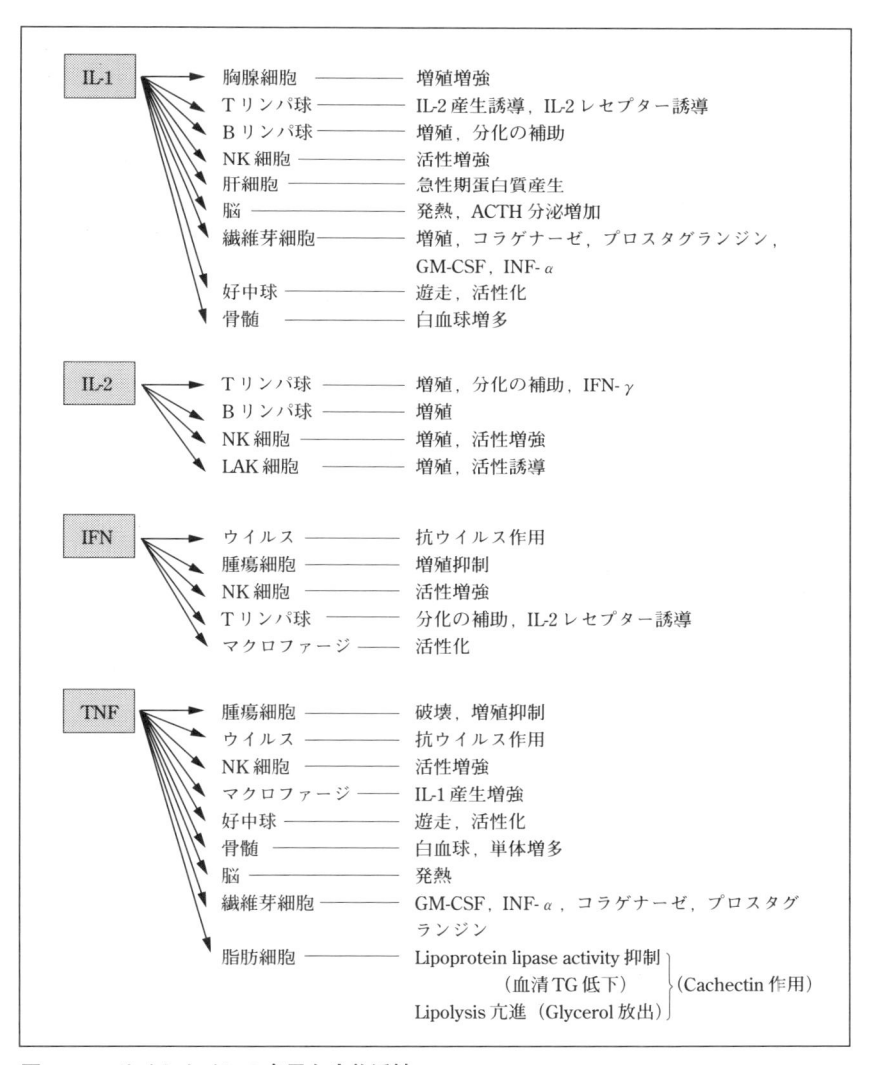

```
IL-1 ─┬─► 胸腺細胞 ───── 増殖増強
      ├─► Tリンパ球 ──── IL-2産生誘導，IL-2レセプター誘導
      ├─► Bリンパ球 ──── 増殖，分化の補助
      ├─► NK細胞 ────── 活性増強
      ├─► 肝細胞 ────── 急性期蛋白質産生
      ├─► 脳 ────────── 発熱，ACTH分泌増加
      ├─► 繊維芽細胞 ─── 増殖，コラゲナーゼ，プロスタグランジン，
      │                  GM-CSF，INF-α
      ├─► 好中球 ────── 遊走，活性化
      └─► 骨髄 ──────── 白血球増多

IL-2 ─┬─► Tリンパ球 ──── 増殖，分化の補助，IFN-γ
      ├─► Bリンパ球 ──── 増殖
      ├─► NK細胞 ────── 増殖，活性増強
      └─► LAK細胞 ───── 増殖，活性誘導

IFN ──┬─► ウイルス ───── 抗ウイルス作用
      ├─► 腫瘍細胞 ───── 増殖抑制
      ├─► NK細胞 ────── 活性増強
      ├─► Tリンパ球 ──── 分化の補助，IL-2レセプター誘導
      └─► マクロファージ ─ 活性化

TNF ──┬─► 腫瘍細胞 ───── 破壊，増殖抑制
      ├─► ウイルス ───── 抗ウイルス作用
      ├─► NK細胞 ────── 活性増強
      ├─► マクロファージ ─ IL-1産生増強
      ├─► 好中球 ────── 遊走，活性化
      ├─► 骨髄 ──────── 白血球，単体増多
      ├─► 脳 ────────── 発熱
      ├─► 繊維芽細胞 ─── GM-CSF，INF-α，コラゲナーゼ，プロスタグ
      │                  ランジン
      └─► 脂肪細胞 ───── Lipoprotein lipase activity 抑制
                             （血清TG低下）        ⎫
                          Lipolysis 亢進（Glycerol 放出）⎬ (Cachectin 作用)
                                                  ⎭
```

図 6.2.2　サイトカインの多用な生物活性

(笠倉, 1994)

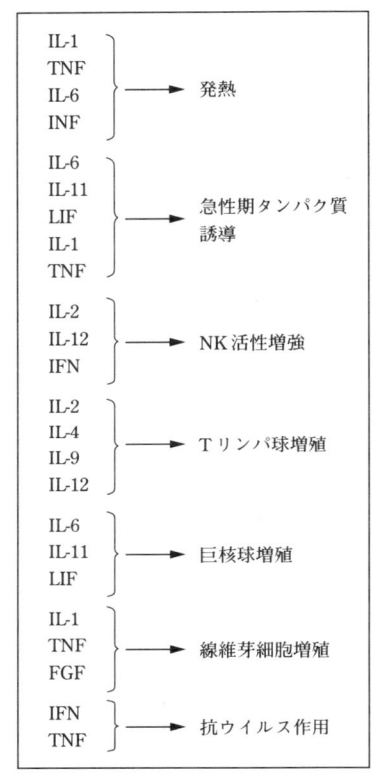

IL-1 TNF IL-6 INF	→	発熱
IL-6 IL-11 LIF IL-1 TNF	→	急性期タンパク質誘導
IL-2 IL-12 IFN	→	NK活性増強
IL-2 IL-4 IL-9 IL-12	→	Tリンパ球増殖
IL-6 IL-11 LIF	→	巨核球増殖
IL-1 TNF FGF	→	線維芽細胞増殖
IFN TNF	→	抗ウイルス作用

図6.2.3　各サイトカインの共通作用
(笠倉, 1994)

生体防御機構において重要な役割を担っている(中野, 1995)。ET刺激によって単球, マクロファージ系の細胞や好中球, NK細胞, 血管内皮細胞, 線維芽細胞などから産生された多種類のサイトカインは, 生体内では相互にネットワークを形成し, ETの作用をさらに複雑なものにしている。各サイトカインは一般に複数の作用を示し(図6.2.2), 異なるサイトカインが同じ活性を示すことが少なくない(図6.2.3)。ETの示す生体への多彩な生物活性のかなりの部分がETの刺激で誘導されるサイトカインの作用に基づいているので, その作用にともなう病態も多様性を示す。

2. エンドトキシンの増大と障害発生のメカニズム

ウシのルーメン内にはETの母体であるグラム陰性菌が常時, 多数生息している。適切な飼料給与のもとでルーメン内環境は恒常性が保たれ, 産生されるET濃度も低く安定している。実際に, 配合飼料, ヘイキューブ, 乾草などで構成されている普通飼料を給与したウシのルーメン内遊離ETの濃度はある一定の範囲にある。しかし, 穀物飼料など発酵性の高い飼料を急激にしかも大量給与すると, ルーメン内の優勢菌がグラム陰性菌から乳酸産生グラム陽性菌にとってかわり, 乳酸産生によるpHの急激な低下により, グラム陰性菌を死滅させる(図6.2.4, 須田ら, 1994)。この死滅菌体からは前述のグラム陰性菌の細胞壁を構築しているETがルーメン液上清に大量に遊離・放出される。濃厚飼料多給試験では, ルーメン液および末梢血液中のET濃度は普通飼料の給与時の

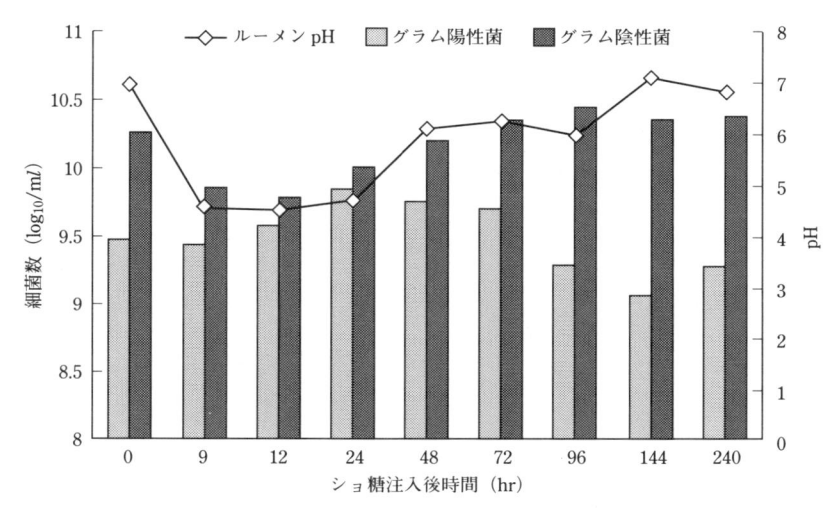

図 6.2.4　実験的アシドーシス牛のルーメン細菌と pH の変動

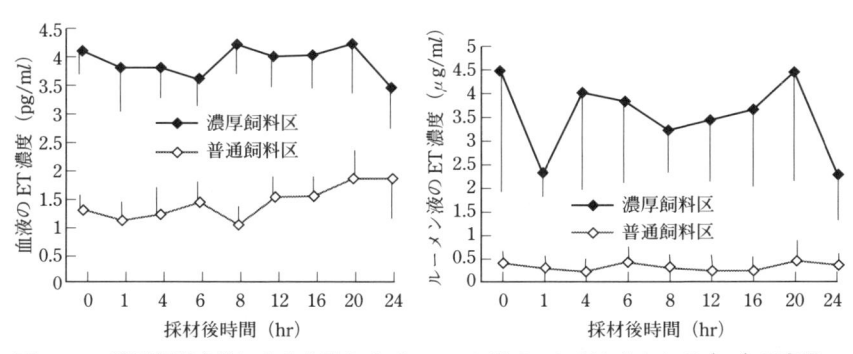

図 6.2.5　濃厚飼料多給による血液およびルーメン液のエンドトキシンの (ET) の変動

それに比べて高濃度に上昇することが判明した（図 6.2.5，Motoi ら，1993）。

　このように濃厚飼料多給により大量に生じた ET はルーメン静脈内に移行するが，その濃度は末梢血液の約 200 倍にも上昇し，その流入量が一定濃度を超えると肝臓での処理限界を超え，末梢血液中での ET 濃度が増加する（図 6.2.6）。

　飼料の急変，特に圧ぺん大麦給与量を急激に増加させると，ルーメン液の

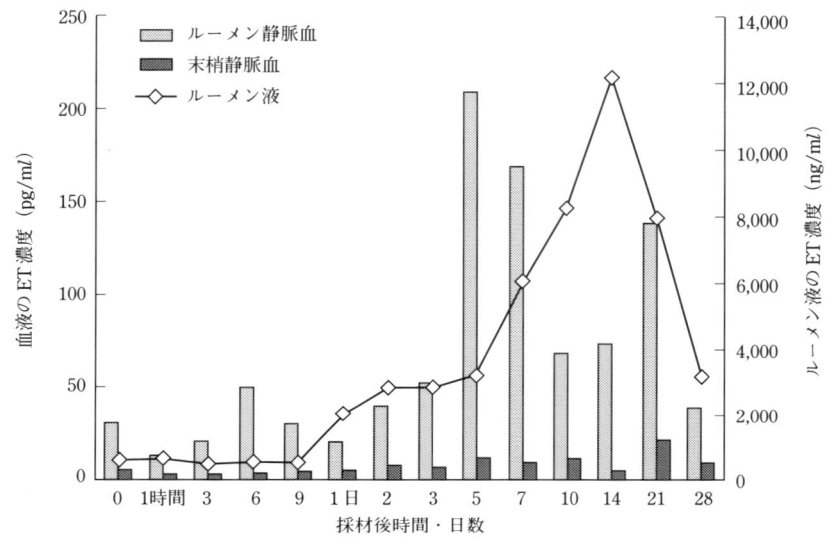

図 6.2.6　濃厚飼料多給後の内因性エンドトキシンの動態

(新井ら，未発表)

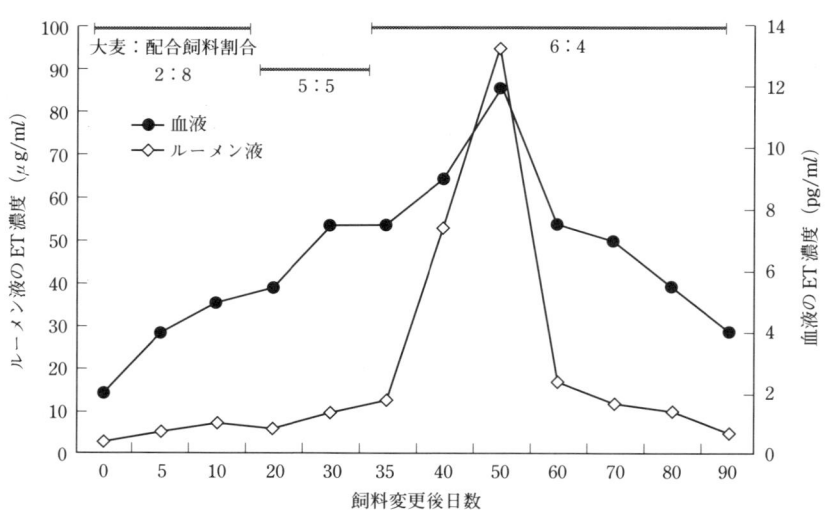

図 6.2.7　飼料変更にともなうルーメン液および血液の ET の変動

表 6.2.1 エンドトキシン含有ルーメン液上清の門脈系注入牛の各種生体反応

臨床所見			心電図		白血球数	血液凝固系[1]			急性期タンパク質[2]	糖代謝系		肝機能		微量元素	ビタミン
体温	食欲	沈うつ	ST部分偏位	洞性不整脈		Fib	PT	APTT	α1AG	血糖	コルチゾール	GOT	γGTP	亜鉛	A
↑	↓	＋	＋	＋	↓	↓	↓	↑	－（↑）	↑	↓	↑	－	↓	↓

反応は注入後24時間までを示す
↑：上昇あるいは増加　↓：低下あるいは減少　＋：出現　－：変化を認めない　↑↓：上昇後低下　(↑) 24時間以上後上昇
1) Fib：フィブリノーゲン濃度，PT：プロトロンビン時間，APTT：部分活性トロボプラスチン時間
2) α1AG：α1酸性糖タンパク

ET濃度はふつう飼料給与時の数百倍にも上昇し，血中ET濃度も数倍以上にも上昇することが判明した（図6.2.7）。

ルーメン液からの遊離ETは濃厚飼料多給により環境が悪化したルーメン粘膜からルーメン静脈や門脈を介して肝臓に侵入し，クッパー細胞やマクロファージなどで処理される際にサイトカインなどを産生し，病態発生の原因ともなる。さらに高濃度ETが継続的に侵入したり，低濃度でも何らかの理由でクッパー細胞などの網内系細胞の機能が低下したりしていると，ETの処理が不能となり，多臓器へ直接的・間接的な障害を与えるものと思われる。ET濃度の高いルーメン液の上清をウシの門脈系消化管静脈から少量ずつ長時間にわたって継続注入すると発熱や元気消失，食欲不振などの臨床症状を示し，心機能，肝機能，糖代謝，血液凝固系などに異常を示すことが明らかとなっている（表6.2.1，元井ら，1991，元井ら，1992）。

また，ルーメン運動や第四胃平滑筋運動にも抑制的に作用することも判明し（若松ら，1992），第四胃変位発生への影響も考えられる。また，この内因性ETは血管やリンパ管などの循環系を経由して，乳腺組織や蹄部にも影響を与える可能性も考えられ，消化器障害ばかりでなく，広範囲にわたる病態発生への関与も検討する必要がある。

3. エンドトキシン誘導によるサイトカインの産生

ルーメン静脈から門脈へ移行したETの多くは肝臓のクッパー細胞で処理さ

図6.2.8 ルーメン液粗精製エンドトキシンによるウシクッパー細胞からの炎症性サイトカイン　　　　　　　　　　（吉岡ら，未発表）

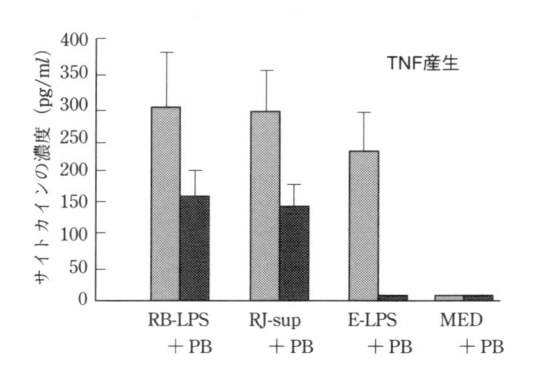

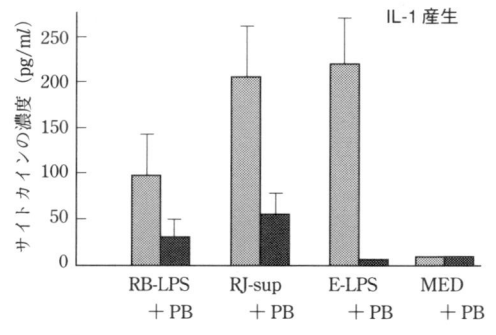

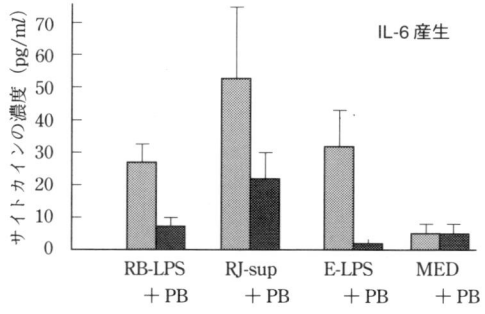

RB-LPS：ルーメン液バクテリア分画粗製ET，RJ-sup：ルーメン上清液分画粗製ET，E-LPS：E.coli由来精製ET，MED：細胞培養液，PB：ポリミキシンB（エンドトキシン抑制剤）

れるが，その時多くのサイトカインを誘導することが考えられる。そこで，このルーメン内の遊離ETのサイトカイン産生能についてウシクッパー細胞の初代培養法による実験で確認したところ，E.coli由来精製ETとほぼ同程度のTNFα，IL-1β，IL-1αおよびIL-6のいわゆる炎症性サイトカインのmRNAの発現が認められた（Yoshiokaら1997）。また，ルーメン液粗精製ETをウシクッパー培養細胞に添加し，そのサイトカイン産生能をバイオアッセイ法によって測定したところ，同じ方法で測定したE.coli由来精製ETとほぼ同程度のTNFα，IL-1やIL-6の産生が認められた。これらのことから，ルーメン液ETはウシ肝クッパー細胞を刺激して，炎症性サイトカイン産生をさせることが明らかとなった。しかし，ET抑制製剤であるポリミキシンBの添加によって，E.coli由来精製ET

群ではいずれのサイトカイン産生もほぼ抑制されたが,その抑制率は約50％程度であった(図6.2.8)。このことはルーメン液にはET以外にもサイトカインを産生する物質が存在することや誘導されたサイトカインのネットワーク作用による可能性が考えられる(元井,1999)。

ETがウシクッパー細胞を刺激して誘導する炎症性サイトカインはウシ肝実質細胞に対してどのような影響を与えているのか調べるため,ウシ肝実質細胞に対するウシ組換えサイトカインの効果を検討した。その結果,ET誘導炎症性サイトカインは,いずれもアルブミン合成能低下や急性期タンパク質の合成能に影響を与えていることが判明した。特に,IL-6,IL-1βおよびTNFαによってウシ急性期タンパク質であるハプトグロビン誘導が明らかになった。ハプトグロビンは反芻動物に特異的な急性期タンパク質である(Morimatsuら,1992)。ハプトグロビンは生体に溶血などが起こると遊離したヘモグロビンと結合する性質を有し,

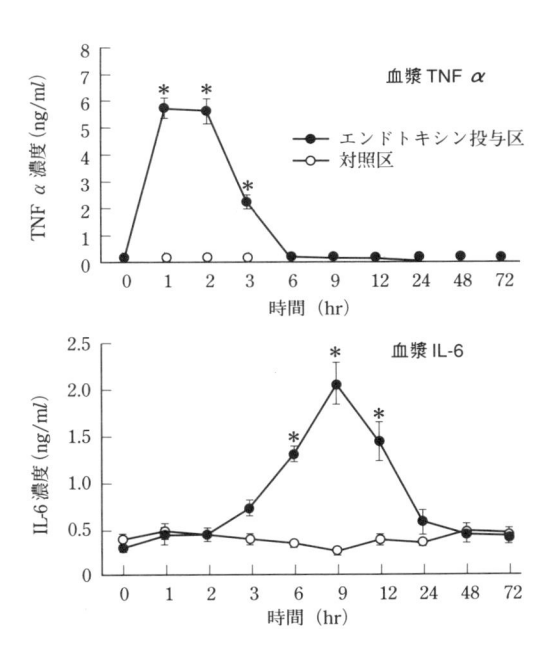

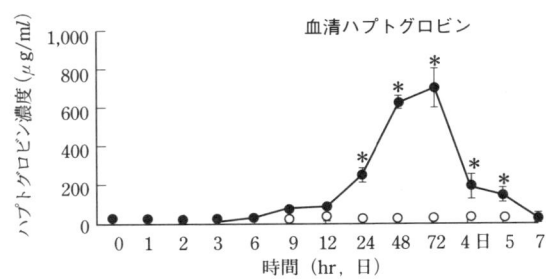

図6.2.9 エンドトキシン投与による牛血液中サイトカインとハプトグロビンの変動
＊0時と比較して有意差($p < 0.05$)あり

鉄の輸送に重要な働きを持っている。ラットに大腸菌とヘモグロビンを腹腔内投与すると死に至るが、同時にハプトグロビンを投与すると、致死を防ぐことができる（Eatonら，1982）。これは細菌の増殖に必要な鉄分をハプトグロビンが結合して取り除き、細菌の発育を抑制するので、ハプトグロビンは生体防御的役割を担っている。ハプトグロビンはまた、通常は健康牛の血液中には検出されないが、炎症時の急性期に著明に増加するので炎症マーカーとしても重要である。

以上のようなサイトカインやその関連物質の消長について肝細胞系での $in\ vitro$ の実験結果を $in\ vivo$ でのET投与試験によって確認したところ、TNF α の初期の一過性で急激な上昇や、それに引き続きIL-6の比較的長時間の特徴ある上昇、さらにハプトグロビンの緩慢で持続した増加が認められた（図6.2.9, 吉岡，2001）。

（元井葭子）

第3節　ルーメン機能の異常による疾病

最近の家畜共済統計（農林水産省）によると、乳用牛の死廃用総数は約12万頭であるが、このうち約18％が消化器疾患でその主な疾病は第四胃変位、急性および慢性鼓脹症や肝疾患などの消化器病である。特に、乳牛の妊娠末期における濃厚飼料の過給は、オーバーコンディションとなる場合が多く、結果として肥満状態となり分娩後に乳熱、ケトーシス、脂肪肝などのいわゆる肥満牛症候群などの代謝病や、受胎率の低下、卵巣活動開始と発情回帰の遅延や胎盤停滞などの繁殖障害の原因ともなる。さらに飼料中の各成分の量的、質的変化はルーメン内環境を変え、遺伝的泌乳能力がある乳牛でも飼料のバランスが不適当な場合には、乳量や乳質の低下を招くことにもなる。

一方、肉用牛の死廃用総数は約7万頭で、そのうち濃厚飼料多給やルーメン機能異常に起因する急性鼓脹症、尿石症、胃腸炎、腸間膜脂肪壊死症、第四胃変位、蹄葉炎などの疾病によるものが多い。また、首都圏の食肉衛生検査所による調査では、食肉不適として処分された個体のうち約70％が消化器系に病変を認め、第一胃炎および肝膿瘍がその主体をなしている。

肉用牛肥育では品質，市場価格や嗜好性の面で輸入牛肉に勝る黒毛和種牛の飼養頭数の割合が急増している。その飼育方法もわが国の畜産農家独特な方法が経験的に考案されてきた。黒毛和種牛の肥育方法として，一定の飼養期間中にビタミンAやβ-カロチンなどの含有量の低いフスマや大麦類などの多給により飼料中のビタミンAを制御し，肉質（脂肪交雑性）を高めようとする方法がある。しかし，この方法は一歩間違えばビタミンA欠乏症を引き起こし盲目症，筋間水腫などの病態を発生することになる。

また，飼料中の穀類を長期間保存したり，高級不飽和脂肪酸量の多い油脂を添加した配合飼料を給与したりすることによって，飼料中のビタミンEは減少する。このビタミンEはセレニウムを構成成分とする金属酵素グルタチオンペルオキシダーゼとともに組織の脂質の酸化亢進の結果生ずる過酸化物の分解や生成抑制作用を通じて細胞膜の保護に重要な役割を果たしている。この両成分または片方の欠乏は，過酸化脂質やその過酸化の過程で活性酸素を発生させるが，これらはミトコンドリア膜やライゾーム膜などの生体膜の酵素系の不活化，タンパク質や核酸の変性を引き起こし，膜の破壊による細胞変性の原因となる。特に肉用牛では骨格筋変性や心筋の変性が問題となっている。

品質の向上も含めた生産性を高めながら，一方では疾病を発生させないという家畜の飼養技術は今後，疾病防除の点でぜひとも検討・解決しなければならない重要課題である。以下にはルーメン機能異常が原因となって発生する主な疾病について述べる。

1. ルーメンアシドーシス

発酵性の高い炭水化物の大量給与は，ルーメン内に乳酸を産生させ，急性のルーメンアシドーシスを起こす。高炭水化物飼料を過食するとルーメン内の*Lactobacillus*や*Streptococcus bovis*などの乳酸産生菌が増殖して乳酸が増加するためpHが5以下に低下し，反対に繊維分解菌やプロトゾアは死滅し消失するようになる。産生された乳酸のうち，L-乳酸は肝臓などで代謝されるが，D-乳酸は代謝されないため，体内に吸収されて血液pHの低下によるアシドーシスの原因となる。ヒスタミンがルーメン運動の停止作用をもつことから，これを原因物質とする考えもある。

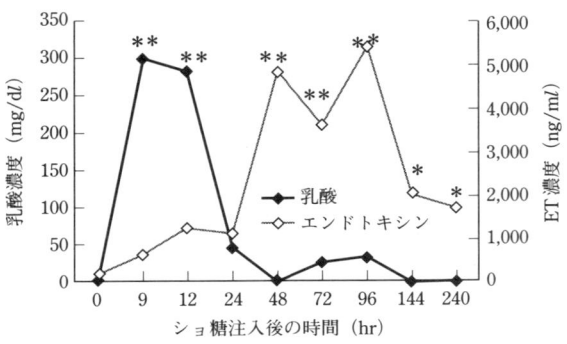

図 6.3.1　実験的アシドーシス牛のルーメン液中の乳酸とエンドトキシンの変化
＊0時と比較して有意差（＊p＜0.05，＊＊p＜0.01）あり

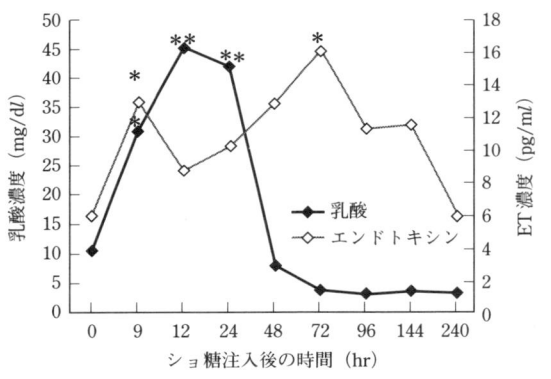

図 6.3.2　実験的アシドーシス牛の血液中乳酸とエンドトキシンの変動
＊0時と比較して有意差（＊p＜0.05，＊＊p＜0.01）あり

一方，アシドーシスでは前述のようにグラム陰性菌がpHの低下とともに崩壊するが，これらの菌の死骸からETが放出される。ショ糖注入による実験的アシドーシスではルーメン液および血液においてまず乳酸量が著しく上昇し，その後，数時間を経てET濃度がピークになることが判明している（図6.3.1，図6.3.2，Sudaら，1997）。ウシにETを消化管静脈から注入すると血液成分ばかりでなく肝機能や心機能などにも異常をきたすようになる。また，ルーメン運動も低下することなどから，急性アシドーシスの発生が乳酸だけでなく，ET生成も関与していると思われた。

そこで，その相乗的関係をマウスによる毒性実験で調べたところ，乳酸はETの致死毒性作用を助長することが判明し，急性アシドーシスによる宿主の障害には，乳酸だけでなく吸収されたETが相乗的に影響している可能性が示唆された。ルーメンアシドーシス発症牛では食欲減退，元気の沈衰，遅鈍，横臥，呻吟，ルーメン運動の低下，筋肉の振戦，四肢の疼痛を示し，重症になる

と病勢が急速に進展し，歩様蹌踉，起立不能ついには昏睡状態に陥る。

ルーメン内の乳酸の増加は第一胃炎の発症の原因となり，細菌やETなどのルーメン粘膜侵入を容易にして血管へ侵入し，肝へ移送されて肝膿瘍の原因となる。本症候群は臨床症状が明確でなく，臨床症状が認められた時点では予後不良が多い。したがって，ウシへの炭水化物に富む濃厚飼料への転換は徐々に行うことが重要となる。イオノフォアの投与は，ルーメン内菌叢を変えることでL（+）型乳酸の生成量を減少させるとともにET上昇を抑制することが判明し，特に急性の乳酸アシドーシスの防除に寄与することが明らかとなった（須田ら，1995）。

2. 第一胃不全角化—第一胃炎—肝膿瘍症候群

第一胃不全角化症は乳用雄牛の若齢肥育において多発し，その原因は炭水化物含量の高い濃厚飼料の過給と粗飼料の給与不足に関連がある。濃厚飼料の過給はルーメン内のVFAや乳酸の増加，pHの低下を招き，ルーメン運動の抑制，唾液分泌の低下を導き，ルーメン粘膜上皮細胞の代謝に悪影響を与え不全角化を発生する。本症ではルーメン粘膜の抵抗力が低下しているため，飼料や飼料中の異物などの刺激により粘膜は損傷し，潰瘍形成なども含めた第一胃炎に進展する。特に飼料に付着して摂取される消化管常在菌のうち，*Fusobacterium necrophorum*は損傷した粘膜表面より粘膜内に侵入して血管内に入り，門脈を経て肝臓に到達し，多発性膿瘍形成の主要菌となる。

肝臓に侵入した細菌やETは，マクロファージなどに接触し活性酸素などが生成される。これがプロスタグランジンやライソゾーム酵素などを放出する。一方，細菌やETの侵入により急性期反応タンパク質の糖鎖構成成分であるシアル酸が増加し（Motoiら，1985），血中第XII因子に続いて化学的伝達物質であるカリクレインが活性化され，キニン産生が高まり，血管透過性が亢進し，肝での炎症性組織反応が生ずる。

炎症性組織反応が生ずると，ストレスによって下垂体—副腎系が刺激され，内分泌性にアルブミンの減少と$α_1$酸性糖タンパク質などの低分子糖タンパク質の増加傾向を示し，血清アルブミンの濃度が低下する。その結果，膠質浸透圧の低下により尿中に低分子の糖タンパク質排泄が認められる。また，炎症に

よる組織破壊によって，特に組織ムコタンパク質の一部はそのまま血中に放出される。以上の一連の発生には内因性ETの関与が考えられる。

　肝膿瘍の防除には予防が重要課題であり，まずルーメンの内部環境を良好の保ち，ルーメン粘膜などの損傷を予防することが重要である。そのため濃厚飼料の多給などは避け，良好な粗飼料を適量給与することが基本となる。ルーメン液のpHの低下はアシドーシスや第一胃不全角化症の原因になるので，少なくともpH6.0以上に保つ必要がある。そのため重炭酸ソーダを飼料に添加し，pHの修正を図り，ルーメン粘膜の病変の発生を防止している報告もある。その他，畜舎環境や衛生管理の改善など長距離輸送後の飼料の急変などのストレスを避けることが重要である。

3．フィードロット鼓脹症

　鼓脹症は内容物の発酵ガスの蓄積によって，ルーメンと第二胃が異常に膨満する疾患である。鼓脹症は飼料の種類によってマメ科牧草性鼓脹症（放牧鼓脹症）と穀類性鼓脹症（フィードロット鼓脹症）に大別される。可消化炭水化物に富む穀類や粕類が多給されるフィードロット牛では反復性の慢性鼓脹症が起こるが，その発生は肥育牛の1％にも及び，損害は甚大である。

　穀類などの高炭水化物飼料は，ルーメン微生物のうち$S.bovis$のような粘液産生菌の増殖を招くため，菌が産生した粘液物質が発酵ガスの泡沫化を助長する。同時に濃厚飼料の多給は，結果として鼓脹症発生を抑制するプロトゾアの総数までも減少させる。また，唾液は泡沫形成を妨げ，形成された泡沫を消す作用をもっているが，濃厚飼料多給は採食中の唾液分泌やあい気反射を減少させ，難治性の泡沫性鼓脹症の発生を促進する。

　鼓脹症の発症予防には，粗飼料給与や泡沫形成阻止剤である合成界面活性剤投与が有効である。さらに，ポリエーテル系抗生物質であるモネンシンはルーメン液の粘度を低下させ，鼓脹症の発生を抑制する（星野ら，1986）。

4．第四胃変位

　第四胃が正常な位置から左方，右方あるいは前方に変位し，慢性の消化障害および栄養障害を起こす疾病で，乳牛で多く発生する。本病は飼料，管理条件，

運動，妊娠および遺伝的要因などがその誘因として関与する。ウシの第四胃は第三胃からの噴門部に括約筋の発達がないため噴門部は大きく開口し，緊縮は強力でないため変位に何らかの影響があると思われる。

　この疾病は成雌の分娩前後に多発することから食欲の減退，消化管運動の減退，胃内容移動の減少と胃の弛緩などが発生の引き金となる。コーンサイレージで飼養しているウシに多発するという報告もあり，過度に穀物を供給した場合にも頻発する。また，この疾病は第四胃アトニーが先行し，その結果起こる第四胃の拡張とガスの蓄積が原因で発生する。第四胃アトニーでの胃運動抑制機序は明らかにされていないが，濃厚飼料多給時にルーメン内で多量に産生されるVFAのうち酪酸やプロピオン酸により消化管運動が抑制されることが原因である。濃厚飼料多給の試験では飼料変換後4週間で第四胃平滑筋運動が低下し，ET注入後に運動停止すること，またET注入により第四胃および十二指腸の平滑筋運動が抑制され，停止することから（若松ら，1992），濃厚飼料多給時にルーメン内で産生されるETが第四胃変位発生の原因の一つではないかと考えられる。

　第四胃変位の治療法としては，軽症例や妊娠末期の症例に対しては経口電解質の投与や輸液などの薬物療法が試みられるが，原則的には可及的すみやかに外科的治療法が実施される。

5. 蹄葉炎

　濃厚飼料多給は消化器疾患以外にもさまざまな病態を示すが，肢蹄の疾患として蹄葉炎に関する影響も考えられている。蹄葉炎は蹄先部第3指骨に炎症などの病変を示す疾病で，ウシは疼痛のため異常姿勢，起立，歩行困難や食欲減退のため発育不良に陥り廃用になる場合が多い。乳牛に比べて肉用牛，特に濃厚飼料に切り換えられる時期の乳用去勢育成雄牛に発生が多く見られる。

　本病発生の最も重要な因子としては，給与飼料の質があげられる。その他の要因として，分娩によるストレス，肢勢や蹄の形，蹄低角質の性状などに関する遺伝的形質，硬い牛床や狭い牛房，温度，湿度などの牛舎環境，削蹄などの護蹄管理などの因子の関与が説明されている。

　乳牛における急性蹄葉炎は，分娩前後に発生する頻度が高いこと，および蹄

葉炎に継発する蹄底潰瘍はそれより数カ月を経た時点での発生が多いことが明らかにされており，分娩前後の飼養形態の変化が本症発生の重要な要因である。一般に，分娩後は濃厚飼料多給へと飼料内容が急激に変更される時期であり，蹄葉炎との強い関係が示唆されている。

　濃厚飼料多給時にルーメン内発酵産物が過剰に生産され，アシドーシスを起こすが，同時にルーメン液および血中ヒスタミン濃度も急増する。これが蹄真皮の毛細血管に作用し，その拡張と鬱血をもたらすと考えられている。ただし，現在のところ野外発症牛での血中ヒスタミンの変動は確認されていない。さらに過剰生産された乳酸は，骨の脱灰や骨基質を壊すとされている。また，短期間の増体量の急増により蹄趾部に負重が加わり，第三趾骨の蹄先部に病変をもたらすと考えられている。最近では，ルーメン内で生産される内因性ETやET誘導性のサイトカイン類の影響も示唆されている（Mochizukiら，1996）。

　慢性蹄葉炎の発生機序は急性蹄葉炎と同様であり，これが慢性的に継続したり，反復したりして発生する。蹄骨先端部沈下ないし回転をともなう典型的な症例は若齢肥育牛に多く認められる。

　蹄葉炎の診断としては，重度のルーメンアシドーシスを併発していない場合は血液性状による変化は認められないので，急性の場合は異常姿勢，歩行異常，歩行困難，起立不能，蹄冠部腫脹，蹄壁変形，過長などの臨床症状で診断するが，確定診断としては蹄のX線撮影によって行う必要がある。

6. 尿石症

　濃厚飼料，特に穀物飼料多給により肥育されているウシは，尿中のリン，マグネシウム，アンモニウムなどが多く，わが国でみられる尿石症には，リン酸マグネシウム塩を主成分とする結石が形成されるものが多い。一方，大量のイネ科乾草を給与されたウシに発生する尿石症は，尿中のケイ酸塩やシュウ酸塩が主成分となっている。わが国でのリン酸塩による尿石症は，尿中のリン排出の増加が飼料からのリン吸収の増加，腎臓での再吸収量の減少によるものや，アシドーシスによりリンの体内蓄積量が減少し，尿中のリン含量が高まることによるものがある。結石の形成原因としては，その核となる物質の発現因子，核周囲の沈殿，結晶化を促進する因子，発現中の結石形成を促進する因子が考

えられる。

　本症は，潜在的あるいは前駆症状を持っているウシが多数存在しているが，通常，臨床症状が明確でないため，あまり注意が払われていない。しかし臨床症状が進むと尿閉による膀胱破裂など死に至るものも発生するので，尿中の結石簡易定量法（安里ら，2003）などを用いて早期に診断することが重要である。

　本症予防のためには，高リン含量飼料を抑制し，適度に均衡のとれたカルシウムとリンを含んだ飼料を給与することが重要であり，その比率は1.2～2.0：1の範囲がよいとされる。また，塩化ナトリウムを飼料全体の約4％程度添加すると，結石周囲のマグネシウムとリンの沈着速度を減少させるため，予防効果があるとされている。

　わが国のウシの乳肉生産能力向上と生産量はめざましく増大しているが，これを支えたのが濃厚飼料依存型の飼養形態である。この濃厚飼料依存の傾向は生産性向上の期待ばかりでなく，わが国での粗飼料生産基盤が不十分であることによっても拍車がかけられた。また，わが国では飼料資源が少ないうえ，さらにその効率化を図るため，新しい飼養技術として未利用資源の有効利用も期待されている。しかし，どのような飼養法を採用するにしても，独特の反芻生理を持つウシにとってそれが無視されるような飼養管理は生産性が一時的に向上してもウシの体を疲弊させ，各生体機能に異常をきたし，生産性の低下や前述したような代謝障害や消化器疾病などの発生を招き，生産年齢の短縮につながることになる。ひいては畜産物の安全性の確保が危惧されることになる。

　現在，わが国の畜産のおかれた立場は，BSE問題を契機に畜産物の安全・安心が消費者から強く求められている。また飼料自給率や畜産排泄物処理などの畜産環境問題で厳しいものがある。今後は，畜産のあり方そのものについても十分に考えなければならないが，当面，家畜衛生の面からは，ある程度の生産性が確保できて，しかも病気にならないような接点を求めることが課題となる。そのためには，ルーメン機能について十分に理解したうえでウシを健康に飼養管理し，安全で品質の高い畜産物の生産に寄与することがさらに重要な課題となる。

　　　　　　　　　　　　　　　　　　　　　　　　　（元井葭子）

参考文献

1) 安里佐知子・細川泰子・伊藤 博・元井葭子 (2003) ヘマトクリット毛細管簡易診断法による牛尿石症の診断.
2) Dougherty, R.W., K.S. Coburn, H.M. Cook and M.J. Allison (1975) Preliminary study of appearance of endotoxin in circulatory system of sheep and cattle after induced grain engorgement Am. J. Vet. Res., 36: 831-835.
3) Eaton, J.W., P. Brandt, and J.R. Mahony (1982) A natural bacteriostat Science, 215: 691-693.
4) 星野貞夫・脇田正影・小林泰男・大久保正彦・中嶋隆文・清水良彦・高野司郎・工藤英彦 (1986) 鼓脹症牛の第一胃性状およびサリノマイシン投薬による治療効果. 日本畜産学会報, 57: 833-841.
5) 笠倉良平 (1994) サイトカインとは. サイトカイン94基礎から最新情報まで 1-10, 日本医学書院, 東京.
6) Kaufmann, W., H. Hagemeister and G. Dirksen (1980) Adaptation to changes in dietary composition level and frequency of feeding. In: Digestive physiology and Metabolism inRuminants. (Ruckebusch, Y. and P. Thivend, eds.) 587-602 MTP Press, Lancaster.
7) Mochizuki, M., N. Kamata and T. Itoh (1996) Postparturient change in endotoxin levels of ruminal fluid and serum in dairy cows. J. Vet. Med. Sci., 58: 577-580.
8) Morimatsu, M., N. Tosa, M. Maiki and M. Saito (1992) Acute phase response of haptoglobin in cattle assessed by a single radial immunodiffusion method. Proc. Jpn. Soc. Anim. Biochem. 29: 61-68.
9) Motoi, Y., Y. Obara and K. Shimbayashi (1984) Changes in histamine concentration of ruminal contents and plasma in cattle fed on formula feed and rolled barley. Jpn. J. Vet. Sci., 46: 309-314.
10) Motoi, Y., S. Takuchi and Y. Nakajima (1985) Elevation in blood sialic acid and mucoprotin levels during hepatic abscesses in cattle. Jpn. J. Vet. Sci., 41: 587-592.
11) 元井葭子・大橋 傳・広瀬 旭・平松 都・長澤成吉 (1991) 濃厚飼料給与による牛の内因性エンドトキシンの生成状況とその消化管静脈注入による生体反

応.獣畜新報,44: 46-48.
12) 元井葭子・大橋　傳・広瀬　旭・平松　都・長澤成吉（1992）第一胃液および E.coli エンドトキシンの消化管静脈継続注入による牛の生体反応.獣畜新報,45: 708-710.
13) Motoi, Y., T. Oohashi, H. Hirose, M. Hiramatsu, S. Miyazaki, S. Nagasawa and J. Takahashi (1993) Turbidimetric-kinetic assay of endotoxin in rumen fluid or serum of cattle fedrations containing various levels of rolled barley. J. Vet. Med. Sci., 55: 19-25.
14) 元井葭子（1994）牛に見られる最近の代謝疾病とその対策.獣畜新報,47: 143-147,235-239.
15) 元井葭子（1998）代謝障害,反芻動物の栄養生理学（佐々木康之監修・小原嘉昭編）.393-416.農文協,東京.
16) Nagaraja, T.G., E.E. Bartley, L.R. Fina., H.D. Anthony and R.M. Bechtle (1978) Evidence of endotoxin in the rumen bacteria of cattle fed hay or grain. J. Anim. Sci., 47: 226-234.
17) 中野昌康（1995）エンドトキシン新しい治療・診断・検査（中野昌康・小玉正智編）.118-127.講談社サイエンティフィック,東京.
18) Obara, Y., Y. Motoi and F. Kikuchi (1994) Diurnal changes in rumen fermentation and blood properties in Holstein steers fed a concentrate mixture for fattening and rolled barley. Anim. Sci. Technol. (Jpn) 65: 347-354.
19) 須田久也・平松　都・元井葭子（1994）ショ糖注入により誘発したアシドーシス牛のルーメン内微生物叢の変化とエンドトキシンの生成量.日本畜産学会報,65: 1143-1149.
20) 須田久也・平松　都・小林康男・元井葭子・脇田正影・星野貞夫（1995）ヤギルーメン内溶液の培養による乳酸およびエンドトキシン生成量に及ぼすイオノフォアの影響.日本畜産学会報,66: 869-874.
21) Suda, K., M. Kobayashi, M. Hiramatsu, S. Arai, Y. Motoi, M. Wakita and S. Hoshino (1997) Relationship between ruminal endotoxin level and number of bacteria in goats engorged highconcentrate of ruminal contents and plasma in cattle fed on a formula feed and rolled barley. Jpn. J. Vet. Sci., 46: 309-314.
22) 谷川久一（1989）エンドトキシン臨床研究の現状と展望（織田敏次監修）.9-

25, 羊土社, 東京.
23) 若松脩継・広瀬　旭・元井葭子・竹村直行・小山秀一・本好茂一 (1992) エンドトキシン注入による山羊の第四胃平滑筋運動の抑制効果について. 獣畜新報, 45: 327-330.
24) Yoshioka, M., Y. Nakajima, T. Ito, O. Mikami, S. Tanaka, S. Miyazaki, and Y. Motoi (1997) Primary culture and expression of cytokaie mRNA by lipopolysaccharide in bovine kupffer cells. Vet. Mmunol. Immunopath., 58: 155-163.
25) 吉岡　都 (2001) ウシ肝臓に対するエンドトキシンの作用とインターロキン6の役割に関する研究. 53-66. 大阪府立大学博士学位論文.

第7章 臨床からみたルミノロジー
―カルシウムとマグネシウムの代謝障害

　臨床からみたルミノロジーを考えるとき，反芻動物における特異的な病態がすぐに浮かび上がるのは，二価イオンの障害と脂肪酸代謝の障害である。本章では，その中の二価イオンであるカルシウム（以下，カルシウムイオンと有機結合体とを併せてCaと記す）とマグネシウム（マグネシウムイオンと有機結合体とを併せてMgと記す）の代謝障害を挙げて，その特異性について述べる。

　これらのCaとMgはいずれも生体にとって非常に重要な元素であり，生体構成成分のミネラルの多い順番でみるとCaが6番目，Mgが11番目に多く含まれている元素である。このような重要でかつ多量に含まれている元素が，反芻動物のウシではなぜ簡単に欠乏障害を引き起こすのか，単胃動物ではあまりみられない現象である。それらの障害についての病名も低Ca血症では乳熱（milk fever）と称され，また低Mg血症ではグラステタニー（grass tetany）といわれるように，いずれも反芻動物にのみ付された特徴的な病名である。それを考えるとき第一胃（ルーメン）の存在に思い至る。本章では，これら二つの疾患とルミノロジーとの関係について記載する。

第1節　ルミノロジーと低カルシウム血症

　反芻動物における二価イオンの特異性は，低カルシウム血症（低Ca血症）によく現れている。すなわち，乳牛の乳汁Ca濃度は，125mg/dlと血中Ca濃度（10mg/dl）の10倍以上も高く，かつその乳汁を乳牛は大量に毎日分泌している。例えば，通常，年間8,000kgを搾乳する乳牛の1日平均乳量を25kgとすると，Caの1日分泌量は30gとなる。さらに高泌乳牛（スーパーカウ）の年間最高乳量が25,000kgに達するとすると，その場合の1日の平均乳量は80kgとなり，Caの分泌量は96gにもなり，飼料中からのCaだけでは補うことのでき

表7.1.1 家畜の血液pHの比較

	血液pH
イヌ	7.31〜7.42
ネコ	7.24〜7.40
ウマ	7.32〜7.44
雄ウシ	7.35〜7.50
ヒツジ	7.32〜7.54

Kaneko, J.J.：獣医臨床生化学（久保ら訳）1991より一部引用

ない量となる。さらに搾乳期間の後半には胎子の成長のためにもCaを必要とし、それをも満たさなければならない。これらのことから、乳牛には単胃動物とは異なったCaの出納機構が存在している可能性が示唆される。特に、その機構の解明にあたってはルーメンの存在が重要である。ルーメンの発酵を醸成するためには大量のアルカリ性の唾液分泌が必要となり、ウシの血液pHは単胃動物と比べるとわずかではあるが高い（表7.1.1）。これがウシの骨の代謝と関連し、骨からの二価イオンのCaとMgの溶出に深く関係していると考えられる（Kaneko, 1991）。

乳牛においても本来ならば単胃動物と同様に二価イオンの血中Ca濃度は、非常に厳密に調節されていて生体の生命機構を維持していなければならないはずである。ところが、なぜ乳牛ではこれほど簡単に低Ca血症に陥ってしまうのであろうか。はじめにそれらの症例の概略を紹介する。

1. 低Ca血症の症例

(1) 典型的な低Ca血症—乳熱（分娩麻痺，分娩性低Ca血症）

乳牛の分娩前後において、典型的な低Ca血症に陥り乳熱の症状を呈した乳熱牛と対照牛との血中Ca濃度の推移を比較すると、それぞれの低下の度合いに差が認められるのみで、ほぼ同様の推移をしていることがわかる（図7.1.1）。すなわち、乳熱は正常なウシの血中Ca濃度の低下が進行して引き起こされたものと考えることができる（内藤，1990）。

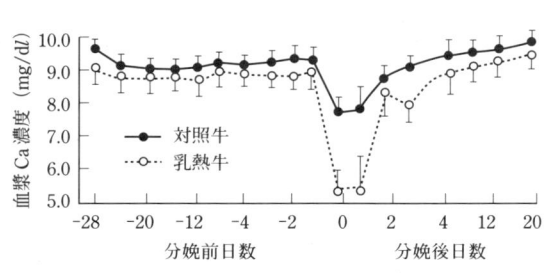

図7.1.1 乳熱牛と非発症牛における血漿Ca濃度の推移

(2) 活性型ビタミンD₃の反応性の遅い低Ca血症

乳熱を再発しやすいウシとそうでないウシとで血中のCa濃度と活性型ビタミンD₃ [正式名：1α, 25dihydroxyvitaminD₃, 略記名：1α, 25(OH)₂D₃] との相関性を見ると，再発しやすいウシの活性型ビタミンD₃の低Ca血症に対する反応性は明らかに低くなっている（図7.1.2）。これは，おそらく活性型ビタミンD₃の腸管内レセプターあるいはCa関連タンパク質の量と関係している可能性がある。

(3) 心疾患を呈する低Ca血症

通常，低Ca血症を呈する乳熱の剖検所見では，併発病がなければ主要臓器に異常は見られない。しかし，最近，著しい低Ca血症を呈し，横臥・起立不能に陥り短期間で死亡する高泌乳牛の中に，心筋に病理学的な異常所見の見られる症例が散発されるようになった（図7.1.3, Yamagishi, 1999）。いずれの症例も著しい低Ca血症を呈していることから，低Ca血症がその病変を引き起こす誘因になっていることは間違いない。

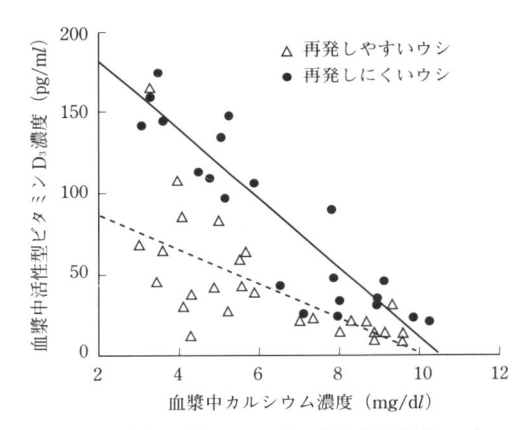

図7.1.2 乳熱の再発しやすいウシと再発しにくいウシにおける血中Caと活性型ビタミンD₃との相関性

再発しやすいウシでは血中のCaと活性型ビタミンD₃との相関は低くなっている　　　(Goff, 1991)

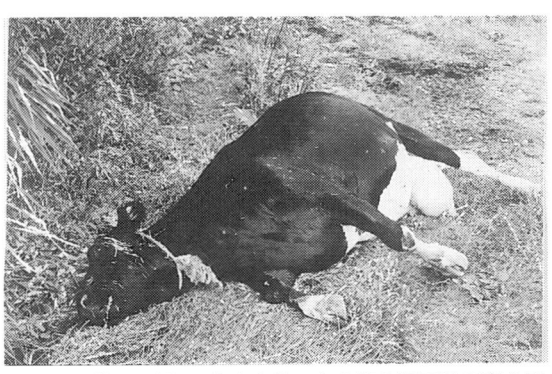

図7.1.3 著しい低Ca血症を伴った心筋の壊死性病変を呈する症例　　　(山岸氏提供)

また、このような症例はいずれも高泌乳牛に現れていることから、泌乳量の増加にともなって引き起こされる種々のストレスが複合的に重なり発病する、新たな乳牛の生産病の一つといえるかも知れない。

2. なぜ乳牛は低Ca血症に陥りやすいのか

乳牛は分娩を境に生理的にも血中Ca濃度が低下しやすい。したがって、この時期に血中Ca濃度が著しく低下した乳牛では、麻痺と起立不能を主徴とした乳熱（分娩性低Ca血症）に陥りやすいことはよく知られている。健常な乳牛では血中Ca濃度はおおよそ$9 \sim 10 mg/dl$の範囲内で厳密に制御されている。しかし、泌乳量の増加と加齢にともなって分娩時期の血中Ca濃度の低下は$7 mg/dl$以下となり、年齢の進んだ高泌乳牛ほど低Ca血症に陥りやすいことが指摘されている。乳牛の低Ca血症の発症機序は完全に解明されていないが、以下にこれまでの知見の一部を示す。

(1) 腸管からの流入（吸収）量の減少

小腸におけるCaの吸収は、小腸上皮細胞内経路あるいは細胞側路を経て血液中へ移行する。小腸上皮細胞内経路では、①細胞内担体とCaポンプを利用した吸収（図7.1.4）と、②エンドサイトーシスによる吸収（図7.1.5）の2つがあり（岡野，1999）、それぞれに活性型ビタミンD_3が深く関与する。また、消化管におけるCa吸収能力には粘膜でのCa能動輸送が大きく関与し、Ca輸送関連タンパク質が重要な働きを有する。Yamagishiら（2005）は、乳牛の消化管におけるその輸送タンパク質の一つである plasma membrane Ca^{2+}-ATPase（PMCA）を解析し、その発現が単胃動物と異なることを報告している。

これらのことが、反芻動物と単胃動物とのCaの吸収機構にどの程度かかわるかについては、この後の研究に待たなければならないが、乳牛の小腸近位領域の粘膜上皮細胞には単胃動物には見られないCa輸送関連タンパク質が局在しているという。一方、細胞側路ではCaの吸収は濃度勾配に従った単純拡散吸収によって行われる。その吸収にも活性型ビタミンD_3は促進的に働き、さらには腸管内の酸性化も拡散吸収を促進するといわれているが、その詳細は不明である。

第7章　臨床からみたルミノロジー　*219*

以上のように腸管からのCa吸収は複雑な機構によって巧妙に行われている。また，この調節機構には活性型ビタミンD₃が深く関与している。よって，腸管からのCa吸収量の減少ないし反応の遅れは，ビタミンD₃の反応性の欠如な

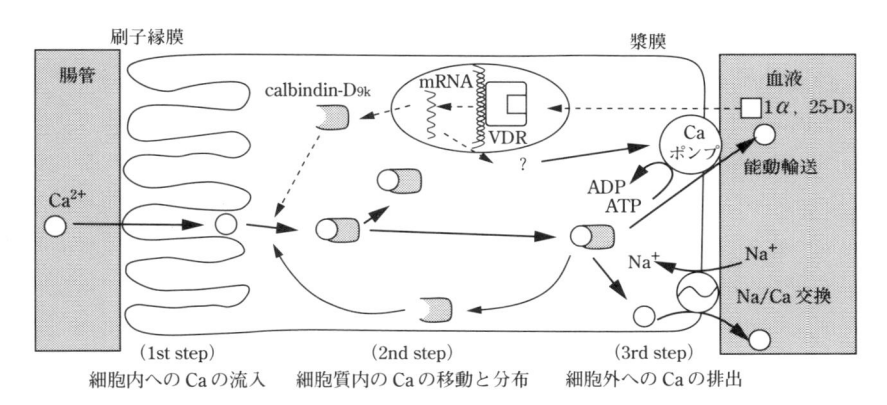

図7.1.4　小腸上皮細胞におけるCaの移動

腸管腔内液中のCaは，刷子縁膜より細胞内へ流入し，直ちに輸送担体であるcalbindin-D₉kと結合し，細胞内オルガネラまたは漿膜へ運ばれる．漿膜では，ビタミンD₃依存性CaポンプまたはNa^+/Ca^{2+} exchangerにより血流中へCaが放出される

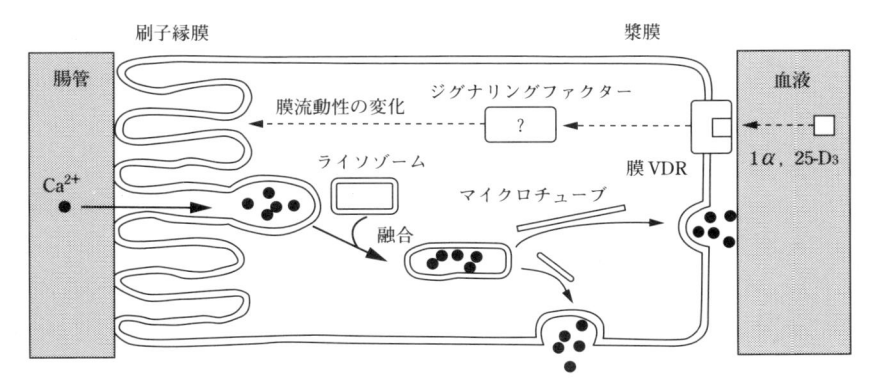

図7.1.5　小腸上皮細胞でのエンドサイトーシスによるCaの移動

活性型ビタミンD₃は，膜ビタミンD₃受容体と結合することによりシグナリングファクターを遊離する．これによって，膜近傍にあるCaは，エンドサイトーシス顆粒に取り込まれて細胞内へ移行し，ライソゾームと融合しながらマイクロチューブに沿って漿膜へ移動し，血流中へ放出される

いしは遅延によって引き起こされている可能性が高い。また，そのことは分娩後の泌乳の開始にともなって腸管血流量が低下することと連動している可能性があり，それはまた分娩時に消化管運動が低下していることとも関係している可能性がある。

(2) Ca制御ホルモンの関与

生体にはCaの恒常性を厳密に維持するホルモンとして，上皮小体ホルモン（parathyroid hormone, PTH），活性型ビタミンD_3およびカルシトニン（calcitonin, thyrocalcitonin, CT）がある。特に，血中Ca濃度の低下を防ぐための主要なCa制御ホルモンはPTHと活性型ビタミンD_3である。血中のPTH濃度は血中Ca濃度の低下に呼応して上昇し，腎臓におけるCaの再吸収や骨からのCa動員を直接促進するとともに，貯蔵型ビタミンD_3（25hydroxyvitamin D_3, $25OHD_3$）を活性化させて活性型ビタミンD_3に転換させ腸管でのCa吸収や骨からのCa動員を促進する（図7.1.6）。

かつては，乳牛の低Ca血症の原因は上皮小体の機能不全や活性型ビタミンD_3の生成不全によると提唱されたが，低Ca血症罹患牛におけるそれらの濃度

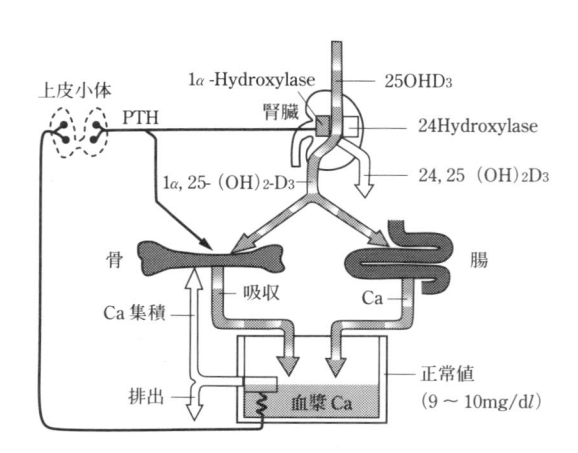

図7.1.6　血中Ca濃度の変動にともなう腎の貯蔵型ビタミンD_3代謝のしくみ

血中Ca濃度が低下すると，PTHの分泌亢進を介して活性型ビタミンD_3の合成が促され，低Ca血症は正常化される

は非罹患乳牛と同等以上に上昇していることが明らかとなり、これらの説は否定された。しかし、最近の研究では、活性型ビタミンD_3の反応が遅延する症例が少数ながら存在することが報告されている（前述）。一方、給餌飼料中カチオン―アニオンバランス（DCAD）含量とPTHとの関係では、血液pHが7.35程度に維持されれば、PTHとそのレセプターは"鍵と鍵穴"のごとく結合し、標的細胞における作用が発揮される。しかし、血液pHがアルカリに傾くと、PTHレセプターの構造変化が起こり、PTHとの結合に支障をきたし、結果的に低Ca血症に陥りやすくなるという（山岸、2004）。特に、カリウムを多く含む飼料の給与は、分娩後の内分泌ホルモンによるCa恒常性の維持に悪影響を与えると考えられている。

（3）骨からの流入（骨吸収）量の不全

骨と血液のCa移動の関係は、図7.1.7の模式図にみられるように骨液コンパートメント境界膜によって骨液と組織液とのコンパートメントに分かれ、この境界膜を介してCaの輸送が行われている。また、これらのコンパートメント

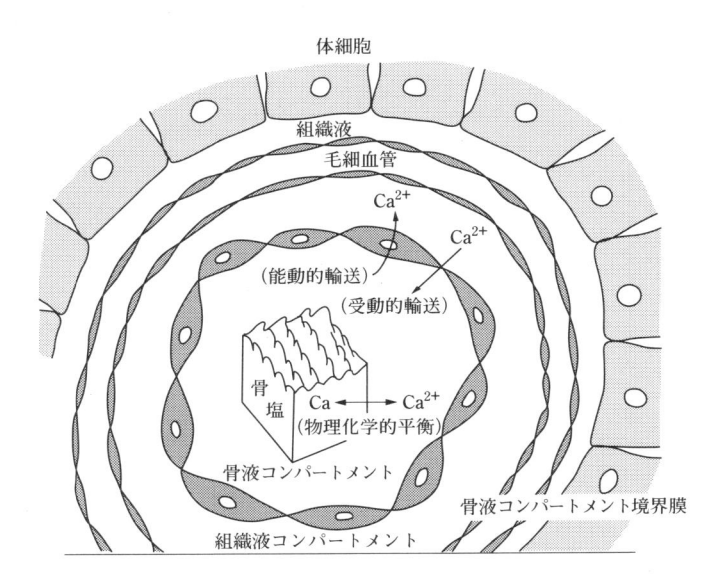

図7.1.7　骨および血液のCaとそのコンパートメント（模式図）

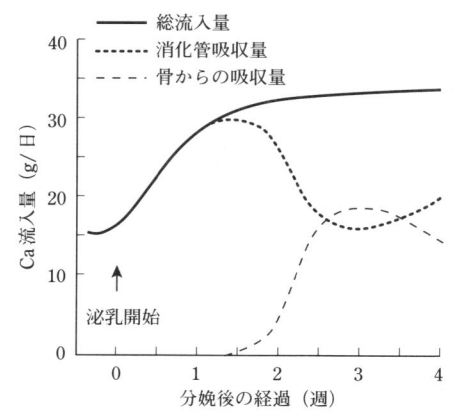

図7.1.8 分娩後の乳牛におけるCa流入量の動態

のCa濃度差は，組織液（血液）の方が骨液よりも約2倍高い（須田，1986）。したがって，骨液から組織液のコンパートメントへのCaの移動には，能動的な輸送が必要となる。そのため，この境界膜を介してのCaの輸送には活性型ビタミンD_3とPTHとが強く関与しその恒常性を維持している。さらに，骨組織には骨塩を骨基質とともに溶解する破骨細胞（osteoclast）と，骨基質を合成・分泌し，骨塩を沈着させて骨吸収の跡を修復する骨芽細胞（osteoblast）がある。破骨細胞と骨芽細胞は，骨を生きた組織として維持するために，骨のリモデリングの機能を果たすことから，これらの細胞は骨形態調節系（bone remodeling unit）と呼ばれている。

活性型ビタミンD_3とPTHには破骨細胞の数を増加させ，かつその機能を賦活する作用がある。逆にCTは破骨細胞の数を減少させて，その機能を抑制する。ただ，乳牛では図7.1.8にみられるようにこの骨液から組織液コンパートメントへの輸送は，分娩後1週間後になってはじめて機能が開始されるため，それまでは骨液からのCaの供給は期待できない。このことが乳牛において分娩性低Ca血症，すなわち乳熱が発症しやすい一つの大きな要因となっている（内藤，1990）。

(4) 腎臓からの再吸収量の減少

血中Ca濃度の恒常性は，腎臓（腎）の尿細管におけるCaの再吸収量によっても維持されている。通常の乳牛の尿中Ca排泄量はほとんどが尿細管において再吸収され，尿への排泄量は0.1〜1.4mg/kg/日と他の動物に比較して少ない。腎臓の近位尿細管におけるCa輸送はNaとともに細胞間隙を通過する（図7.1.9，中西，2003）。再吸収の大部分（約80%）はこの細胞側路系輸送（図

7.1.9の①）である。一方，残りの約20％が能動的細胞内通過型輸送（図7.1.9の②）であり，血中Ca濃度の調節には遠位尿細管，特に遠位曲尿細管における能動的Ca輸送が重要である。PTH，活性型ビタミンD_3がそれぞれ遠位ネフロン中の各セグメントに作用して，経細胞的なCa再吸収を促進させる。活性型ビタミンD_3は遠位尿細管にレセプターが存在し，接合尿細管におけるPTHやCTによる輸送を増強させている。PTHは遠位曲尿細管および集合管においてサイクリックAMPおよびPKC（protein kinase C）シグナリングを介してCa再吸収を促進することが知られている。

以上のように，腎臓におけるCa再吸収機構は，受動的および能動的に活発に機能している。よって，その機構に異常があれば大量のCaが尿中に失われ，低Ca血症に陥る要因の一つとなる。すなわち，血中Ca濃度は，腸管からのCa吸収に加えて骨代謝系の細胞による骨液から組織液へのCa汲み出しのセットポイントと，腎の尿細管における再吸収機構のセットポイントとによって厳密にコントロールされているといえる。

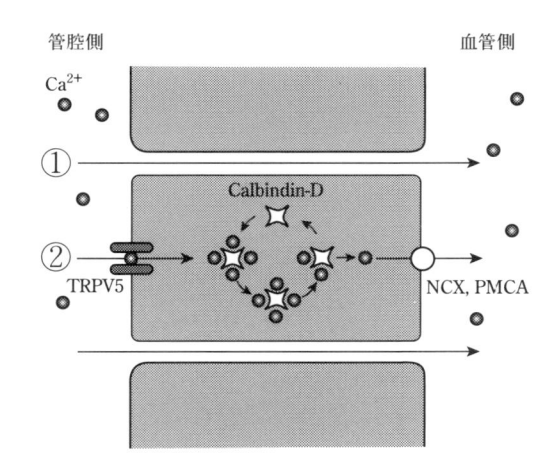

そのため，例えば，泌乳開始によって全身性の血行動態に変化（乳腺への血流量の増加）をきたし，腎臓への血流量が低下した場合には，一時的に尿細管におけるCaの再吸収量も低下することが考えられる。また，腎臓は，活性型ビタミンD_3の標的臓器としてPTHとともにCa再吸収閾値を設定するだけでなく，活性型ビタミンD_3の産生臓器としても重要な器官である。

図7.1.9 腎臓におけるCa輸送の機構

近位尿細管では，受動輸送でCaは細胞間隙を通過する（①）。遠位尿細管では，管腔側細胞膜に存在する上皮Caチャンネル（TRPV5）によって細胞内に入ったCaは，Ca結合タンパク質（calbindin-D）と結合して細胞内を拡散し，基底膜側に存在するNa-Ca交換輸送体（NCX）およびATP依存性細胞膜Caポンプ（PMCA）によって細胞外に汲み出される（②）

そのことを考えるとき，循環血液量の25％を占める腎臓への血流量が泌乳の開始によって低下するときには，一時的であっても腎臓の尿細管のCa再吸収量が低下し低Ca血症に陥る要因となることは十分に考えられる。今後，改めて検討すべき重要な課題といえる。

(5) 乳汁へのCaの流出

初乳搾乳量と血中Ca濃度との関係では，初乳搾乳量を増加させると血中Ca濃度は明らかに低下し，初乳搾乳量と低Ca血症の発現とが密接に関係していることはよく知られている（図7.1.10，内藤，1990）。これには，初乳中のCa濃度が160mg/dlと常乳（120mg/dl）の1.3倍を呈していることも要因となっている。しかし，初乳搾乳量が少ないときにおいても低Ca血症を発症することから，分娩直後にみられる低Ca血症は単にCaの初乳への流出量だけですべてを説明することはできない。

乳汁のCa濃度は，血中の10倍以上の高い濃度で維持されているが，これには血中から乳汁への能動輸送が関与している。最近，上皮小体ホルモン関連タンパク質（parathyroid hormone-related peptide, PTHrP）のC末端部がその役割を担っているとする報告がある（上村，1999）。PTHrPは，悪性腫瘍にともなう高Ca血症の原因物質として発見され，正常臓器や胎子組織でもその発現が認められてきた。その作用は，PTHと共通のレセプター（PTH/PTHrP受容体）を介して，PTHと同様に骨吸収促進作用や腎尿細管でのCa再吸収促進作用を発揮する。特に，乳汁中にはPTHrPが血中の数千倍の高濃度で存在していることが明らかとな

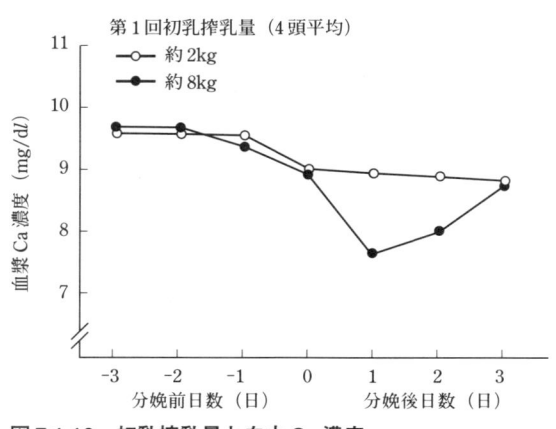

図7.1.10　初乳搾乳量と血中Ca濃度

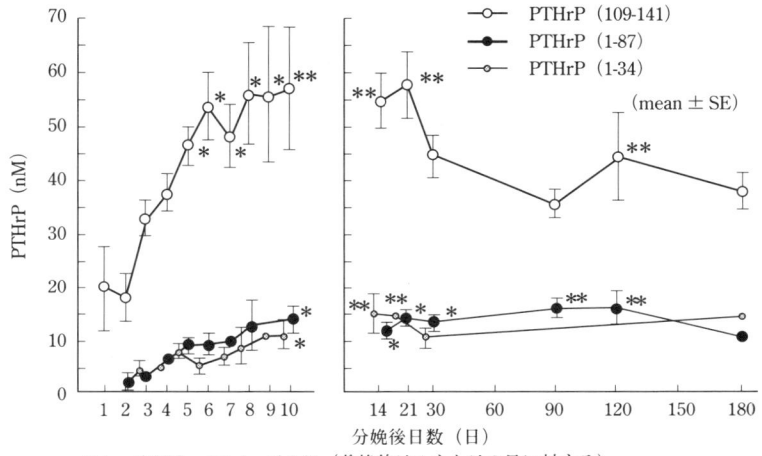

第7章 臨床からみたルミノロジー　225

＊：p＜0.05，＊＊：p＜0.01（分娩後は1または2日に対する）

図7.1.11　分娩後の乳汁中のPTHrPの推移（ヒト）

PTHrP (1-87) 濃度は，分娩直後は低く，その後ほぼ直線的に増加し，分娩後10日目に 13.87 ± 2.40nM に達した

った。

さらにヒトの授乳期の乳汁中PTHrP濃度を調べた結果，分娩直後から3日間はその濃度は低く，その後は直線的に増加する（図7.1.11，上村，1999）。また，授乳婦人では非授乳婦人より血中のPTHrP濃度が高いことも報告されており，これらの報告からPTHrPは血中から乳汁中へCaを動員する一方で，骨吸収や腎臓での再吸収を促進し，血中Ca濃度を維持していることが示唆される（図7.1.12）。特に，ヒトにおける乳汁中PTHrPが分娩後3日までは低値であることから，乳牛においてもその間は乳汁中PTHrP濃度が低値で推移している可能性がある。この泌乳開始から初乳

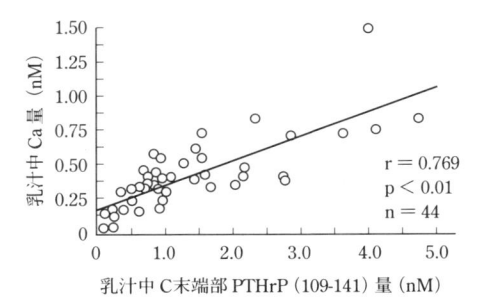

図7.1.12　乳汁中のPTHrPとCaとの関係（ヒト）

$r = 0.769$
$p < 0.01$
$n = 44$

を分泌している3日間はPTHrPだけでなく，PTHや活性型ビタミンD_3なども含めたCa調節機構の機能低下が一時的に見られ，その結果生理的にも低Ca血症に陥りやすい状態になるものと推察される。

3. 低Ca血症は心循環機能を低下させる

表7.1.2 血中Ca濃度と心拍出量および血圧との関係

心拍出量

	正常	低Ca血症
血漿Ca濃度（mg/dl）	9.1	4.7
心拍出量（l/min）	36.8	19.3
心拍出量（index）（ml/min/kg）	111	59
1回拍出量（ml）	484	259

動脈血圧

	正常	低Ca血症
血中Ca濃度（mg/dl）	8.9〜10.3	2.8〜3.8
平均動脈血圧（mmHg）	165±1	99±5

血中Ca濃度の低下は，心拍出量と平均動脈血圧を低下させる（表7.1.2）。その結果，肺動脈血圧や肺血管抵抗は上昇する。これらの変化は，心筋収縮力や心臓の血液駆出能力の低下を反映した所見と考えられる。さらに，低Ca血症に陥ると，動脈血のpH，二酸化炭素分圧および重炭酸イオン濃度は上昇し酸素分圧は低下して，静脈血の酸素分圧は逆に上昇する。これらの変化は，肺循環血流量の低下にともなう酸素取り込み量の低下と末梢組織における酸素消費量の減少を反映した所見と一致する。

これらの結果は，いずれも心循環機能の低下を反映したものであり，低Ca血症の症例で認められる一部の臨床症状の発現を明らかにしたものといえる。また，低Ca血症が重度であるか，もしくは長期に及んだ症例では，心循環機能の低下と全身性の低酸素血症は進行し，きわめて重篤となって時には心停止を引き起こしたり，Ca剤の治療により血中Ca濃度が正常に回復しても起立不能を持続させたりする要因となっている。

4. 低Ca血症の予防は快適な飼養環境から

以上，乳牛でみられる低Ca血症は，その多くが分娩直前から直後3日間で多くが発症する。この最大の要因が多量の乳汁分泌に起因していることは論をまたない。ただ，低Ca血症の原因をそれだけで片づけることができないこと

もまた事実であり，そのことは低Ca血症の発症が非常に多様であることを物語っている。よって，生体の基本に戻ってその原因を改めて考えてみる必要がある。

Yamagishiら（1999）は，著しい低Ca血症に陥り，急性で死亡する「心筋病変をともなった低Ca血症乳牛」について一連の報告を行っている。そのなかで，その発症原因を未だ確定できないとしながらも，その大きな要因は循環障害と高泌乳牛のストレスとが密接に関係しているのではないかと考察している。この見解は，非常に示唆に富む低Ca血症の基本をとらえた病因についての考察である。

低Ca血症は，分娩後の泌乳の開始によって発現する。その時の乳量は乳房に流入する血流量に影響される。乳汁1kgを生産するには血液400〜430lが必要といわれる。乳量が増せば増すほど乳房への血流量は増加する。また，乳腺において乳成分を産生維持するための機構は，乳房への血流量によって乳成分の産生と維持を行っているといわれている。いま初乳の乳成分をみると，その成分はCa濃度をはじめとして他の諸成分も常乳のそれらよりも高く維持されている。よって，初乳を産生するときには常乳の同量を産生するときよりも乳房への血流量は一時的であっても増加していることが推測される。

この乳房への血流量の増加は，一方では腸管や腎への血流量を相対的に低下させ，それらの器官では一過性の活性型ビタミンD_3やPTHの反応性の遅延を引き起こしている可能性がある。そのように考えると，分娩から泌乳開始という短時間に起きる動的な血行動態の変動が，一過性の生理的にも認められる低Ca血症と関係していることが理解できる。そのため，乳牛の血液循環障害をきたすことのないように心がけ，血行を促進させるような快適な飼養環境に乳牛をおくことが，低Ca血症を防ぐ基本であることを改めて強調したい。

（内藤善久）

第2節 ルミノロジーと低マグネシウム血症

1. 低Mg血症とは

　家畜の中では反芻動物のみが，低マグネシウム血症（低Mg血症）に陥りやすく，著しく低下すると興奮や痙攣などの神経症状を発現する。特に，放牧牛，泌乳期の乳牛，妊娠末期に輸送されたウシや子ウシに発症しやすい。発病の様相によってグラステタニー，放牧テタニー，舎飼テタニー，輸送テタニーおよび子ウシテタニーとして区別されているが，いずれも低Mg血症を基礎とした疾患である。健康牛の血清（血漿）Mg濃度は，1.8～2.3mg/dlあるいは標準偏差2.05±0.25mg/dlであり，この範囲以下の値を低Mg血症と呼ぶ。通常，血清Mg濃度1mg/dl以下に低下すると臨床症状が発現する（内藤，1998）。

2. グラステタニーの発生時期

　放牧時に発生する低Mg血症をグラステタニーとしているが，本症の発生は，年齢の高い授乳させている母牛に多く，6産以後の母牛では初産のものに比較してその発生率が15倍も高い。筆者らが調査した2牧野の放牧頭数528頭においても発症した18頭（約3％）は，子ウシの1頭を除きすべて授乳している母牛であった。しかし，乳熱にみられるような分娩との間には密接な関係はない。
　一方，その発生は放牧時期と関係している。一般には，牧草が気候の影響を受けて急速に成長し，水分含量の多い新鮮な牧草地にウシが入牧または転牧された場合，その2週間以内に多発する。筆者らが体験した岩手県の4牧野ではその発病時期は2牧野が5月中旬～6月中旬にかけて，また他の2牧野は8月下旬～9月下旬であり，いずれも牧草の急成長と寒暖の差による気候条件とが発症に深く関係していた。また，これらの発症牧野は，いずれも人工草地として造成されたものであり，その土壌成分と牧草の草種が発症に影響している（内藤，1998）。

3. グラステタニーの発症原因

グラステタニーの確たる原因は，未だに明らかにされていない。しかし，同じ二価イオンであるCaの著しい低下もやはり反芻動物の泌乳牛にみられることを考えると，そのメカニズムの基本はCaと同様にMgの出納の破綻，特にルーメンの機能と密接に関わって発症しているとみて間違いない。そこで，出納の「input」である消化管（特にルーメン）と骨の面からと，その「output」である泌乳と腎臓（腎）の面から発症原因を探ってみる。

(1) 放牧2週間前後に異常上昇するルーメン液pH

図7.2.1は，低Mg血症が発症した人工草地の放牧地に放牧された12頭のルーメン液pHの推移である。これによると低Mg血症が見られる放牧約2週間後に明らかなルーメン液pHの上昇がみられる。このpHの上昇は，図7.2.2と図7.2.3にみられるようにルーメン液のアンモニア濃度の上昇とVFA濃度の低下に起因したものと考えられる。このpHの上昇と

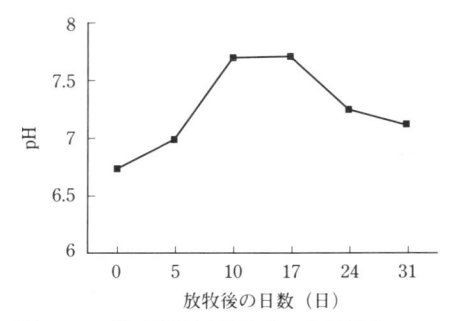

図7.2.1 発症牧野の放牧牛におけるルーメン液pHの推移

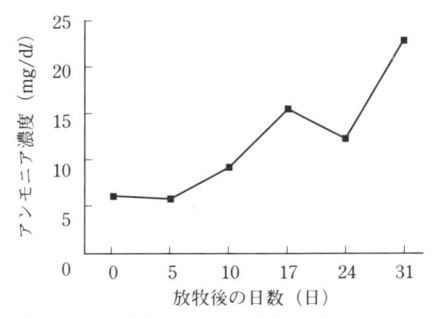

図7.2.2 発症牧野の放牧牛におけるルーメン液アンモニア濃度の推移

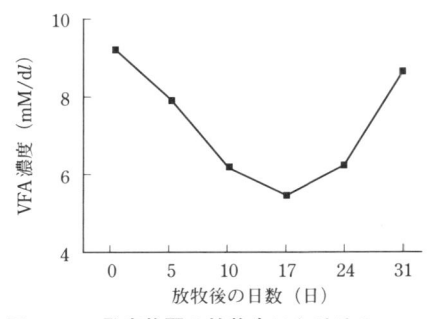

図7.2.3 発症牧野の放牧牛におけるルーメン液揮発性脂肪酸（VFA）濃度の推移

NH₄の過剰増加は，リン酸アンモニウムMgの沈澱を引き起こし，Mgの消化管からの吸収を阻害するといわれている。

また，窒素（N）含有の高い牧草の採食はルーメン液のNH₄濃度を高め，かつVFA濃度を低下させてしまうためにルーメン機能が低下して食欲の不振をきたし，それが消化管からのMg吸収量をさらに低下させる。わが国において本症が発生した牧草地は，いずれも人工草地でかつ火山灰土壌であるためにMg含量の少ない土壌となっている。それに加えて人工草地造成後は，NとカリウムK）肥料が多給され，MgやCaはほとんど施用されていないため，土壌は酸性を呈しMg欠乏でかつKとNが過剰となり，これらが本症発生を促す牧草の素因となっている。

さらに，牧草の草種も影響し，オーチャードグラスはクローバーよりも本症を起こしやすい。また，放牧後2〜3週間の頃は牛群全体が下痢あるいは軟便を呈していることも特徴である。これはルーメンが飼料に適応できていないために発現しているものであり，下痢もMg吸収阻害の大きな誘因となっていると推察される。

以上のように本症の発生は，採食する牧草の成分がルーメン機能を低下させて，Mgの消化管吸収の減少を引き起こしているものと考えられる。

(2) 骨からのMgの動員を妨げる要因

グラステタニーにおいて生体内Mgの恒常性が破綻しようとしているときに，Mgを65％も貯蔵している骨は予備能としてなぜ機能しないのであろうか。従来からの報告においても骨からのMgの動員は期待できないという。この理由の一つに，生体の酸塩基平衡のアルカリ化があげられ，この生体のアルカリ化が骨からのMgの動員を妨げているといわれている。

これはルーメン液pHによるものであり，このことが反芻動物を低Mg血症に陥りやすくさせている理由とも考えられる。同様に同じ二価のイオンであるCaも分娩後に急激な低Ca血症に見舞われる。そして，いずれも一過性の低下で終始する。よって，MgもCaもこの貯蔵庫から必要に応じて二価イオンを引き出すことができないことが，ウシあるいはヒツジなどの反芻動物が低Mg血症や低Ca血症に陥りやすい大きな要因となっている。

(3) 発症を左右する泌乳の有無

図7.2.4は，グラステタニーの発症牧野において，子の有無（泌乳の有無）が4～8歳の母牛の血清Mg濃度にどのような影響を及ぼすかをみたものである。これによると，明らかに泌乳中（子付き）の母牛の血清Mg濃度は低下をきたしている。泌乳は発症の重要な要因である。乳汁中のMg濃度は9～16mg/dlと血清濃度の4～8倍を有しており，この濃度は各個体で比較的安定している。そのため，泌乳量の多い個体が低Mg血症に陥りやすい。すなわち，Mgの「output」の増加は，泌乳量が大きく関与している。

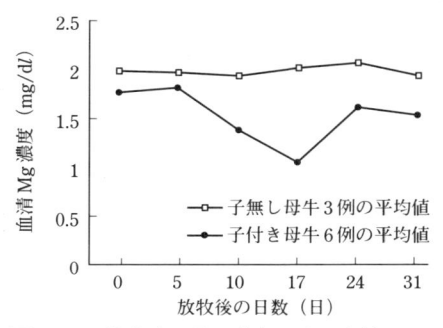

図7.2.4 放牧牛の子の有無による血清Mg濃度の変化

その他，「output」の要因には，消化管への内因性Mg排出（成牛では1日約2gといわれる）と尿への排出がある。特に，内因性Mg排出は粗飼料の採食により唾液量が増すと増加する。通常，消化管へ排出されたMgは下部消化管において再吸収されるが，放牧初期にはしばしば下痢を発し再吸収が妨げられるため，低Mg血症に陥りやすくなる。

(4) 尿中Mg排泄量には個体間で大きな違いがある

尿中へのMg排泄量は，ヒツジを用いた実験では，同一飼料を給与しても個体間において大きな違いがあり，個体によっては大量に尿中へMgを排泄するものがみられる。このことは，何を意味するのであろうか。通常，消化管からのMgの吸収量と消化管の内因性Mgの排泄量，そして腎臓での濾過量と再吸収量との間でMgの恒常性が保たれている。しかし，ある時に飼料中Mgの欠乏，あるいはルーメン機能の障害などによりMg吸収が低下した場合には，腎臓におけるMgの再吸収がその恒常性を維持するために非常に重要となってくる。

また，同一の牧野で，一定の悪条件（高齢で，子付きなど）に曝された場合

には，少数のある個体では著しい低Mg血症に陥るが，その一方で著しい悪条件であっても多くの個体では低Mg血症に陥らない例のあることを経験している。今までは，その理由を単に個体差として片づけていたが，その違いは個体の遺伝的要因に起因するものと考えられる。すなわち，1999年，Simonらは，腎臓のMg再吸収は尿細管上皮のtight junctionタンパク質のparacellin-1が関係し，それがMgの恒常性に重要な役割を果たしていることを明らかにした。このことによって，その部位の遺伝的障害が低Mg血症に陥りやすいか否かの個体間の差の要因と考えられる。

ウシの低Mg血症は，先に述べたように加齢とともに増加し，しかも再発する傾向が強い。また，イングランドやウエールズでは，乳牛の1％が臨床的に明らかな低Mg血症を発症するとの報告がある（Kaneko，1991）。これらの報告とあわせて考えると，腎臓におけるMgの再吸収機構を個体レベルでかつ細胞遺伝学的に調べてみることが，低Mg血症の原因解明につながるのではないかと考える。

4．低Mg血症から示唆されたこと

これまで知られているウシの低Mg血症の病因をまとめると図7.2.5のように，環境やその環境下で生育する牧草そしてそれを食べる個体とが常に相互にかかわりあってはじめて低Mg血症は発症する。例えば，発症牧野に放牧されている泌乳牛群の中で，年齢が同じでも低Mg血症を発して倒れるウシとそうでないウシとがはっきりと分かれている。すなわち，低Mg牧草の環境下で，そこに適応可能な牛群と適応できない牛群とが，すでに遺伝的に組み込まれて存在しているように思われる。

飼料に起因	個体に起因	環境に起因
・低Mg飼料	・高齢と泌乳	・寒冷，湿気
・高K，N飼料	・ルーメン機能低下	・低食餌量
・飼料の急変	・遺伝的素因	・環境の急変

低Mg血症
・グラステタニー
・子ウシの低Mg血症
・輸送低Mg血症

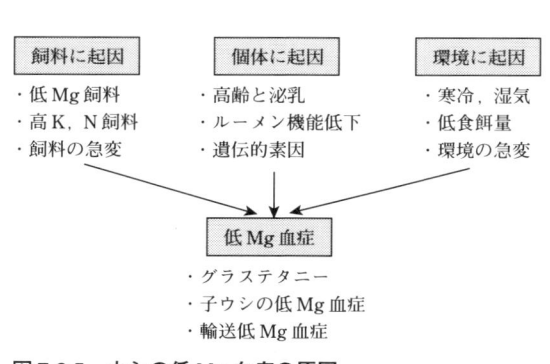

図7.2.5　ウシの低Mg血症の原因

そう考えると，低

Mg血症などの代謝異常に起因する疾患についてよく考察することは，環境変化と病気の関係，そしてその子への遺伝的な影響などの示唆を得ることができると考えられる。

臨床からみたルミノロジーとして，二価イオンのCaとMgの欠乏症について考察してきたが，ウシはルーメンを有するがゆえに，この二価イオンのCaとMgが一過性に著しい低下を示す。年間に1万kg近くの乳量を生産し，体重40kg以上の子ウシをほぼ1頭ずつ産む乳牛は，分娩時の一過性の低Ca血症になりやすいという宿命に負わされている。一方，Mg欠乏症の典型であるグラステタニーは，土壌→草→ルーメン→低Mg血症という一連のダイナミックな関係のもとで発症に至っている。反芻動物における二価イオン（CaとMg）を生体において恒常的に維持するには，ルーメン機能をいかにコントロールし，骨代謝の活性をいかに効率的に引き出すかが，疾病予防の観点からも重要である。

このたびウシの二価イオンの障害について改めて考えたとき，単に乳量増加の面からのみ乳牛の改良を図るのではなく，疾病発生予防の観点から，どうすべきかの研究を育種改良の研究者と臨床の現場の両者から進めていくことの必要性を痛感する。本書の刊行を機に，連携研究がさらに進展していくことを願っている。

(内藤善久)

参 考 文 献

1) Goff JP, T.A. Reinhardt and R.L. Horst (1991) Enzymes and factors controlling vitamin D metabolism and action in normal and milk fever cows. J. Dairy Sci., 74: 4022-4032.
2) Kaneko, J.J. (1991) 獣医臨床生化学（久保周一郎・友田勇監訳）．pp.735-746, 近代出版，東京．
3) 内藤善久（1998）ミネラル代謝障害2．低マグネシウム血症．臨床獣医，16(2)：81-87．
4) 内藤善久（1990）牛の代謝性疾患（本好茂一監修）．pp.129-165，学窓社，東京．

5) 中西昌平・土岐岳士・深川雅史（2003）腎・副甲状腺でのカルシウムとビタミンD代謝．Clinical Calcium，13: 856-862.
6) 岡野登志夫（1999）腸管のカルシウム吸収とビタミンD代謝．Clinical Calcium, 9: 1257-1263.
7) Simon, D.B., Y. Lu, K.A. Choate, H. Velazpuez, E. AL-Sabban, M. Praga, G. Casari, A. Bettinelli, G. Colussi, J.R-Soriano, D. McCredie, D. Milford, S. Sanjad and R.P. Lifton (1999) Paracellin-1, a renal tight junction protein required for paracellular Mg^{2+} resorption. Science, 286: 103-106.
8) 須田立雄・小澤英浩・高橋榮明（1986）骨の科学．pp.157-158，医歯薬出版，東京．
9) 上村浩一・安井俊之・苛原　稔・青野敏博（1999）乳腺におけるカルシウム能動輸送と母乳量調節．Clinical Calcium, 9: 1526-1530.
10) Yamagishi N., K. Ogawa, and Y. Naito (1999) Pathological changes in the myocardium of hypocalcaemic parturient cows. Vet. Rec., 144: 67-72.
11) 山岸則夫（2004）飼料面からの低カルシウム血症の予防法．臨床獣医，22(7)：19-23.
12) Yamagishi, N., M. Miyazaki and Y. Naito (2006) The expression of genes for transepithelial calcium-transporting proteins in bovine duodenum. J. Vet., 171: 363-366.

第8章　乳牛の周産期疾病の予防

　近年，育種改良の進展や栄養管理技術の向上によって，乳牛の体格が大型化し泌乳量は飛躍的に増加している（図8.0.1）。一方，最近の酪農を取り巻く経済状況は非常に厳しく，飼養頭数を増加して経営規模を拡大したり，収益性を一層重視したりするなど飼養管理と経営の効率化が図られている。このような状況の下，乳牛の病傷および死亡・廃用事故は後を絶たず（表8.0.1），特に周産期疾病や繁殖障害などの生産病が多発している。乳牛の周産期疾病は分娩前後にみられる疾病の総称で，乳熱やダウナー症候群などの起立不能症，ケトーシスや脂肪肝および第四胃変位などの代謝病のほか，産褥熱（産褥性子宮炎）や乳房炎などの感染症が含まれる。周産期疾病の病傷事故件数は家畜共済統計によると，乳熱が最も多く，次いで第四胃左方変位，産褥熱，ダウナー症候群などで，死廃事故ではダウナー症候群と第四胃右方変位が特に多い（表8.0.2）。

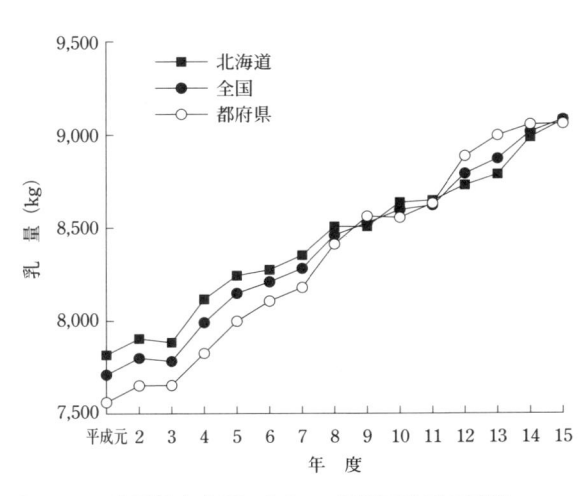

　周産期疾病の発生には，分娩前後における乾物摂取量（DMI）の低下や胎児の発育，泌乳の開始による負のエネルギーバランス（NEB），栄養管理の失宜によるルーメン機能の低下，低カルシウム血症（低Ca血症）および免疫機能の低下などの要因が関与して

図8.0.1　牛群検定成績による305日補正乳量の推移

表 8.0.1　家畜共済統計による乳牛の加入状況，病傷および死廃事故件数の推移

年度	加入状況			病傷事故		死廃事故	
	加入頭数(千頭)	加入戸数(千戸)	1戸当たり頭数	件数(千頭)	加入頭数比(%)	件数(千頭)	加入頭数比(%)
平成元	1,668.0	103.7	16.1	1,489.3	89.3	102.7	6.2
2	1,702.3	102.2	16.7	1,500.6	88.2	119.9	7.0
3	1,734.6	101.7	17.1	1,494.5	86.2	123.6	7.1
4	1,703.9	97.5	17.5	1,503.5	88.2	124.7	7.3
5	1,729.9	85.2	20.3	1,474.0	85.2	121.3	7.0
6	1,679.1	80.8	20.8	1,428.3	85.1	122.2	7.3
7	1,674.0	86.9	19.3	1,331.0	85.5	113.8	6.8
8	1,669.0	87.9	19.0	1,408.0	84.4	114.7	6.9
9	1,657.9	87.7	18.9	1,379.6	83.2	113.9	6.9
10	1,620.6	85.0	19.1	1,413.4	87.2	120.1	7.4
11	1,581.0	79.7	19.8	1,352.4	85.5	119.7	7.6
12	1,556.3	77.6	20.1	1,365.9	87.8	116.2	7.5
13	1,535.2	77.9	19.7	1,279.1	84.5	110.3	7.2
14	1,573.6	79.9	19.7	1,329.5	84.5	121.5	7.7
15	1,559.4	79.6	19.6	1,355.0	85.6	115.2	7.3

注　各年度の家畜共済統計の集計

表 8.0.2　家畜共済統計による乳牛の周産期疾病の病傷および死廃事故件数(2003年度)

病名	病傷事故			死廃事故		
	件数	加入頭数比[1](%)	事故件数比[2](%)	件数	加入頭数比[1](%)	事故件数比[3](%)
乳熱	59,088	3.79	4.40	2,854	0.18	2.49
ダウナー症候群	19,425	1.25	1.45	7,526	0.48	6.56
ケトーシス	17,631	1.13	1.31	412	0.03	0.36
脂肪肝	3,260	0.21	0.24	1,289	0.08	1.12
第四胃左方変位	33,686	2.16	2.51	2,739	0.18	2.39
第四胃右方変位	16,619	1.07	1.24	4,827	0.31	4.20
胎盤停滞	14,334	0.92	1.07	5	0.00	0.00
産褥熱	23,205	1.49	1.73	1,419	0.09	1.24

注　1) 加入頭数 (1,559,400頭) に対する割合，2) 総病傷事故件数 (1,343,494件) に対する割合，3) 総死廃事故件数 (114,792件) に対する割合

いる。周産期疾病の発生は互いに関連があり，乳熱の発症牛ではその後にダウナー症候群や胎盤停滞，ケトーシス，第四胃左方変位 (LDA) が，また，ケトーシスの発症牛ではLDAが発症する危険性が高く，さらに，ケトーシスや胎盤停滞の発症牛では乳房炎や産褥熱が発生しやすいなど，代謝病は感染症の

発生とも関連がある。

周産期疾病は乳牛の分娩からの回復の障害となるばかりでなく，その後の泌乳量の増加や発情回帰の日数など乳牛による生産性を阻害することから，その予防は臨床上きわめて重要な課題となっている。

第1節　ルーメン機能と周産期疾病の予防

乳牛の疾病予防の基本は，衛生的で快適な環境を整えるなど飼養環境の改善を図り，良好なDMIを維持すること，また，牛群における疾病の発生傾向を調査し，その要因を分析して適切な対策を実施することである。周産期疾病の予防においても，基本的な飼養管理の改善を図り，DMI低下の軽減や急激な飼料変換の回避など乾乳期や移行期における栄養管理の適正化を図ったうえで低Ca血症，NEBおよび免疫機能低下の予防など，各疾病を対象とした予防対策を実施することが基本となる（図8.1.1）。

1．周産期のルーメン機能の変化と飼養管理

通常，周産期には給与飼料の組成の変化によってルーメン内の微生物叢や発酵産物，内容量，ルーメン壁絨毛密度などが変動する。また，飼料の品質や給

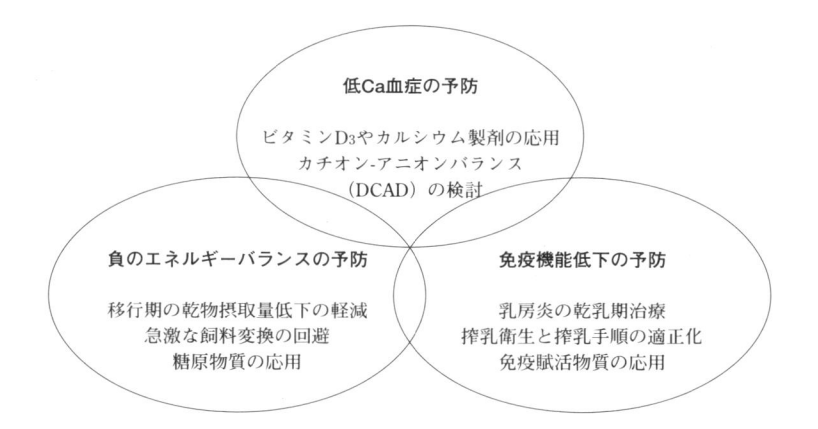

低Ca血症の予防
ビタミンD₃やカルシウム製剤の応用
カチオン-アニオンバランス
（DCAD）の検討

負のエネルギーバランスの予防
移行期の乾物摂取量低下の軽減
急激な飼料変換の回避
糖原物質の応用

免疫機能低下の予防
乳房炎の乾乳期治療
搾乳衛生と搾乳手順の適正化
免疫賦活物質の応用

図8.1.1　周産期疾病の予防対策の基本

与方法の変化によってルーメンアシドーシスに陥り，ルーメン液pHが低下して乳酸やヒスタミン，内因性エンドトキシンなどの有害物質が産生されるとルーメンや第四胃運動が抑制される。このように，周産期のルーメン機能の変化は周産期疾病の発生と密接な関連がある。

したがって，周産期にはルーメン微生物叢の恒常性を維持し，周産期疾病を予防して能力を最大限に発揮させるための飼養管理技術が特に重要となる。野外ではルーメンの恒常性を維持し，pHの変動を最小限にするために飼料の形状，給与順番，給与間隔，給与回数，1回当たりの濃厚飼料給与量などを調査・診断する給与飼料診断が活用されている。また，栄養管理状態の評価は給与飼料計算による充足率だけでなく，ボディコンディションスコア（BCS）の観察や代謝プロファイルテストも応用されている。

2. 乾乳期と移行期の栄養管理

乳牛では妊娠後期に胎児や子宮の栄養要求が増大するのに対して，移行期，特に分娩前後にはDMIが低下する。また，分娩後には泌乳のために栄養要求が増大するのに対して，DMIの増加が遅延する。このように分娩前後における栄養要求とDMIのアンバランスが周産期疾病の最大の要因となっている。したがって，周産期疾病の予防では泌乳後期・乾乳期から泌乳初期・最盛期における栄養管理，特にBCSを適正範囲内に維持し，分娩前後におけるDMIの低下を最小限にするための栄養管理がきわめて重要となる。

移行期におけるDMI低下を最小限にするためには，飼槽と給水の状態をチェックし，清潔な牛舎環境を保持すること，過肥牛は移行期にDMIが低下するのでオーバーコンディションを避けること，潜在的なルーメンアシドーシスを防ぐために適切な繊維の割合を維持すること，嗜好性の良い飼料を給与することが重要である。また，種々のストレスは，特に初産牛で泌乳初期のDMIを低下させるので極力ストレスを軽減すること，食餌性脂肪の過剰給与はDMIを低下させ，血清遊離脂肪酸濃度を上昇させるので過剰な食餌性脂肪の給与を避けることが大切である。さらに，アシドーシスを引き起こすことなくルーメン微生物によるタンパク質産生を最大にするために飼料中のタンパク質に適切なアミノ酸が含まれていること，ルーメンを順応させるために移行期飼

料を徐々に泌乳期用飼料に切り替えることも重要である。

　実際の飼養管理指導では，乾乳期や移行期におけるDMIとBCS，給与した栄養ではなく摂取した栄養および給水などの栄養管理状態，また，乾乳日数や牛床，換気，飼料給与パターン，寝起きの自由度，乳房炎対策および群構成などの飼養管理状態を詳細にチェックし，その結果に基づいて具体的な改善指導を実施する必要がある。栄養管理上の問題点は牛群ごとに給与飼料の成分や構成に差異があるため，牛群によって異なることが多い。したがって，その改善方法も牛群によって異なってくる。また，移行期における栄養管理の改善は，周産期疾病の予防ばかりでなく，泌乳量の増加や繁殖成績の向上など乳牛による生産性の向上に有効であることはいうまでもない。

3. ルーメンアシドーシスの防止

　ルーメンアシドーシスは濃厚飼料多給に対してルーメン微生物が対応できず，ルーメン内のpHが低下するもので，易発酵性炭水化物の過剰発酵，ルーメン内pHの緩衝作用の低下，ルーメン絨毛による揮発性脂肪酸（VFA）の吸収低下などの要因が関与している。従来からルーメンアシドーシスは，周産期疾病ばかりでなく繁殖障害や蹄病などの要因として重視されているが，最近では高泌乳牛の飼養管理と関連した潜在性（亜急性）ルーメンアシドーシスの問題（KrauseとOetzel，2005，Duffieldら，2004）がクローズアップされている。しかし，野外においては経口的なルーメン液の採取やルーメン液の正確なpH測定が困難なこともあり，乳牛のルーメンアシドーシスの実態については不明な点が多い。ルーメンアシドーシスと飼養管理および周産期疾病との関係は今後の検討課題である。

　穀類など濃厚飼料が短時間に多量給与された場合，ルーメン内では乳酸やVFAの産生が増加し，pHが低下してグラム陽性菌が急速に増殖し，さらにルーメン内のpHが低下する。一方，穀物や濃厚飼料が多給された場合，ルーメン内ではグラム陰性菌が死滅して内因性エンドトキシンが産生される。吸収されたエンドトキシンは肝臓のクッパー細胞を刺激して種々の炎症性サイトカインを誘導するが，これらエンドトキシンやサイトカインはルーメン運動や第四胃平滑筋運動を抑制して第四胃変位のほか，循環系を介して蹄にも影響を及ぼ

骨盤（寛骨）の側望からの評価

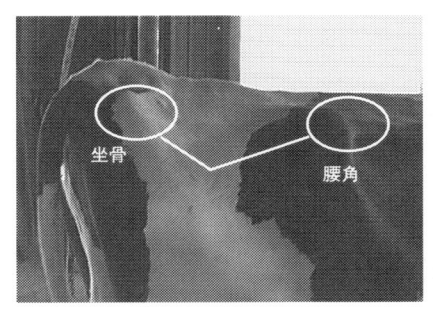

①腰骨と坐骨を結んだ線が尖ってV形ならば，
　BCSは3.0または3.0以下
　腰角と坐骨を見る
　　3.00　腰角と坐骨に脂肪のパット
　　2.75　腰角は角ばる・坐骨にパット
　　2.50　腰角は角ばる・坐骨も角ばる
　　　　　坐骨に触れると少し脂肪が残る

②坐骨に脂肪パットがまったくないと
　　2.50以下　横突起を見る
　　2.25　椎骨に向かって1/2が見える
　　2.00　椎骨に向かって3/4が見える

③寛骨が見えると　2.00以下
　　椎骨が完全に見える（L型）

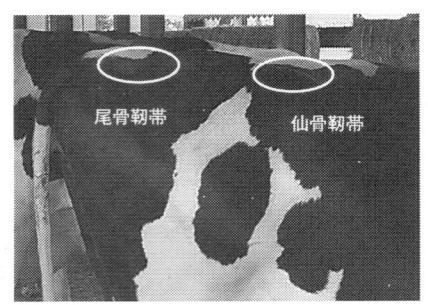

④腰骨と坐骨を結んだ線が丸味を帯びてU形な
　らば，BCSは3.25または3.25以上
　仙骨靱帯と尾骨靱帯を見る
　　3.25　仙骨靱帯と尾骨靱帯が見える
　　3.50　仙骨靱帯が見える・尾骨靱帯もわず
　　　　　かに見える
　　3.75　仙骨靱帯がわずかに見える・尾骨靱
　　　　　帯は見えない
　　4.00　仙骨靱帯と尾骨靱帯が見えない

⑤寛骨がフラットなら　4.00以上
　　4.25　靱帯はどれも見えない・横突起がわ
　　　　　ずかに見える
　　4.50　寛骨はフラット・坐骨が見えない
　　4.75　腰骨がわずかに見える

図8.1.2　ボディコンディションスコア（BCS）の評価法（Fergusonの方法）

す可能性が指摘されている。牛群に採食量の低下や反芻時間の減少，咀嚼回数の減少，毛づやの消失やBCSの低下，軟便の排出などルーメンアシドーシス症状を呈するウシが増えると，蹄葉炎や第四胃変位などが増加する。

　ルーメンアシドーシスが問題となる牛群ではNFCの過剰給与を避け，唾液の分泌を促してルーメン内の緩衝作用を維持し，ルーメン絨毛の発達を促すために移行期には分娩後飼料に向けてルーメンを馴致する。濃厚飼料の種類や給与量を変更する場合は，時間をかけて行い十分な量の粗飼料を給与することが重要となる。

4．ボディコンディションによる栄養状態の把握

　ボディコンディションは乳牛の栄養状態を反映した皮下脂肪の蓄積度合で，その程度によって1〜5（中間値は0.25ポイントごとに細分化）のスコアで表

現する。ボディコンディションスコア（BCS）の判定法としては，判定者による個人差の少ないUV法が普及している。この方法は観察部位を寛骨の側望，腰角，坐骨，仙骨靱帯（腰角の靱帯）および尾骨靱帯の5カ所に絞った簡単な判定法である（図8.1.2）。

BCSの適正値は泌乳牛と乾乳牛で異なり，泌乳牛では乳期によって異なる。乾乳牛では分娩後のDMI低下によるNEBを補うために，体脂肪の蓄積が必

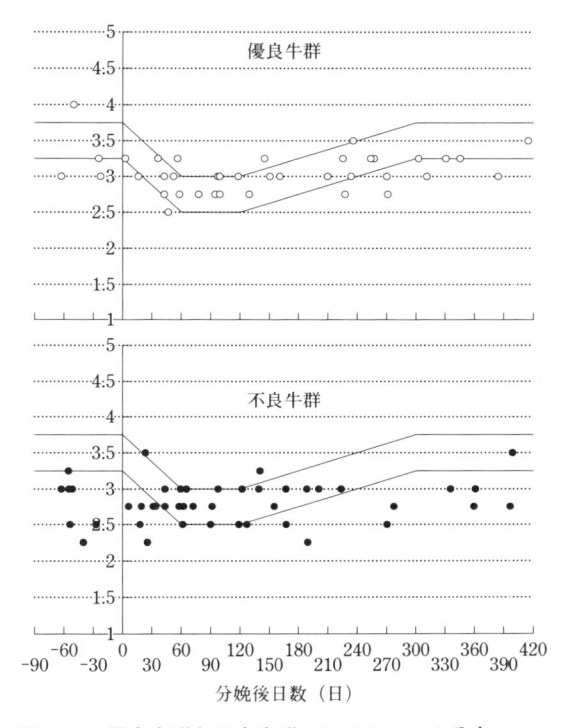

図8.1.3 優良牛群と不良牛群におけるBCSの分布

要で，乾乳期と分娩時のBCSは3.5前後（3.25～3.75）が適正値である。周産期疾病が多発し，そのために泌乳量が少なく繁殖成績も悪いなど生産性が低い不良牛群のBCSは，乾乳期や各泌乳期に牛個体間の差異が大きく，泌乳初期や最盛期に低い値を示すものが多い（図8.1.3）。

5. 代謝プロファイルテストを利用した栄養管理

ウシの血液成分は給与飼料などの栄養摂取状態を反映しており，栄養摂取と乳生産の間に均衡が保たれている場合，一定範囲内の値を示すが，均衡がくずれた場合は，その程度に応じて値が変動する。このことを利用して血液成分の検査から，エネルギー代謝，タンパク質代謝，無機質代謝などを判定することができる。

エネルギー代謝検査としては,血糖（ストレスや穀類多給で増加,エネルギー不足や肝機能低下で減少）,遊離脂肪酸（食欲不振による負のエネルギーバランスで増加）,総コレステロール（エネルギー過剰や脂質多給で増加,乾物摂取量やエネルギー不足,肝機能低下で減少）のほか,トリグリセライド,β-リポタンパク質,ケトン体などを測定する。

タンパク質代謝検査としてはアルブミン（長期のタンパク質代謝を反映し,肝機能低下で減少,飲水不足や脱水で増加）,尿素窒素（短期のタンパク質代謝を反映し,飼料中のタンパク質過剰やルーメン微生物へのエネルギー供給不足,濃厚飼料多給で増加,タンパク質給与不足で減少）,また,無機質代謝検査としてはCa（ビタミンD過剰や低リン飼料給与で増加,Ca給与不足やリン給与過剰で減少）,無機リン（濃厚飼料多給で増加,Caやリン給与不足で減少）などを測定する。

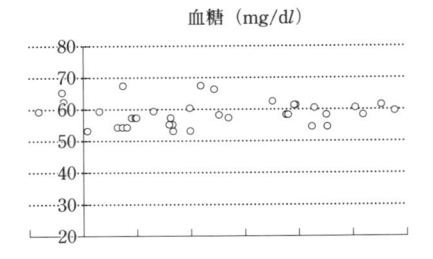

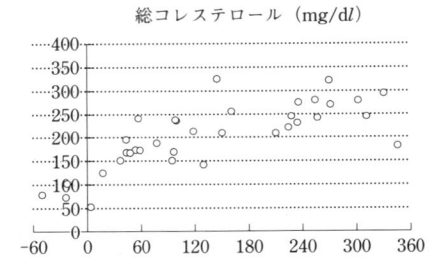

図8.1.4 優良牛群の代謝プロファイルテス

さらに,ルーメンコンディションはアンモニア（タンパク多給や相対的な炭水化物不足で増加,タンパク質不足や炭水化物過剰で減少）,乳酸（炭水化物多給や濃厚飼料の先行給与,1回当たりの給与濃厚飼料過剰で増加,炭水化物不足で減少）を指標として判定する。

代謝プロファイルテストの実施によって,栄養管理状態を反映した客観的なデータを得ることができる。家畜管理者の理解を得るためにBCSと血液検査の結果を乳期ごとにグラフ化し（図8.1.4）,飼養管理上の問題点を明らかにして総合的・具体的な栄養管理の改善指導を行う。

代謝プロファイルテストを利用して乳量や乳成分,繁殖成績の向上および疾

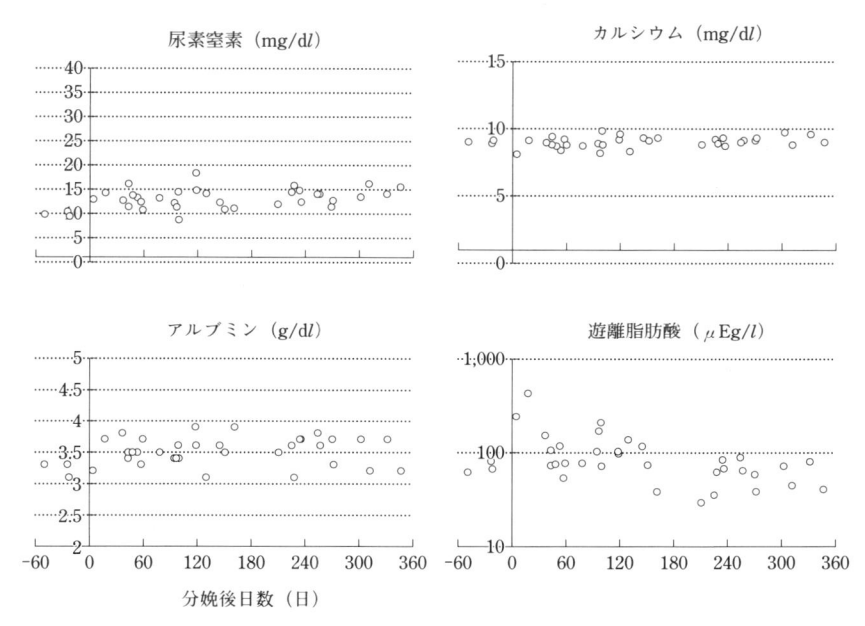

トによる診断図の例

　病の予防を図るためには，BCSのほか牛群検定成績，疾病発生状況，飼料給与状況などのデータを収集して牛群全体の状況を把握することが大切である。また，代謝プロファイルテストのデータを解釈する場合，種々の変動要因を考慮して慎重に判断することも必要である。

（佐藤　繁）

第2節　低カルシウム血症の予防

　低カルシウム血症（低Ca血症）は分娩前後における血中から初乳中への急激なCaの移行，腸管からのCaの吸収量の減少および骨からのCa動員の遅れによって起こる。低Ca血症の関連疾病としては乳熱とダウナー症候群があるが，第四胃変位牛も低Ca血症をともなうことが多く，低Ca血症の関連疾病と考えられる。

最近，泌乳量の増加にともない，分娩後に極端な低Ca血症を呈するものが多発する傾向にある。分娩直後で起立状態が正常な乳牛においても血中Ca濃度が低下している例が多く，起立不能に陥った例では極端な低Ca血症を呈し，Ca製剤を用いた治療を実施しても血中Ca濃度の上昇が見られず，結果的に廃用になったり死亡したりするものがある。

1. 低Ca血症の関連疾病

(1) 乳　熱

乳熱とは分娩直前から分娩後2日以内に血中Ca濃度の低下のために起立困難に陥り，麻痺と意識障害を呈する疾病で，経産牛，特に高泌乳牛で多発する。起立は全く困難で意識障害を呈し，頭頸部を屈曲した典型的な乳熱姿勢を示す。体温や皮温の低下，ルーメン運動の減退や停止，尾力の消失などが認められる。分娩直後で起立状態が正常な乳牛でも血中Ca濃度が低下し，食欲の低下や胃腸運動の減退，皮温の低下，筋肉の震顫，後駆のふらつきなどの症状を呈する例があり，これは明らかに乳熱の前駆症状と考えられる。

発症要因は，分娩前の乳汁分泌開始にともなう血中Ca濃度の低下，エストロゲンの分泌亢進による食欲減退や妊娠子宮の消化管への物理的圧迫による分娩時のCa摂取量の低下，また，分娩後の初乳への急激なCa分泌による血中Ca濃度の低下，さらに，血中Ca濃度の低下による消化管運動の抑制と低Ca血症の悪化である。

(2) ダウナー症候群

ダウナー症候群とは乳熱に対する治療の遅れやその他の要因によって起立困難の状態が持続し，そのために四肢，特に後肢に虚血性麻痺が起こった起立不能の症候群である。乳熱と同様に分娩後7日以内の高泌乳牛に多発し，乳熱の治療後24時間を経過しても起立困難で食欲はわずかに低下，後駆が無力で前肢だけで這いずり回るものもある。循環障害をともなった例では心拍数や呼吸数の増加，苦悶を呈し，死亡例では心臓に病変が認められる。

発症要因は低Ca血症のほか，過肥牛症候群の脂肪肝，難産による産道損傷，大腸菌などの細菌感染による甚急性乳房炎，関節炎や関節周囲炎，滑走・転倒

による骨折や脱臼，末梢神経の麻痺，二次的な後肢筋肉の虚血や変性，断裂，靭帯の損傷などがある。実際には，筋肉や神経，骨・関節などに複数の病変が併発していて原因を特定できないこともある。

(3) 第四胃変位

　第四胃変位とは第四胃運動の減退と第四胃内ガスの貯留をともなって，急性あるいは慢性の消化障害を呈する疾病である。突然の食欲廃絶あるいは数日～数週間にわたる食欲不振を呈するが，その程度は経過や変位の種類，合併症の有無によって異なる。左方変位と右方変位（捻転）があり，第四胃左方変位では急激あるいはしだいに食欲が低下し，濃厚飼料を嫌って乾草を採食したり，元気消失と食欲不振を繰り返す。ウシを後方から見ると左側後位肋骨から最後位肋骨後縁にかけて膨隆しているものもあり，この部位で特有の金属性有響音が聴取できる。第四胃右方変位（捻転）は左方変位に比べて重篤な症状を呈し，捻転を伴わない場合は食欲廃絶と脱水症状を呈して乳量は急激に減少する。捻転をともなう場合は同様の症状を示すが，経過はさらに急激で症状も重篤で，疝痛症状を示して腹囲は膨大する。少量の悪臭黒色下痢便や粘血便を排泄することもある。

　直接的な発症要因は，第四胃運動の減退と第四胃アトニー，第四胃内ガスの貯留であるが，妊娠子宮によるルーメンの押上げと食欲低下によるルーメン容積の減少など腹腔間隙の増大も関与している。濃厚飼料の多給によってルーメン内の不消化内容物が第四胃に流入し，第四胃アトニーとガス貯留が起こると考えられる。しかし，第四胃変位の発症要因や発生機序については不明な点が多く，飼料要因や牛体要因など多くの要因が関与している（図8.2.1）。

2．低Ca血症と周産期疾病の関係

　分娩前後における低Ca血症は，乳熱の発生ばかりでなく，平滑筋の機能減退によって消化管の運動性低下や子宮の運動性低下を招き，その後の第四胃変位やケトーシスの発生，泌乳量の減少，DMI低下による負のエネルギーバランス（NEB）の進行と子宮回復の遅延による繁殖成績の低下とも関連がある（図8.2.2）。乳熱の発症牛は，その後にダウナー症候群や胎盤停滞・産褥熱など

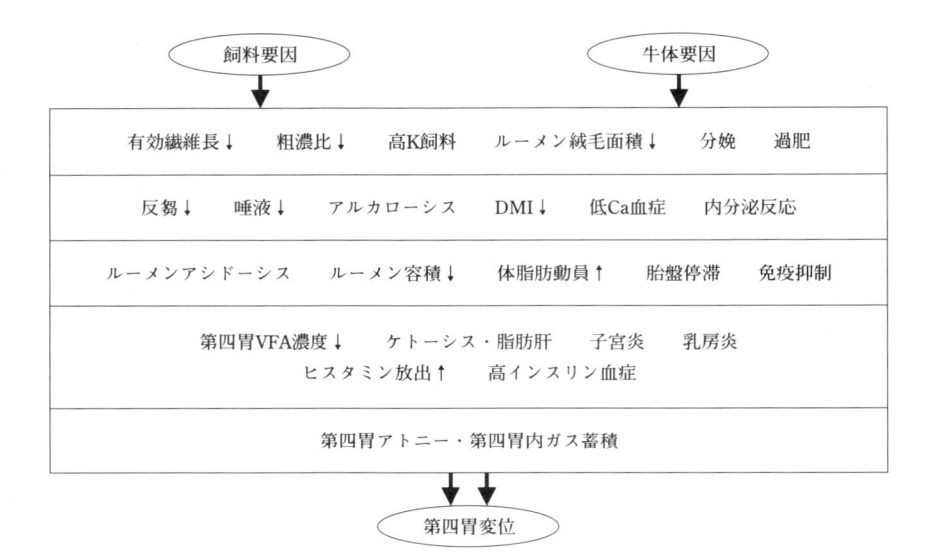

```
            ┌─飼料要因─┐                    ┌─牛体要因─┐
            └────┬────┘                    └────┬────┘
                 ▼                              ▼
┌─────────────────────────────────────────────────────────────────┐
│  有効繊維長↓   粗濃比↓   高K飼料   ルーメン絨毛面積↓   分娩   過肥  │
│                                                                 │
│  反芻↓   唾液↓   アルカローシス   DMI↓   低Ca血症   内分泌反応    │
│                                                                 │
│  ルーメンアシドーシス   ルーメン容積↓   体脂肪動員↑   胎盤停滞   免疫抑制 │
│                                                                 │
│  第四胃VFA濃度↓   ケトーシス・脂肪肝   子宮炎   乳房炎            │
│        ヒスタミン放出↑   高インスリン血症                          │
│                                                                 │
│         第四胃アトニー・第四胃内ガス蓄積                            │
└─────────────────────────┬───────────────────────────────────────┘
                          ▼▼
                    ┌─第四胃変位─┐
                    └───────────┘
```

図8.2.1　第四胃変位の階層化した発症要因網　　　　　　　　　　（田口と田端，1998）

```
                    ┌─低Ca血症（臨床的・潜在的）─┐
                    └──────────────┬─────────────┘
                                   ▼
                         ┌─平滑筋の機能減退─┐
                         └────────┬─────────┘
                        ┌─────────┴─────────┐
                        ▼                   ▼
                 ┌─消化管の運動性低下─┐  ┌─子宮の運動性低下─┐
                 └─────────┬─────────┘  └────────┬─────────┘
              ┌───────────┼────────┐             │
              ▼           ▼        ▼             │
        ┌─第四胃変位─┐→┌─DMIの低下─┐←┌─胎盤停滞─┐  ┌─子宮の回復低下─┐
        └─────┬─────┘  └─────┬─────┘  └─────────┘  └────────┬────────┘
              ▼              │                               ▼
     ┌─体脂肪動員増加─┐   ┌─負のエネルギーバランス─┐        ┌─子宮内膜炎─┐
     └────────┬───────┘   └──────────┬─────────────┘        └─────┬──────┘
              ▼                      │                            │
         ┌─ケトーシス─┐               ▼                            ▼
         └───────────┘          ┌─泌乳量の低下─┐            ┌─繁殖成績の低下─┐
                                └──────────────┘            └────────────────┘
```

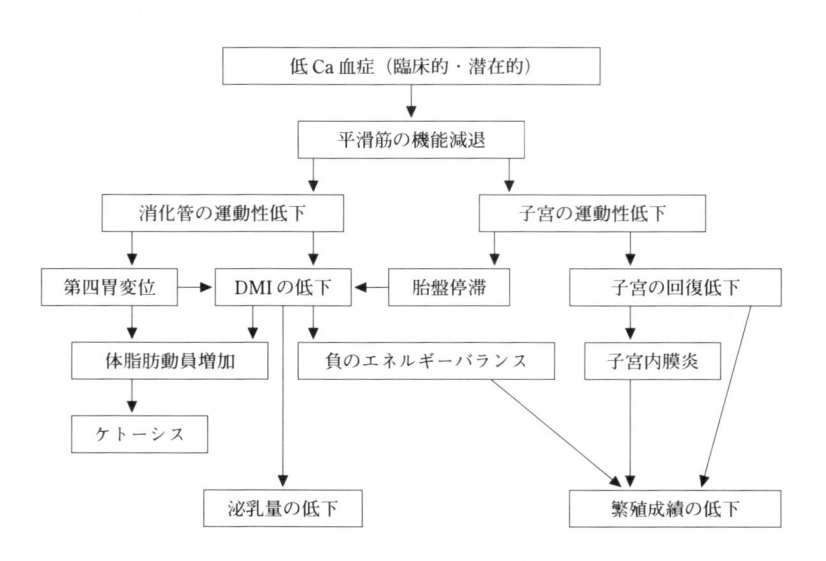

図8.2.2　低Ca血症と周産期疾病との関係

が発症しやすい傾向もある。

　したがって，低Ca血症の予防は乳熱以外の周産期疾病を予防するうえでも重要であり，すべての経産牛に対して実施するべきである。また，牛群における低Ca血症の問題は，移行期の栄養管理とも関連があるが，NEBの問題が解決された牛群においても，依然として低Ca血症の問題が解決できないケースもある。

3. 低Ca血症の予防対策

　乳熱やダウナー症候群をはじめとした周産期疾病の発生，乳量や繁殖成績低下による損失を低減するためには，乾乳期や移行期における飼養・栄養管理の適正化を図り各種薬剤の応用を含めた総合的な低Ca血症の予防対策を徹底する必要がある。低Ca血症の予防対策としては，乾乳期飼料中の陽イオンと陰イオンのバランスを考慮した栄養管理を主体に，高泌乳牛や経産牛に対しては分娩前におけるビタミンD_3の筋肉内投与，分娩直前や直後におけるCa剤（リン酸一水素Caやクエン酸加グルコン酸Caなど）の経口投与を実施する。最近，ビタミンD_3の代謝経路に関する研究が進展し，$1\alpha(OH)D_3$や$1,25(OH)_2D_3$などのビタミンD_3代謝産物を用いて乳熱の予防が試みられている。特に$1,25(OH)_2D_3$の利用が注目されているが，未だ臨床応用には至っていない。

　従来，乾乳期にはCa摂取量を制限することが推奨されてきたが，最近，乳熱の発生には乾乳期飼料中のCa含量よりもカチオン―アニオンバランス（DCAD）が関与する（GoffとHorst，2003）とされている。DCADは飼料中の陽イオンと陰イオンとの関係を評価するもので，一般的で広く用いられる計算式 $[(Na^+ + K^+) - (Cl^- + S^{2-})]$ のほか，各イオンの吸収率を加味した計算式 $[(0.15Ca^{2+} + 0.15Mg^{2+} + Na^+ + K^+) - (Cl^- + 0.25S^{2-} + 0.5P^{3-})]$ などが用いられ，乾物100g当たりのミリ当量（mEq）で算出される。低Ca血症を予防するためのDCADの推奨値は，$-10mEq/100gDM$ あるいは $-10 \sim -15mEq/100gDM$ であるが，DCADの計算にあたっては給与するすべての飼料分析値が必要で，実際はかなり困難である。その場合，尿pHを指標としてDCADを推定する。DCADを調節する目的で塩化アンモニウムや塩化カルシウム，塩化マグネシウム，硫酸アンモニウム，硫酸カルシウム，硫酸マグネシウムなどが使用され

るが，これらの塩類は一般に嗜好性が悪いので，DMIが低下しないように注意する必要がある。このように，DCAD調節による低Ca血症の予防では解決するべき課題が多く，その効果についてもわが国では一致した見解が得られていない。

　筆者ら（佐藤ら，2003）は以前に，乳熱牛とダウナー牛では，健康牛に比べて血中Ca濃度が分娩前4～2週，2～0週，分娩後2週以内に低値を示し，血中乳酸濃度は分娩後2週以内に高値を示す傾向を認めた。また，消化器病や乳房炎などの疾病が多発していた牛群では疾病発生が少ない牛群に比べて，乾乳牛と泌乳牛のいずれもルーメン液および血清エンドトキシン濃度が高値を示す傾向を認めた。分娩後の乳熱やダウナー症候群，低Ca血症の発生には，乾乳期飼料中のカリウム過剰やルーメンコンディション低下によるCa吸収低下が関与しており，また，疾病多発牛群ではルーメンコンディション低下を反映したエンドトキシン濃度が高値を示す傾向にあることが示唆された。これらのことから，分娩後における低Ca血症の予防では，乾乳期や移行期における栄養管理とルーメンコンディションの適正化が重要と考えられた。

　なお，第四胃変位の予防ではルーメン容積の減少やVFA濃度の増加による第四胃運動の減退を予防するために，移行期における栄養管理の適正化を図り，第四胃変位と関連のある低Ca血症や種々の合併症を予防することが重要である。

（佐藤　繁）

第3節　負のエネルギーバランス（NEB）の予防

　乳牛の妊娠末期には胎児や子宮の栄養要求が増大するのに対して乾物摂取量（DMI）が低下し，分娩後には泌乳のために栄養要求が増大するのに対してDMIの増加が遅延する。このようなエネルギーの要求量と摂取量の不均衡に起因した負のエネルギーバランス（NEB）は，ケトーシスや脂肪肝などの周産期疾病の発生，その後の泌乳量や発情回帰とも密接な関連がある。

　最近，乳牛の泌乳能力の向上にともない分娩後に極端なエネルギー不足に陥り，血中ケトン体濃度が上昇して種々の代謝障害を呈する潜在性ケトーシス牛

が増加している（Anderson, 1988, Duffield, 2000）。潜在性ケトーシス牛は血中や乳中，尿中にケトン体が出現しているが食欲不振などの明らかな症状を示さない状態である。

1. 負のエネルギーバランスの関連疾病

(1) ケトーシス

ケトーシスは糖質や脂質の代謝障害によって体内にケトン体が過剰に増量し，食欲不振や乳量減少などの症状を呈する疾病である。高泌乳牛で分娩後2〜4週の泌乳最盛期に発症することが多く，泌乳初期から最盛期にかけてエネルギー要求に見合った飼料が給与されない場合（低栄養性），酪酸や乳酸含量の多いサイレージを多給した場合，高タンパク質飼料の給与によってルーメン内で酪酸が増加した場合（食餌性）のほか，各種慢性疾患の場合（継発性）にも発症する。主な症状は濃厚飼料，次いでサイレージ摂取量の低下，乳量の減少がみられ，流涎，歯ぎしり，視力の消失，運動失調や興奮状態などの神経症状を呈するものもある。

ケトン体は，アセトン，アセト酢酸およびβ-ヒドロキシ酪酸の総称で，ブドウ糖に代わるエネルギー源として，多量でなければ生体にとって有用な物質である。体内のブドウ糖が不足するとルーメンで産生されたVFAが十分に利用されずにケトン体となり，ケトン体が大量に産生されて血中濃度が上昇するとケトーシスの症状を呈する。

(2) 脂肪肝

脂肪肝は乾乳期の過肥と分娩後のエネルギー不足のために中性脂肪が肝臓に異常に蓄積した状態（Gerloff, 2000, Katoh, 2002）で，過肥状態のウシが分娩後に乳熱や胎盤停滞，乳房炎，第四胃変位などの周産期疾病を併発する症候群である。高度の脂肪肝をともない，食欲不振ないし廃絶，乳量減少などの症状を呈して削痩し，その後の繁殖成績も低下する。肝機能や免疫機能が低下し，産褥熱や乳房炎などの感染症も併発しやすくなる。尿ケトン体出現のほか，重症例ではアセトン臭の強い黒色下痢や泥状便を排泄し，ケトーシスと類似した症状を示すが，ブドウ糖注射などによる治療効果が小さく，重篤な症状が長期

```
                    ┌─────────────────────────┐
                    │ 肝臓への脂肪沈着・肝機能の低下 │
                    └─────────────────────────┘
                                │
                    ┌─────────────────────────┐
                    │ 脂肪の過剰動員・負のエネルギーバランス │
                    └─────────────────────────┘
       ┌──────────┬──────────┬──────────┐
┌──────────┐ ┌──────────┐ ┌──────────┐ ┌──────────┐
│ 脂肪肝    │ │ 骨格筋の脂肪化 │ │ 血中ケトン体の上昇 │ │ GnRH分泌の抑制 │
│ ケトーシス │ │ アミノ酸の動員 │ └──────────┘ └──────────┘
└──────────┘ └──────────┘       │              │
                   │      ┌──────────┐  ┌──────────────┐
              ┌──────────┐│ 免疫機能の低下 │  │ 性腺刺激ホルモン分泌の低下 │
              │ビタミンDの代謝障害│└──────────┘  └──────────────┘
              └──────────┘                        │
                   │                       ┌──────────┐
              ┌──────────┐                 │ 卵巣機能の遅延 │
              │ 低Ca血症・乳熱 │                 └──────────┘
              └──────────┘                        │
           ┌──────┬──────┐                  ┌──────────┐
       ┌──────┐ ┌──────┐                    │ 繁殖障害 │
       │胎盤停滞│ │第四胃変位│                 └──────────┘
       └──────┘ └──────┘
```

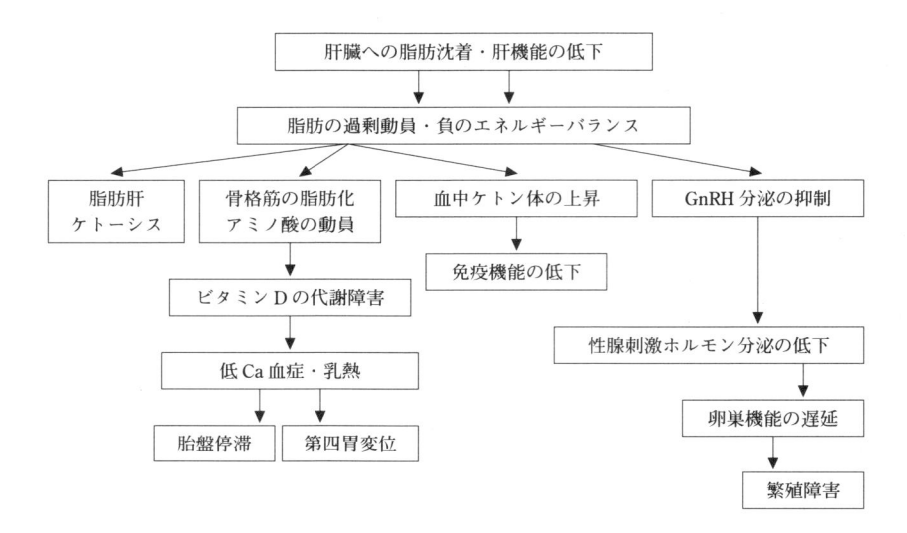

図8.3.1 負のエネルギーバランスと周産期疾病との関係

間持続する。

2. 負のエネルギーバランスと周産期疾病の関係

NEBはケトーシスや脂肪肝などエネルギー関連疾病の要因となる（Duffieldら，2002, Grummer, 1995, Herdt, 2000）。また，潜在性ケトーシス牛では周産期疾病の発生が増加し，臨床型ケトーシスや脂肪肝のほか産褥熱や第四胃変位，臨床型乳房炎が発生しやすくなる。NEBおよび肝臓への脂肪沈着や肝機能低下をともなう脂肪肝は，ケトーシスや乳熱，胎盤停滞，第四胃変位などの周産期疾病の発症要因となるほか，血中ケトン体の上昇による免疫機能の低下，性ホルモン分泌の抑制や卵巣機能の遅延による繁殖障害とも関連がある（図8.3.1）。

3. 負のエネルギーバランスの予防対策

ケトーシスや脂肪肝をはじめとした周産期疾病の発生，泌乳量や繁殖成績の低下による損失を低減するために，乾乳期や移行期における飼養・栄養管理の適正化など総合的なNEBの予防対策を実施する。

NEBの予防対策としては，DMI低下の軽減を目的とした移行期の栄養管理の適正化を主体に飼養管理の改善を図る。特に高泌乳牛では，酪酸や乳酸含量の多いサイレージと過剰な高タンパク質飼料の給与を控えること，飼料の急激な変更や分娩時の過肥を避けること，また，泌乳初期から最盛期にかけてエネルギー要求に見合った飼料を給与することが重要である。DMIが極端に低下する場合は，グリセロール（DeFrainら，2004）や

表 8.3.1　糖原物質の投与量と投与方法

糖原物質	投与量と投与方法	備考
グリセロール	500mlを1日2回あるいは1,000mlを1日1回，大量の微温湯で希釈して2〜3日間経口投与	
プロピレングリコール	300〜500mlを1日1回，大量の微温湯で希釈して2〜3日間経口投与	分娩前に投与する場合300mlを3〜7日間
プロピオン酸マグネシウム	25%内用液250mlを1日2〜3回あるいは500mlを1日1回，2〜5日間経口投与	
プロピオン酸ナトリウム	内用液125〜250gを1日2回，2〜5日間経口投与	

プロピオン酸ナトリウムなどの糖原物質，ルーメンバイパスアミノ酸，ナイアシンなどの薬剤の応用を検討する（表8.3.1）。従来，NEB状態を改善するための補助的薬剤としてプロピレングリコールが使用されていた（Formigoniら，1996，Pickettら，2003）が，最近では，より安全で効果的なグリセロールが普及している。分娩後にグリセロールを経口投与すると，血糖値やトリグリセライド濃度が速やかに上昇し，ケトン体濃度が低下することから，潜在性あるいは臨床型ケトーシスのほか，エネルギー関連疾病の予防に広く用いられている。

4．負のエネルギーバランスへの新たなアプローチ

ここでは，乳牛の負のエネルギーバランス（NEB）に関する筆者らの最近の調査結果を紹介する。

(1) 分娩前の血糖および遊離脂肪酸値と分娩後のNEBの関係

分娩前のNEBは胎児の成長にともなう栄養要求の増大やDMIの低下と関連

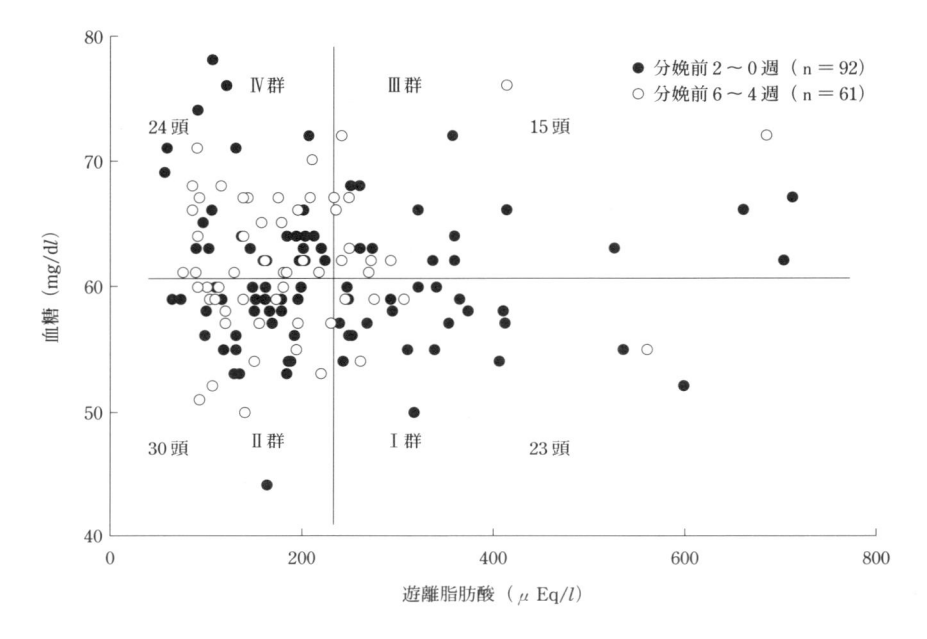

図8.3.2　健康乳牛の分娩前における血糖および遊離脂肪酸値の分布

があるが，その実態や分娩後のNEBとの関係は知られていない。健康乳牛における分娩前のNEBと分娩後のNEBとの関係を明らかにする目的で，分娩前2〜0週の血糖（Glu）値と遊離脂肪酸（NEFA）値を基準としてⅠ〜Ⅳの4群に区分し，分娩後の血中成分の推移を検討した（佐藤ら，2005）。

その結果，Gluは分娩後2〜4週にⅠ群（低Glu・高NEFA）とⅡ群（低Glu・低NEFA）でⅢ群（高Glu・高NEFA）やⅣ群（高Glu・低NEFA）に比べて低い値を，NEFAは分娩後0〜2週と2〜4週にⅡ群とⅠ群でⅣ群に比べて高い値を示した（図8.3.2，図8.3.3）。アスパラギン酸アミノトランスフェラーゼ（AST）は分娩後0〜2週と2〜4週にⅡ群でⅢ群やⅣ群に比べて高い値を，γグルタミルトランスペプチダーゼ（GGT）は分娩後2〜4週にⅠ群でⅡ群に比べて高い値を示した。また，分娩後にはGLUとASTとの間に負の相関，NEFAとASTおよびGGTとの間に正の相関が認められた。

これらのことから，分娩後2〜4週のNEBは分娩前2〜0週のNEBと密接な

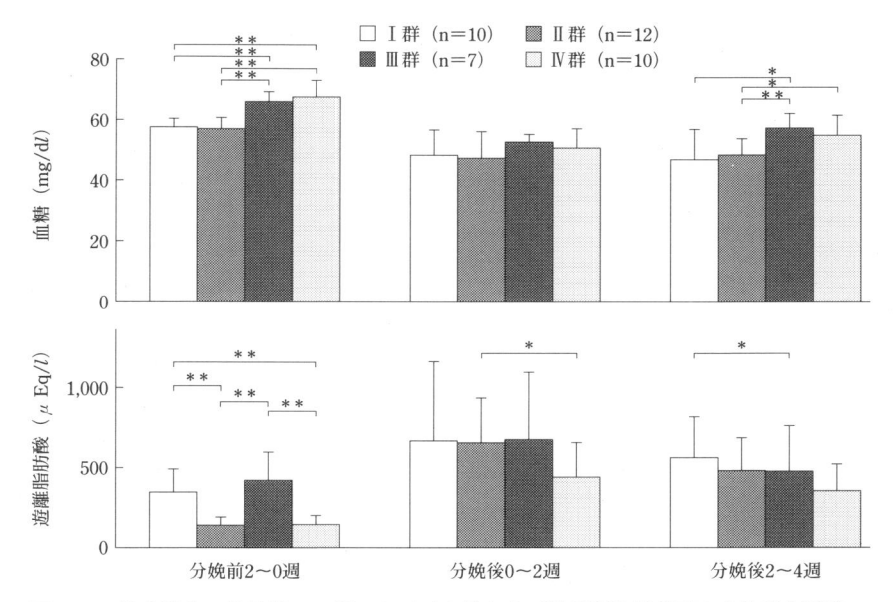

図8.3.3 健康乳牛の分娩前2〜0週における血糖および遊離脂肪酸値別の血糖値と遊離脂肪酸値の推移
＊p＜0.05, ＊＊p＜0.01

関連性があり，また，分娩後のNEBは肝機能と関連のあることが示唆された。

(2) 潜在性ケトーシスにおけるHBAと血糖，NEFAおよびASTとの関係

乳牛の潜在性ケトーシスは分娩後のNEBや臨床型ケトーシス，第四胃変位の発生と関連があるが，潜在性ケトーシスの発生状況や発生要因，ケトン体以外の血中成分については不明な点が多い。乳牛の潜在性ケトーシスの病態を明らかにする目的で，潜在性ケトーシス牛（52頭），臨床型ケトーシス牛（23頭）および対照牛（75頭）の血中成分を比較検討した（佐藤ら，2005）。

潜在性ケトーシス牛では対照牛に比べて血糖（Glu）が低い値を，β-ヒドロキシ酪酸（HBA），遊離脂肪酸（NEFA），トリグリセライド（TG），β-リポタンパク質，総タンパク質，ASTおよびGGTが高い値を，また，臨床型ケトーシス牛に比べてGlu，HDLコレステロール，総コレステロールおよびリン脂質が高い値，HBA，NEFA，TGおよびASTが低い値を示した（表8.3.2）。さ

表8.3.2 潜在性ケトーシス牛，臨床型ケトーシス牛および健康牛における血中成分

項　目	潜在性ケトーシス牛 (n=52)	臨床型ケトーシス牛 (n=23)	健康牛 (n=75)
β-ヒドロキシ酪酸(mM)	1.49±0.83[b)d)]	2.64±1.10[b)]	0.77±0.46
血糖 (mg/dl)	51±11[b) d)]	43±11[b)]	64±6
遊離脂肪酸 (μEq/l)	621±325[b) d)]	1,183±555[b)]	306±233
総コレステロール (mg/dl)	165±64[d)]	124±46[b)]	174±62
HDLコレステロール(mg/dl)	152±48[d)]	102±29[b)]	144±42
トリグリセライド (mg/dl)	16.3±7.7[b) c)]	21.6±7.7[b)]	7.4±3.0
β-リポタンパク (mg/dl)	9.4±4.7[b)]	8.9±1.9[b)]	4.0±3.2
リン脂質 (mg/dl)	211±77[d)]	148±52[b)]	191±61
尿素窒素 (mg/dl)	11.8±4.3	11.0±3.7	12.5±4.9
総タンパク質 (g/dl)	8.1±0.7[a)]	8.0±1.0	7.8±0.7
アルブミン (g/dl)	3.9±0.4	4.1±0.4	4.0±0.4
AST[1)] (IU/l)	94±34[b) d)]	147±69[b)]	78±22
GGT[2)] (IU/l)	28±24[b)]	27±15[b)]	20±4

注 1) アスパラギン酸アミノトランスフェラーゼ，2) γグルタミルトランスペプチダーゼ
a) $p<0.05$, b) $p<0.01$（健康牛との有意差），c) $p<0.05$, d) $p<0.01$（臨床型ケトーシス牛との有意差）

らに，潜在性ケトーシス牛ではHBAとNEFA，HBAやNEFAとASTとの間に正の相関，HBAとGlu, GluとASTとの間に負の相関が認められた。一方，潜在性ケトーシス牛において尿ケトン体強陽性牛では，弱陽性牛に比べてGLUが低値，HBA，NEFAおよびASTが高値を示

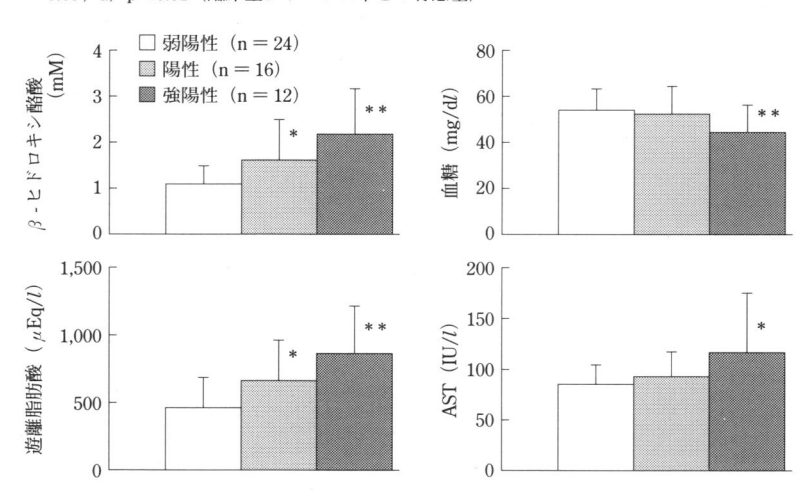

図8.3.4 潜在性ケトーシス牛における尿ケトン体別のβ-ヒドロキシ酪酸，血糖，遊離脂肪酸およびAST値
＊$p<0.05$, ＊＊$p<0.01$（弱陽性牛との有意差）

表 8.3.3 グリセロール投与後における血糖（Glu），β-ヒドロキシ酪酸（βHBA），遊離グリセロール（FGly），遊離脂肪酸（NEFA）および乳酸（LA）値の推移

項目	投与群[1]	投与前[2]	投与後時間[2]					
			0.5	1	2	4	6	24
Glu (mg/dl)	G500	48±8	62±11	62±11	58±7	54±7	54±5	49.6±6
	G1,000	40±7[d]	60±3[b]	62±6[b]	62±6[b]	57±9[a]	54±9	51±2[a]
	G2,000	44±14	56±11	60±10	63±7[a]	67±6[a]	70±7[a]	58±6
HBA (mM)	G500	1.18±0.29	0.96±0.33	0.91±0.30	0.79±0.09[a]	0.73±0.13[a]	0.82±0.16	0.92±0.05
	G1,000	1.86±0.89	1.56±0.97	1.38±0.76	1.04±0.48	0.91±0.37	0.99±0.36	1.10±0.54
	G2,000	1.80±0.83	1.63±0.79	1.43±0.68	1.23±0.41[c]	0.86±0.27	0.68±0.18[a]	0.72±0.04[a]
FGly (mg/dl)	G500	12±8	78±63	46±47	17±7	15±6	14±5	13±6
	G1,000	13±6	438±289[a]	391±235[a]	283±229	52±62	17±10	15±9
	G2,000	18±2	1,216±225[b]	1,323±239[b]	1,372±270[b]	1,148±273[b]	882±292[b]	39±14[a]
NEFA (μEq/l)	G500	750±201	591±150	592±167[c]	689±236[c]	633±154[c]	714±110[c]	1,043±529
	G1,000	601±180	637±221	836±155[d]	719±362	844±709	820±441	870±493
	G2,000	981±390	841±379	953±452[c]	1,048±568[c]	934±427[c]	875±311[c]	896±469
LA (mg/dl)	G500	4.6±1.6	7.5±2.0	5.9±1.7	6.8±3.1	6.5±3.5	6.0±4.0	4.1±1.3
	G1,000	5.7±3.0	10.5±4.8	9.6±1.0[c]	11.5±4.1	6.1±1.7	3.6±0.6	3.1±1.1
	G2,000	7.1±6.0	10.6±6.4	10.0±4.9	5.8±5.0	7.6±7.4	6.2±5.9	5.5±5.0

注 1）グリセロール（G500：500ml，G1,000：1,000ml，G2,000：2,000ml）
　　2）平均±標準偏差，a）p＜0.05，b）p＜0.01（各項目・各投与群ごとの投与前値との有意差）

した（図8.3.4）。

　これらのことから，潜在性ケトーシスはNEBと密接な関連があり，潜在性ケトーシス牛は対照牛に比べてNEBに起因した体脂肪動員や肝機能低下の程度が重度で，臨床型ケトーシス牛に比べてNEBの程度や持続時間および肝機能低下が軽度であることが示唆された。

（3）グリセロール経口投与による血中成分の変化とケトーシスの治療効果

　グリセロールは糖原物質としてエネルギー補給のための有効な薬剤と考えられるが，その効果や臨床応用に関する報告は少ない。乳牛のケトーシスの治療や分娩後のNEB対策のためにグリセロールを臨床応用する目的で，グリセロール投与後における血中成分の変化から投与量の検討を行い，その結果をもとにグリセロール投与によるケトーシスの治療効果を検討した（佐藤ら，2005）。

表 8.3.4 ケトーシス牛におけるグリセロール投与後の血糖（Glu），β-ヒドロキシ酪酸（HBA），遊離グリセロール（FGly），遊離脂肪酸（NEFA），乳酸（LA），ASTおよびGGT値の推移

項目	グリセロール投与牛[1]				グルコース投与牛[2]	
	著効・有効例		無効例			
	初診日	第4病日	初診日	第4病日	初診日	第4病日
Glu (mg/dl)	43 ± 13	56 ± 6[b]	33 ± 7	51 ± 6[b]	49 ± 11	50 ± 6
HBA(mM)	2.72 ± 1.06	1.13 ± 0.51[b]	3.12 ± 0.65	2.23 ± 0.27[a]	2.12 ± 1.01	1.22 ± 0.07
FGly (mg/dl)	31 ± 59	14 ± 7	18 ± 12	15 ± 8	13 ± 1	13 ± 1
NEFA (μEq/l)	1,057 ± 521	645 ± 355[a]	1,475 ± 619	1,040 ± 514	1,326 ± 550	861 ± 152
LA (mg/dl)	5.1 ± 2.1	6.1 ± 3.6	6.7 ± 2.8	4.7 ± 1.2	6.8 ± 1.3	6.8 ± 1.2
AST (IU/l)	133 ± 8	119 ± 42	201 ± 102	227 ± 154	123 ± 63	109 ± 22
GGT (IU/l)	25 ± 8	28 ± 11	35 ± 27	46 ± 36	25 ± 19	24 ± 13

注 1) 1,000mlを1日1回3日間経口投与（20例），著効・有効例（15例）：第3病日までに一般状態回復して第4病日に尿ケトン体消失・第4病日までに一般状態回復して尿ケトン体減退，無効例（5例）：その他
2) 25%液500mlを1日1回3日間静脈内投与（3例）
1) 2) 平均±標準偏差，a) $p < 0.05$, b) $p < 0.01$（各項目ごとの初診日値との有意差）

グリセロール（500ml, 1,000ml, 2,000ml）を1回投与した結果，血糖（GLU）値および遊離グリセロール値は投与後0.5時間に急激に上昇し，0.5～6時間あるいは24時間後まで高い値を持続した。β-ヒドロキシ酪酸（HBA）値は投与後しだいに低下して4～24時間後まで低い値を示した（表8.3.3）。

一方，臨床型ケトーシス牛にグリセロール（1,000ml）を1日1回3日間経口投与した結果，20例中10例は第2あるいは第3病日から食欲とルーメン運動が復活し，第4病日には尿ケトン体が消失して治癒と判断した。他の5例では第4病日までに症状が回復して尿ケトン体も減退した。グリセロール投与牛では第4病日に初診日に比べて，著効・有効および無効例のいずれもGluが有意な高い値を，HBAが有意な低い値を，また，著効・有効例ではNEFAが有意な低い値を示した（表8.3.4）。

これらのことから，グリセロールの経口投与はケトーシスの治療に有効であり，NEBにおける補助的なエネルギー補給対策としても有望であることが示唆された。

（佐藤　繁）

第4節　免疫機能低下の予防

　乳牛の分娩前後には免疫機能，特に末梢血液中のリンパ球幼若化能（Ishikawa, 1987, Kehrliら，1989b）や好中球機能（Kehrliら，1989a, Nagahataら，1988）が低下している。リンパ球幼若化能は分娩後24時間あるいは分娩後30日前後まで低下し，好中球の走化能，殺菌能および化学発光能は，分娩後1週間で著しく低下する。乳牛の分娩前後におけるリンパ球および好中球機能の低下は，分娩ストレスに起因した血中コルチゾール濃度の上昇と関連のあることが示唆されている。

　乳牛の周産期感染症，特に乳房炎牛では末梢血液中のリンパ球幼若化能が低下している（Nagahataら，1988, NonneckeとHarp，1985）。また，リンパ球幼若化能は種々の代謝産物，ホルモン，急性相タンパク質および微量成分などの影響を受けている。特にβ-ヒドロキシ酪酸やアセト酢酸，アンモニア，α_1酸性糖タンパク（α_1AG）などの急性相タンパク質およびコルチゾールは，リンパ球幼若化能に抑制的な影響を及ぼし，セレニウム（Se）欠乏はリンパ球幼若化能の低下と関連がある。これらのことから，周産期の乳牛における生体防御能は，栄養管理状態とも密接な関連があると考えられる。

1．免疫機能低下の関連疾病

（1）胎盤停滞と産褥熱（産褥性子宮炎）

　胎盤停滞は分娩後12～24時間を経過しても胎盤が排出されないもので，流産牛や難産牛，正常分娩牛でも分娩が早い場合や双胎分娩の場合，また，人工的に分娩を誘発したウシで多発する。胎盤停滞のみでは明らかな症状を示さないが，細菌感染によって産褥熱を併発すると，発熱や食欲減退，乳量減少などの症状を呈する。胎盤停滞の原因は不明であるが，周産期の免疫機能低下やビタミンEの不足，難産による子宮筋の無力化などが関与している。

　一方，産褥熱は難産などによる産道の損傷部位から細菌が感染して起こる疾病で，分娩後3日以内に発症し，胎盤停滞を併発しているものが多い。発熱や食欲不振，乳量減少などの症状を呈し，ケトーシスや乳房炎を併発することも

あり，重症例では敗血症の症状を呈して死亡することもある。

(2) 乳房炎

乳房炎は乳房内に侵入した細菌や真菌，マイコプラズマなどの微生物感染によって起こる乳管や乳腺組織の炎症で，乳汁の合成機構が阻害され，異常乳を分泌したり体細胞数が増加したりする。臨床型乳房炎と潜在性乳房炎に分類されるが，臨床型乳房炎では乳房の腫脹，熱感，疼痛，硬結など乳房局所の症状のほか，発熱や食欲不振，下痢，脱水，起立不能などの全身症状をともなうこともある。潜在性乳房炎は全身と乳房局所の状態には変化がみられず，乳量の減少や体細胞数の増加など潜在的な細菌感染が認められるものである。

乳房炎の原因となる細菌は，ウシからウシあるいは乳房から乳房へ伝染する伝染性細菌とウシの皮膚や糞中に存在する環境性細菌とに大別される。伝染性細菌は感染分房内に存在し，乳汁が付着した器具類や手指などを介して他の分房や他のウシの分房に伝染するもので，黄色ブドウ球菌（*Staphylococcus aureus*），無乳性連鎖球菌（*Streptococcus agalactiae*），コリネバクテリウム・ボビス（*Corynebacterium bovis*）がある。

環境性細菌はウシを取り巻く環境（敷料，牛床，牛体，糞便など）に存在し，搾乳時に乳頭口から侵入するもので，黄色ブドウ球菌以外のコアグラーゼ陰性ブドウ球菌（Coagulase Negative *Stapylococci*, CNS），無乳性連鎖球菌以外の連鎖球菌，アクチノマイセス・ピオゲネス（*Actinomyces pyogenes*），大腸菌群（*Coliforms*），緑膿菌（*Pseudomonas aeruginosa*），真菌などがある。

乳房内に微生物が侵入しても感染が成立せず，乳房炎が発症しないこともあり，乳房炎の発症にはウシの栄養状態，神経・ホルモン支配，体質，乳房・乳頭の形状や乳頭損傷などの牛体要因，牛舎構造や衛生管理状態などの環境誘因，および原因菌の病原性などが複雑に関与している。

2. 免疫機能低下と周産期疾病の関係

分娩前後における免疫機能の低下は，胎盤停滞をともなう産褥熱や乳房炎の発生と密接な関連がある。以下，筆者らが以前に実施した，①乳牛の分娩前後におけるリンパ球および好中球機能の変化，②乳牛の周産期感染症におけるリ

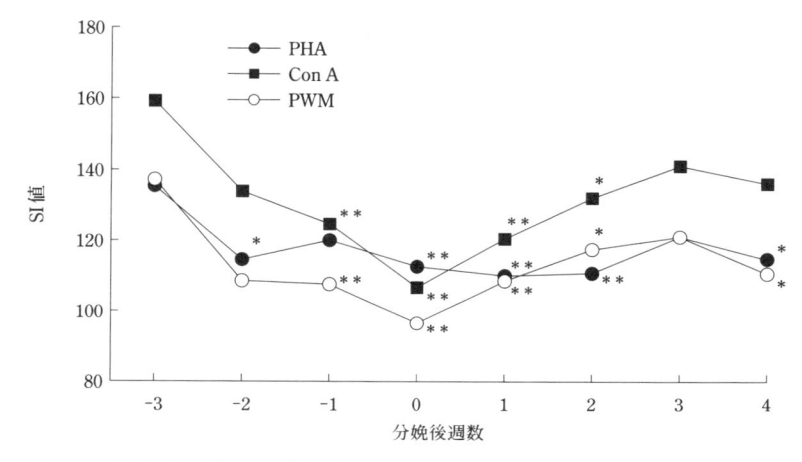

図8.4.1 乳牛（20例）の分娩前後におけるリンパ球幼若化能（SI値）の推移
＊p＜0.05，＊＊p＜0.01（分娩前3週値との有意差）

ンパ球機能の変化と血中成分の影響に関する調査結果を紹介する。

（1）分娩前後における末梢血液中のリンパ球および好中球機能の変化

　妊娠末期の乳牛（27例）を用いて，リンパ球幼若化能［グルコース消費試験法（GCI値）およびMTT法（SI値）］と好中球機能［ニトロブルーテトラゾリウム（NBT）還元試験］の推移を経時的に検索するとともに，各血中成分とリンパ球幼若化能および好中球NBT還元能との相関性について検討した。
　その結果，マイトジェンとしてフィトヘムアグルチニン（PHA），コンカナバリンA（Con A）およびポークウイード・マイトジェン（PWM）を用いたリンパ球幼若化能（GCI値：7例，SI値：20例）は，いずれのマイトジェンに対しても，分娩前3週あるいは分娩前1週間から分娩日にかけて低下し，分娩日あるいは分娩後1週間目に最低値を示して，その後，分娩後4週目まで低い値で推移する傾向が認められた（図8.4.1）。特にGCI値はCon Aで分娩日，PWMでは分娩日と分娩後1週間目，SI値はPHAで分娩日から分娩後2週間目までの間，Con Aで分娩前1週から分娩後2週間目までの間，PWMでは分娩前2週間から分娩後2週間目までの間，いずれも分娩前3週間目に比べて有意

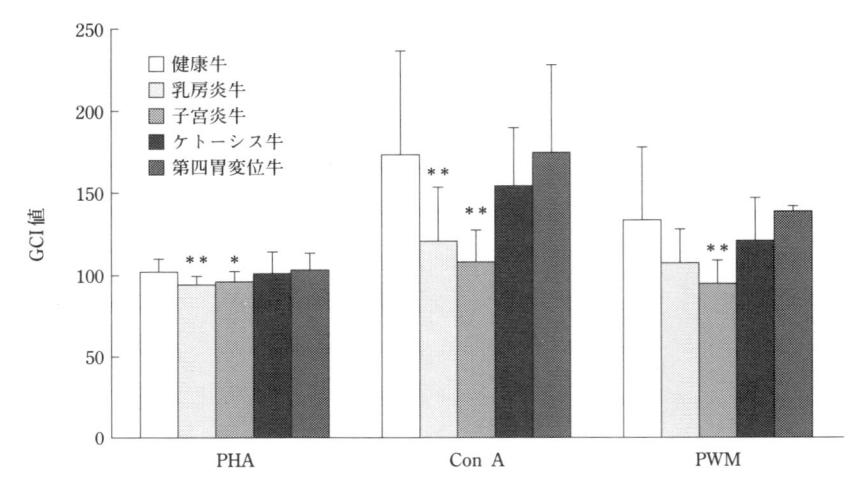

図8.4.2 健康牛（24例）と乳房炎牛（12例），子宮炎牛（14例），ケトーシス牛（15例），第四胃変位牛（11例）におけるリンパ球幼若化能（GCI値）
＊p＜0.05，＊＊p＜0.01（健康牛値との有意差）

な低値を示した。

また，好中球NBT還元能（20例）は分娩日から分娩後4週間目までの間，分娩前に比べてわずかに低値で推移する傾向が認められた。次に，リンパ球の各マイトジェンに対するGCI値あるいはSI値と血清成分との相関性を検討した結果，分娩前3週間目にはPWMのGCI値と血清総ケトン体濃度との間に有意な負の相関が，また，分娩日にはSI値と血清セレニウム（Se）濃度との間に有意な正の相関が認められた。

これらの所見から，分娩前後の乳牛では末梢血液中のリンパ球幼若化能が低下し，好中球NBT還元能は軽度に低下することが明らかとなった。乳牛の分娩前後におけるリンパ球幼若化能の低下は，血清ケトン体濃度の上昇や血清Se濃度の低下と関連のあることが示唆された。

(2) 周産期感染症におけるリンパ球機能の変化と血中成分のリンパ球機能への影響

周産期感染症牛におけるリンパ球幼若化能を検索するとともに，各血中成分

とリンパ球幼若化能との相関性を検討した(Satoら，1995a，b)。その結果，乳房炎牛(12例)ではPHAとCon AのGCI値が，産褥性子宮炎牛(14例)ではPHA，Con AおよびPWMのGCI値が，いずれも健康牛(24例)に比べて有意な低値を示した(図8.4.2)。また，GCI値と血清成分との相関性を検討したところ，GCI値と血清総ケトン体，アンモニアおよびα_1酸性糖タンパク(α_1AG)濃度との間に有意な負の相関が，また，血清ビタミンE(VE)濃度との間に有意な正の相関が認められた(図8.4.3，図8.4.4)。

これらの所見から，乳房炎牛や産褥性子宮炎牛では末梢血液中のリンパ球幼若化能が低下しており，これら免疫能の低下は，血清中のケトン体，アンモニアおよびα_1AG濃度の上昇やVE濃度の低下に影響を受けることが示唆された。

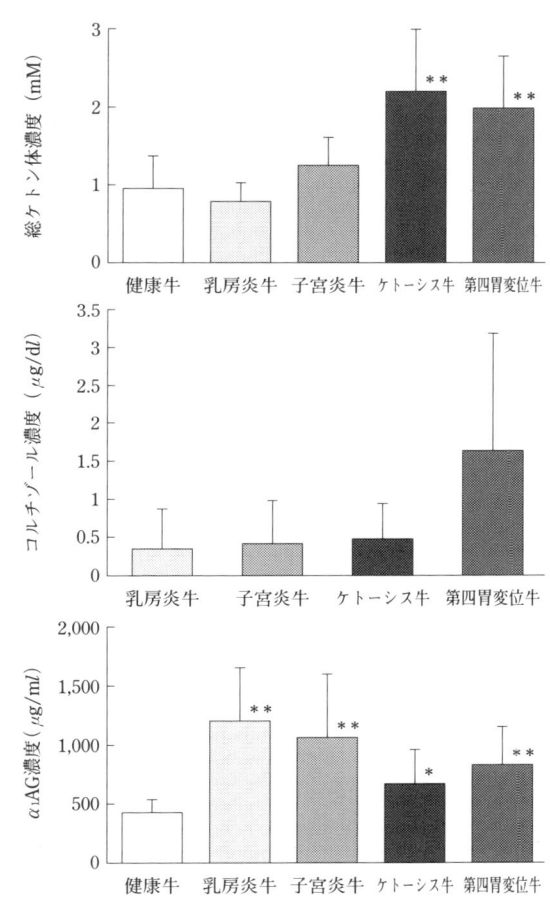

図8.4.3　健康牛と疾病牛における血清総ケトン体，コルチゾールおよびα_1AG濃度
  ＊$p<0.05$，＊＊$p<0.01$（健康牛値との有意差）

3. 免疫機能低下の予防対策

免疫機能低下の予防対策としては，移行期の栄養管理の適正化を図ることが最も重要で，その他，乳房炎では乾乳期治療の徹底や搾乳衛生と搾乳手順の適正化，産褥熱では衛生的な分娩介助など，病原微生物感染を最小限にするための対策を実施する。また，栄養管理の改善や衛生管理の徹底を行っても感染症が多発する牛群においては，種々の免疫賦活物質の応用を検討する。以下，以前に著者らが実施した乳牛の分娩前後におけるリンパ球および好中球機能に及ぼす免疫賦活物質投与の影響に関する調査結果を紹介する。

周産期の乳牛に対する免疫賦活物質の投与がリンパ球および好中球機能に及ぼす影響を明らかにする目的で，妊娠末期の乳牛にセレニウム（Se）とビタミンE（VE）の混合製剤（ESE剤），活性卵白粉末（AEWP），*Bacillus subtilis*菌体粉末あるいは*Achromobacter stenohalis*菌体製剤を投与し，分娩前後におけるリンパ球幼若化能と好中球NBT還元能の推移を検索した。

その結果，ESE剤（Seとして25mgおよびVEとし

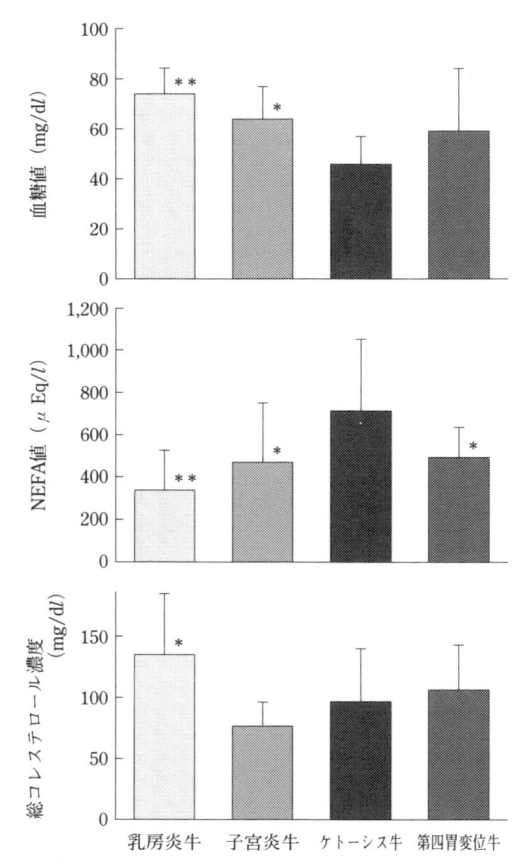

図8.4.4 疾病牛における血糖，遊離脂肪酸および総コレステロール濃度

*p＜0.05，**p＜0.01（ケトーシス牛値との有意差）

て680IU)を分娩予定の5週間前に1回筋肉内投与した乳牛(5例)では,SI値が分娩日(PHA, Con A, PWM)に,また,好中球NBT還元能は分娩日から分娩後3週間目までの間,いずれも対照牛に比べて有意な高い値を示した(図8.4.5,図8.4.6)。

AEWP(500 mg/kg)を分娩前1週間と分娩日に経口投与した乳牛(11例)では,SI

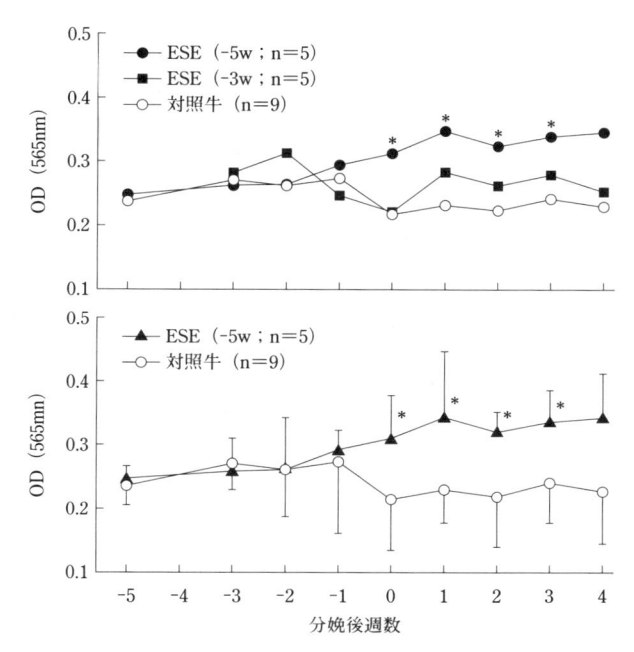

図8.4.5 ESE製剤投与牛と対照牛の分娩前後における好中球ニトロブルーテトラゾリウム(NBT)還元能の推移
＊$p<0.05$,＊＊$p<0.01$(対照牛値との有意差)

値が分娩後1週間目(PHA, PWM)と2週間目(PHA)に対照牛に比べて有意な高い値を示し,好中球NBT還元能は分娩日から分娩後2週間目までの間,対照牛に比べてわずかに高い値を示した。

B. subtilis菌体粉末(50g/頭)を分娩前後14日間経口投与した乳牛(6例)では,SI値が分娩後1週間目(PHA)に,好中球NBT還元能は分娩日と分娩後2週間目に,いずれも対照牛に比べて有意な高値を示した。

これらの所見から,妊娠末期の乳牛に対するESE剤,AEWPあるいはB. subtilis菌体粉末の投与は,分娩前後における末梢血液中のリンパ球幼若化能と好中球NBT還元能の低下を軽減することが明らかとなった。これら免疫賦活物質は,妊娠末期の乳牛への投与により周産期の日和見感染症の発生に予防的効果を示す可能性が示唆された。

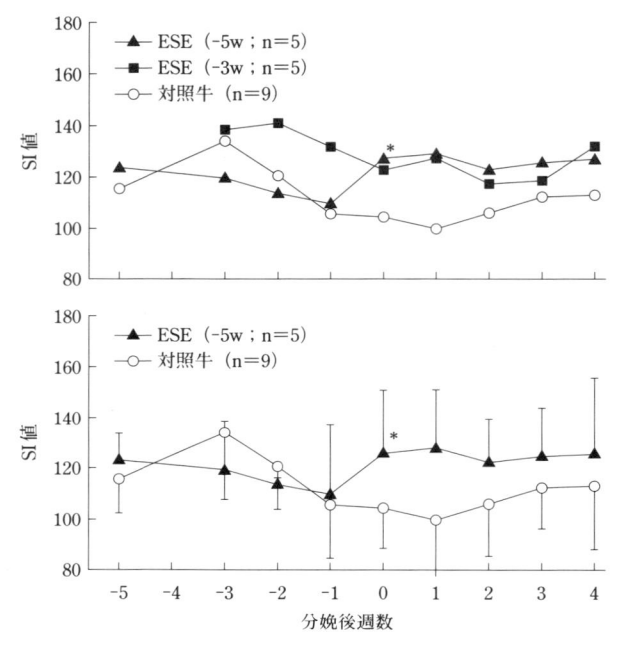

図8.4.6 ESE製剤投与牛と対照牛の分娩前後におけるリンパ球幼若化能（SI値；PHA）の推移
＊p＜0.05（対照牛値との有意差）

4. 乳房炎の予防対策

(1) 乾乳期治療と乳房炎コントロール

　乳房炎の治療と予防を目的として乾乳期治療が推奨されている。乾乳期治療は乾乳前や乾乳時に抗菌性物質の全身投与あるいは乾乳用軟膏の乳房内注入を行うもので，泌乳期の治療に比べて治療効果が高く，乾乳後の新規感染の予防効果もある。

　一方，分娩前後における乳房炎の予防対策とは別に，乳房炎を低減するために牛群全体を対象とした乳房炎コントロールが行われている。乳房炎コントロールは搾乳衛生と正しい搾乳手順，ミルキング・システムの評価，乾乳期および泌乳期の乳房炎対策など，総合的な対策によって乳房炎を防除する方法であ

る。乳房炎コントロールのためには，牛群がどのようなタイプの乳房炎に罹患しているのか，飼養管理や搾乳技術のどこに問題があるのかを調査する必要がある。そのために，体細胞情報などによって牛群における潜在性乳房炎の実態を知ること，細菌検査によって乳房炎の原因となっている細菌を知ること，また，搾乳立会などによって搾乳技術の問題点を明らかにすることが大切となる。

乳房炎コントロールの基本は，①バルク乳や個体乳の体細胞数に注意し，牛群の健康状態と感染状態を把握すること，②臨床型乳房炎牛は早期に発見して治療し，潜在性乳房炎牛は他のウシと隔離するか最後に搾乳し，乾乳期治療によって完全治癒を図り，治癒しないウシや再発を繰り返すウシ，体細胞数の高いウシなどの問題牛は淘汰を検討するなど，乳房炎の感染源を断ち切ること，③乳衛生と正しい搾乳手順を守り，乳房炎の感染経路を断ち切ること，また，④搾乳機器の点検整備に心がけ，飼養管理の適正化とウシの健康管理に努めて乳房炎発症の誘因を除去することである。

(2) 臨床型乳房炎牛に対するビタミンB_2投与の効果

乳房炎の予防対策の一つとして，筆者らが実施した臨床型乳房炎牛に対するビタミンB_2（VB_2）投与の効果に関する調査結果（Satoら，1999，佐藤ら，2000）を紹介する。

健康乳牛あるいは黄色ブドウ球菌感染に起因した臨床型乳房炎牛に対してVB_2を静脈内投与し，リンパ球幼若化能（SI値）や好中球NBT還元能に及ぼす影響，また，乳汁中の体細胞数に及ぼす影響を検索した。その結果，VB_2（5.0mg/kgおよび2.5mg/kg）を1回静脈内投与した乳牛（4例および4例）では，PHAのSI値が投与後1日目から7日目までの間，投与前値に比べわずかに高値で推移し，好中球NBT還元能は投与翌日から投与後2日目にかけて上昇し，投与後3日目には投与前値に回復する傾向が認められた（図8.4.7）。また，VB_2（2.5mg/kg）を1日1回3日間静脈内投与した乳牛（30例）では，黄色ブドウ球菌数の減少はみられなかったが，体細胞数は初回投与後3，7および14日目に投与前に比べて有意に減少する傾向が認められた（表8.4.1）。

これらの所見から，VB_2の投与は好中球NBT還元能を増強する作用があり，黄色ブドウ球菌による臨床型乳房炎牛に投与すると一時的に体細胞数が減少す

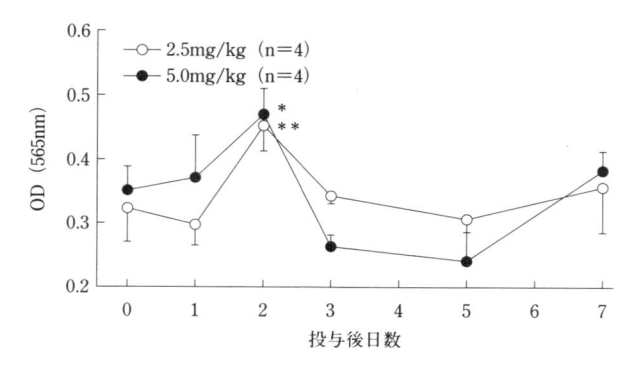

図8.4.7 ビタミンB₂投与後の好中球ニトロブルーテトラゾリウム (NBT) 還元能の推移
　　$*p<0.05$, $**p<0.01$（投与前値との有意差）

表8.4.1 ビタミンB₂投与牛と対照牛における黄色ブドウ球菌性乳房炎の分房乳中体細胞数の変化

	初回投与後日数			
	0	3	7	14
VB₂投与牛[1] (n=30)	679±387	451±327[a]	361±338[b]	436±329[a]
対照牛 (n=15)	733±318	693±315	612±265	655±260

注 1) 1日1回3日間静脈内投与 (2.5mg/kg)
　　平均±標準偏差, a) $p<0.05$, b) $p<0.01$（投与牛の初診日値との有意差）

ることが示唆された。従来,VB₂などの水溶性ビタミンはルーメン内で合成されるので補給の必要はないとされていたが,最近の乳牛は泌乳量が飛躍的に増加し,濃厚飼料多給によるルーメンアシドーシスなどルーメンコンディションが低下し,水溶性ビタミンが潜在的な欠乏状態にあることが示唆された。

（佐藤　繁）

第5節　周産期疾病予防の実際とプログラム

　周産期疾病を予防するためには,移行期,特に分娩直前の乳牛におけるDMI低下を最小限に抑えて食欲を維持することが重要である。そのために良質の粗飼料を給与して乾物量を摂取させ,濃厚飼料の増給はできるだけゆっくり行う必要がある。また,家畜管理者に対しては,何をどのように観察するのか,疾病発症牛にはどう対処するかなどを具体的に指示する必要がある。さらに,指導現場で最も重要なことは,家畜管理者に対して疾病予防によるメリッ

トを説明し，疾病を予防するモチベーションを高めるようていねいに指導することである。

　実際の臨床現場においては，すべての牛群を対象として乾乳期や移行期における飼養管理の改善（飼養管理プログラム）を実施し，必要に応じて特定疾病の問題牛群を対象として予防対策（疾病管理プログラム）を実施する必要がある。

1．飼養管理プログラム

　乾乳期や移行期における栄養管理の適正化を主体に，適正範囲内のBCSを維持して分娩前後のDMI低下を最小限にするなど，栄養管理の改善を図ることが主眼となる。

　①泌乳中期〜後期にBCSをチェックし，乾乳時までにBCSを調節する。

　②急速乾乳を行い，乾乳前期と後期にDMIおよびBCSをチェックする。過肥牛は移行期にDMIが低下しやすいので，エネルギー不足や体脂肪動員による脂肪肝の悪化を防ぐため，分娩までBCSが低下しないように注意し，

　③移行期には給与飼料の変更や濃厚飼料の急激な増給を避け，飼料の変化にルーメン微生物を馴致させるため，分娩前3〜4週間目から泌乳期用飼料を給与する。分娩前後から泌乳初期・最盛期にかけては，食欲など一般所見をチェックし，DMIとBCSが急激に低下しないように注意する。

2．疾病管理プログラム

　分娩後の低Ca血症，NEBおよび免疫機能低下を軽減するために，乾乳期や移行期，特に分娩前後における各種薬剤の応用を牛群ごとに検討する。

　①乳熱など低Ca血症が多発する牛群では，高泌乳牛や経産牛に対して分娩前のビタミンD_3注射，分娩前後のCa剤（リン酸—水素Caやクエン酸加グルコン酸Caなど）経口投与を実施する。

　②ケトーシスなどエネルギー関連疾病が多発する牛群では，分娩前，分娩時あるいは泌乳初期・最盛期にグリセロールなど糖原物質を経口投与する。さらに必要な場合は，分娩前後のプロピオン酸ナトリウムやルーメンバイパス・メチオニン，塩化コリン含有飼料添加剤の応用を考慮する。

③乳房炎や産褥性子宮炎など感染症が多発する牛群では，乳房炎の乾乳期治療，分娩前後の乳頭ディッピング，分娩介助時の消毒を徹底する。また，分娩前における各種ビタミンや微量成分など免疫賦活物質の応用を考慮する。

④第四胃変位が問題となる牛群では，ルーメン容積の減少やVFA濃度の増加による第四胃運動の減退を予防するために，移行期の栄養管理によるルーメン機能の適正化を図るとともに，第四胃変位と関連のある低Ca血症や種々の合併症を予防する。

⑤周産期疾患とともに蹄病など運動器疾患が問題となる牛群では，乾乳期の削蹄など護蹄管理を徹底し，蹄葉炎の原因となるルーメンアシドーシスを防止するため，分解性タンパク質やデンプンなどのバランスを考慮した適正な飼料設計を行い，飼料給与の順序を守り，良好なルーメンコンディションの維持に努める。

　牛群を対象とした栄養管理状態の評価と改善指導は，牛群の生産性向上に有効であるが，個々の周産期疾患の予防では十分な効果が得られないことがある。また，牛個体を対象とした各種薬剤の応用による予防対策は，コストの問題や牛群すべてのウシで実施することが困難な場合があるなど実施上の問題もある。今後，分娩前における臨床所見の変化など周産期疾病発症牛の特徴（前駆症状）を解明し，摘発した乳牛を対象として重点的に予防対策を実施してその効果を評価するとともに，最終的には栄養管理と飼養管理の改善を主体とした効果的な予防対策を確立する必要がある。

　最近の周産期疾病多発の背景には，前述のように育種改良の進展と栄養管理技術の向上による乳牛の大型化と高泌乳化，規模拡大など飼養管理と経営の効率化および飼養管理技術や経営能力を含めた農家間格差の拡大などの要因がある。今後，わが国の酪農においてはさらなる経営の効率化をめざして乳牛の高泌乳化が進展すると考えられるが，高泌乳を目的とした育種改良においては，泌乳量の増加や乳成分の向上ばかりでなく，生産病や感染症に対する抗病性の強化という視点が必要である。また，経済効率を向上させるための飼養管理と経営の効率化という点では，基本的なルーメンの恒常性の維持，あるいはルーメン機能の制御技術の開発が求められる。さらに，当然のことながら，消費者

の「安全で安心できる牛乳」を消費したいというニーズに対して，生産者と酪農指導者は真摯に対応する必要がある。

従来の生産獣医療では，乳牛に対して快適な飼養環境を確保して大量の濃厚飼料を摂取させ，結果として乳牛の能力を最大限に発揮させることが指導の主眼となっていた。牛群においてDMI低下の要因を探る場合は，はじめに給与飼料の品質や給与順序，次に飼槽，牛床や牛舎の状況，さらに牛舎周囲の環境……と，ウシ個体から外側へ向かう視点，すなわち，「外側のシステム」のチェックと改善が重視されていた。この「外側のシステム」のコンセプトは生産獣医療そのものである。一方，ウシの恒常性の低下あるいは破綻の要因を摘発して改善する場合は，はじめにウシ個体の肝機能，ルーメン機能，次に酵素活性，さらに細胞機能……と，ウシの体内へ向かう視点，すなわち，「内側のシステム」のチェックがある。この「内側のシステム」のコンセプトはルミノロジーあるいは疾病の診断治療学そのものである。

今後，乳牛の周産期疾病の予防にあたっては，「外側のシステム」と「内側のシステム」を融合させて酪農業の発展・振興に寄与できる学問や技術とすること，また，最新の乳牛や飼養管理，酪農業の動向に留意し，ウシ本来の生理を考慮した日本型酪農業の構築を検討する必要がある。

（佐藤　繁）

参 考 文 献

1) Andersson, L. (1988) Subclinical ketosis in dairy cows. Vet. Clin. North. Am., 4: 233-248.
2) DeFrain, J.M., A.R. Hippen, K.F. Kalscheur, P.W. Jardon (2004) Feeding glycerol to transition dairy cows: Effects on blood metabolites and lactation performance. J. Dairy Sci., 87: 4195-4206.
3) Duffield, T. (2000) Subclinical ketosis in lactating dairy cattle. Vet. Clin. North. Am., 16: 231-253.
4) Duffield, T., R. Bagg, L. DesCoteaux, E. Bouchard, M. Brodeur, D. DuTremblay, G. Keefe, S. LeBlanc and P. Dick (2002) Prepartum monensin for the reduction of

energy associated disease in postpartum dairy cows. J. Dairy Sci., 85: 397-405.
5) Duffield, T., J.C. Plaizier, A. Fairfield, R. Bagg, G. Vessie, P. Dick, J. Wilson, J. Aramini and B. McBride (2004) Comarision of techniques for measurement of rumen pH in lactating dairy cows. J. Dairy Sci., 87: 59-66.
6) Formigoni, A.M.-C. Cornil, A. Prandi, Mordenti, A. Rossi, D. Portetelle and R.B. Renaville (1996) Effect of propylene glycol supplementation around parturition on milk yield, reproduction performance and some hormonal and metabolic characteristics in dairy cows. J. Dairy Res., 63: 11-24.
7) Gerloff, B.J. (2000) Dry cow management for the prevention of ketosis and fatty liver in dairy cows. Vet. Clin. North. Am., 16: 283-292.
8) Goff, J.P. (2000) Pathophysiology of calcium and phosphorus disorders. Vet. Clin. North. Am., 16: 319-337.
9) Goff, J.P. and R.L. Horst (2003) Role of acid-base physiology on the pathogenesis of parturient hypocalcaemia (milk fever) - the DCAD theory in principal and practice. Acta Vet. Scand. Suppl., 97: 51-56.
10) Grummer, R.R. (1995) Impact of changes in organic nutrient metabolism on feeding the transition dairy cow. J. Anim. Sci., 73: 2820-2833.
11) Herdt, T.H. (2000) Ruminant adaptation to negative energy balance: Influences on the etiology of ketosis and fatty liver. Vet. Clin. North. Am., 16: 215-230.
12) Ishikawa, H. (1987) Observation of lymphocyte function in perinatal and neonatal calves. Jpn. J. Vet. Sci., 49: 469-475.
13) Katoh, N. (2002) Relevance of apolipoproteins in the development of fatty liver and fatty liver-related peripartum diseases in dairy cows. J. Vet. Med. Sci., 64: 293-307.
14) Kehrli, Jr.M.E., B.J. Nonnecke and J.A. Roth (1989a) Alterations in bovine lymphocyte function during the periparturient period. Am. J. Vet. Res., 50: 215-220.
15) Kehrli, Jr.M.E., B.J. Nonnecke and J.A. Roth (1989b) Alterations in bovine neutrophil function during the periparturient period. Am. J. Vet. Res., 50: 207-214.
16) 河野充彦・村山勇雄・澤向共子・佐藤　繁 (2004) グリセロール経口投与によ

る乳牛の血中成分の変化とケトーシスの治療効果．日獣会誌，57: 165-169.

17) Krause, K.M. and G.R. Oetzel (2005) Inducing subacute ruminal acidosis in lactating dairy cows. J. Dairy Sci., 88: 3633-3639.

18) Nagahata, H., H. Noda, T. Abe (1987) Changes in blastogenic response of bovine lymphocytes during acute clinical mastitis. Jpn. J. Vet. Sci., 49: 1148-1150.

19) Nagahata, H., S. Makino, S. Terada, H. Takahashi and H. Noda (1988) Assessment of neutrophil function in the dairy cow during the perinatal period. J. Vet. Med., B35: 747-751.

20) Nonnecke, B.J. and J.A. Harp (1985) Effect of chronic Staphylococcal mastitis on mitogenic responses of bovine lymphocytes. J. Dairy Sci., 68: 3323-3328.

21) Pickett, M.M., M.S. Piepenbrink and T.R. Overton (2003) Effects of propylene glycol or fat drench on plasma metabolites, liver composition, and production of dairy cows during the periparturient period. J. Dairy Sci., 86: 2113-2121.

22) 佐藤　繁・富田和夫・藤島千賀子（1986）分娩後のボログルコン酸Ca投与による乳牛の分娩性低Ca血症の予防．家畜診療，274: 19-24.

23) Sato, S., T. Suzuki and K. Okada (1995a) Suppression of mitogenic response of bovine peripheral blood lymphocytes by ketone bodies. J. Vet. Med. Sci., 57: 183-185.

24) Sato, S., T. Suzuki and K. Okada (1995b) Suppression of lymphocyte blastogenesis in cows with puerperal metritis and mastitis. J. Vet. Med. Sci., 57: 373-375.

25) 佐藤　繁・木村有一・鈴木利行・小野秀弥・今野清勝・渡辺昭夫・一條俊浩（1995）分娩後の乳牛における好中球NBT還元能とリンパ球幼若化能に及ぼす活性卵白粉末投与の影響．家畜診療，384: 19-23.

26) 佐藤　繁・鈴木利行・今野清勝・小野秀弥・一條俊浩・高橋孝幸（1996）セレニウムおよびビタミンE剤投与が周産期乳牛のリンパ球幼若化能に及ぼす影響．日獣会誌，49: 619-622.

27) 佐藤　繁・今野清勝・小野秀弥・鈴木利行（1997）セレニウム・ビタミンE投与妊娠牛の周産期における好中球ニトロブルー・テトラゾリウム還元能およびリンパ球幼若化能．日獣会誌，50: 333-336.

28) Sato, S., H. Hori and K. Okada (1999) Effect of vitamin B_2 on somatic cell

counts in milk of clinical *Staphylococcus aureus* mastitis. J. Vet. Med. Sci., 61: 569-571.
29) 佐藤　繁・熊谷　克・寺田智司・高橋孝幸（2000）臨床型乳房炎牛の乳汁中体細胞数に及ぼすビタミンB_2投与の影響．東北家畜臨床研誌，23: 17-22.
30) 佐藤　繁・小野秀弥・植松正巳・畠山直一郎・角田元成（2003）周産期疾患の発症乳牛における乾乳期の血中成分．家畜臨床誌，26: 21-26.
31) 佐藤　繁・河野充彦・村山勇雄・高橋孝幸・鈴木利行（2005）乳牛における分娩前の血糖および遊離脂肪酸値と分娩後の負のエネルギーバランスの関係．家畜臨床誌，28: 1-6.
32) 佐藤　繁・河野充彦・小野秀弥（2005）乳牛の潜在性ケトーシスにおけるβヒドロキシ酪酸と血糖，遊離脂肪酸およびASTとの関係．家畜臨床誌，28: 7-13.
33) 佐藤　繁・岡田啓司・鈴木利行（2006）乳牛の末梢血液中の好中球および単核細胞機能に及ぼす活性卵白粉末の影響．日獣会誌，59: 464-466.
34) 佐藤　繁・小野秀弥・一條俊浩・岡田啓司（2006）乳牛の末梢血液中の単核細胞機能に及ぼす*Bacillus subtilis*菌体製剤の影響．家畜臨床誌，29: 6-9.

第9章 乳房炎への新たなアプローチ

第1節　ウシ乳房炎の診断と対策

1. 乳房炎とその現状

　乳用牛にとって「最も厄介な病気」とされる乳房炎の診断や予防, 治療には, 古くからさまざまな方法が試みられ, それらのいくつかものは実際に野外において応用されている。しかしながら, 乳房炎は現在においても乳用牛の疾病の中で死廃事故原因の上位に位置している（2004年度の家畜共済統計では, 共済加入頭数〈2,196,320頭〉の20％以上〈死廃17,043頭, 病傷437,595頭〉に発症）。また, 死廃事故に至らなくとも罹患後の異常乳の出荷停止による経済的損失額は甚大である。乳房炎発症を抑制することは酪農経営上も非常に重要な課題である。

　乳房炎は病原微生物の乳房内感染によって起こる感染症の一つであるが, その多くの場合, 飼養環境や宿主の免疫機能などの要因が複雑に絡んで発症する。乳房炎の原因微生物としては, ウイルス, 細菌, リケッチャ, カビなどがあげられるが, ほとんどは細菌によって起こる。原因細菌の主なものとしては, 黄色ブドウ球菌, 連鎖球菌, マイコプラズマ菌, コリネバクテリウム菌, 大腸菌, 緑膿菌などがあげられる。

　乳房炎のうちで, 乳房の発熱, 発赤, 腫れ, 乳汁中の凝固物（ブツ）など, 肉眼的に症状を現しているものを臨床型乳房炎, 肉眼的な症状は認められないものの, 乳汁中に起因菌や体細胞などの炎症産物が増加しているものを非臨床型乳房炎（潜在性乳房炎）というが, 乳房炎発生件数の7〜8割は潜在性乳房炎で占められる。なかでも, 黄色ブドウ球菌（$S.\ aureus$）による潜在性乳房

炎は，乳房組織内に微小膿瘍や肉芽腫を形成して慢性化の経過をたどりやすいため，抗生物質投与によっても完治することは難しい場合が多い。被害も甚大であり，乳用牛にとっては最も厄介な病気とされている (Cravenら, 1985)。

2. 主な乳房炎診断法

酪農現場で活用されている主な乳房炎診断法としては，カリフォルニア・マスタイテス・テスト (CMT) 変法，電気伝導度法，N-acetyl-β-D-glucosaminidase (NAG) 活性測定法，体細胞数法などがある。

CMT変法は，生乳中に界面活性剤を加えると体細胞の数に応じて凝集反応が亢進することを利用した方法である。また，pH測定用にBTB試薬も入っており，乳房炎発症によって乳汁がアルカリ性に傾くので，その色調（黄→緑→青）からも乳房炎の亢進状況を判定できる（安里, 1992）。

電気伝導度法は，乳腺組織の炎症反応によって血管の透過性が亢進して乳汁に電解質成分が増加し，正常乳よりも電気が通りやすくなるので，その伝導度の差を利用して判定する方法である（大島, 1983）。

NAG活性測定法は，乳腺の炎症や組織破壊の程度に比例してライソゾーム酵素が放出されるので，その活性度から診断する方法である（小原ら, 1983, ObaraとKomatsu, 1984）。

体細胞数法は，乳房への細菌侵入に応じて貪食細胞やリンパ球が乳汁中に集まるので，その細胞数の増加度合から判定する方法である。その方法には，機械による自動計測法（電気抵抗式や蛍光光学式など）と顕微鏡で細胞数を数える鏡検法（ブリード法など）がある。

この他に最近開発された診断方法に化学発光法（CL法）があるが，これについては次節で概説する。

3. 乳房炎の予防・治療の基本

乳房炎は感染症の一つなので，その予防対策としては，①感染源の除去，②伝播経路の遮断，③ウシの免疫抵抗性の増強，が防除の3大原則になる。

これらのなかで，伝播経路の遮断対策がこれまで最も重視されてきた項目であり，搾乳機器の消毒や保全，乳房や乳頭洗浄の徹底，乳頭ディッピング，乾

乳期における乳房炎軟膏の使用など，搾乳手順や防除法がプログラム化されており，酪農関連機関や農業共済組合などによる指導・奨励が行われている。

しかし，伝播経路対策だけでは一定の効果しか得られず，最近では，牛舎の清掃，消毒，乳房炎牛の淘汰など発生源対策が改めて指導強化されている（高橋，2004）。

また，ウシの免疫抵抗性の強化のために，免疫増強剤やビタミン剤の投与も試みられている。その他，乳房炎の防除の上で特に注意すべき点として，過搾乳の防止，乳頭損傷の防止，搾乳直後の乳頭口の汚染防止，などがあげられる。

治療法としては，抗生物質（乳房炎軟膏）の罹患乳房への投与がもっぱら行われてきた。しかし抗生物質は薬剤耐性菌や薬剤残留などの問題が指摘されており，なるべく使用を避けようとする世界的な動きが見られる。それに代わる，あるいは併用可能な物質として，サイトカイン，朝鮮人参抽出物，ラクトフェリン，グリチルリチンなど種々試みられている。

（高橋秀之）

第2節　化学発光を利用した乳房炎の診断・予察

1. 化学発光法による乳房炎診断の原理と特徴

(1) 化学発光の原理

化学発光（chemiluminescence，CL）とは，化学反応により分子が不安定な励起状態となり，この状態からもとの安定な基底状態に戻る際に熱を伴わない光を放出する現象（ルミネセンス現象）を示す。この現象は，ウミホタル，ホタル，夜光虫の発光あるいはウニの受精時の発光など，生物界では古くから知られている現象である。

近年，この種の現象が生物体内の物質代謝反応過程においても日常的に起きており，かつそのほとんどが酸化反応であることが知られるにつれ，光を増幅して定量的にとらえることによって生物や物質の代謝活性能を把握しようとする方法が開発された。この方法が化学発光（CL）法である（Allenら，1976）。

(2) 貪食細胞の貪食・殺菌作用と化学発光

好中球やマクロファージ（Mφ）といった貪食細胞には，生体に侵入してくる病原体を効率よく殺すためのさまざまな機能が備わっている。すなわち，これらの貪食細胞は感染巣や炎症巣の近くの血管に粘着したあとに血管外に遊出し，それらの部位に向かって遊走する。そこで病原体を貪食し，貪食空胞内に活性酸素と殺菌タンパクや酵素を放出し，病原体を殺して消化する。このような一連の作業が滞りなく行われることによって細菌感染に対する初期の防御機構が成立する。貪食細胞が酸素依存性の殺菌によって活性酸素を放出する際に微量の化学発光を起こすことが知られている（中野ら，1984）。また，その化学発光量は活性酸素放出量に比例して放出されることも知られている（金ヶ崎ら，1994）。

(3) 化学発光にもとづく乳房炎診断法の開発

正常な乳汁にも乳腺上皮細胞，好中球，好酸球，好塩基球，マクロファージ，リンパ球，プラズマ細胞などの体細胞がわずかながら存在しており，乳房内に病原細菌が侵入すると，それを食い止めようとして乳汁中の貪食細胞（好中球やMφなど）の殺菌能が速やかに上昇し，続いて末梢血中の貪食細胞が乳腺組織や乳汁中に集まってくる。なかでも，好中球は異物侵入に対する防御作動が最も速やかであり，しかも圧倒的な数によって細菌侵入を食い止めようとして働く（中野ら，1984）。好中球による病原細菌の殺菌処理は，主に活性酸素によって行われ，またそれに比例して化学発光を起こすことは前述した通りである。

そこで，乳汁中の貪食細胞が放つ化学発光量を判定指標とした乳房炎早期診断法を開発した（高橋ら，1999，2001）。また，その測定原理を元にしてポータブルタイプの乳房炎診断装置を製作した。

(4) 乳房炎診断における化学発光法の特徴

化学発光法による乳房炎診断法は，以下に述べるような特徴をもっている。
①非常に早い段階で乳房の細菌感染を検出できる。つまり，感染後ただちに反応する貪食細胞の活性酸素放出能を検出するので，乳汁体細胞数の増加より

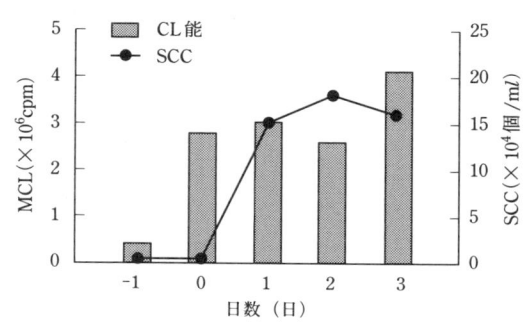

第9章　乳房炎への新たなアプローチ　277

も早い段階で乳房の細菌感染を検出することができる。ちなみに，図9.2.1と図9.2.2は，乳汁化学発光能の反応速度が乳汁体細胞数のそれよりも速いことを黄色ブドウ球菌の自然感染時（図9.2.1）において，また異物の実験的乳房内投与時（図9.2.2）において証明したデータである。

図9.2.1　自然発生乳房炎にともなう乳汁化学発光（MCL）と体細胞数（SCC）の反応の比較
0日以降に黄色ブドウ球菌が検出され，化学発光能も0日以降に大きく上昇した。しかし，体細胞数は1日以降の増加となった

②物理的にどのような状態の乳汁でも測定可能である。例えば，細胞計数機では初乳のような粘張度の高い乳汁や，ブツを多く含む乳汁は目詰まりして測定がほとんど不可能であるが，化学発光法では測定チューブ内の溶液全体から発せられる光（フォトン）の数を計測するので，このような乳汁でも測定が可能である。

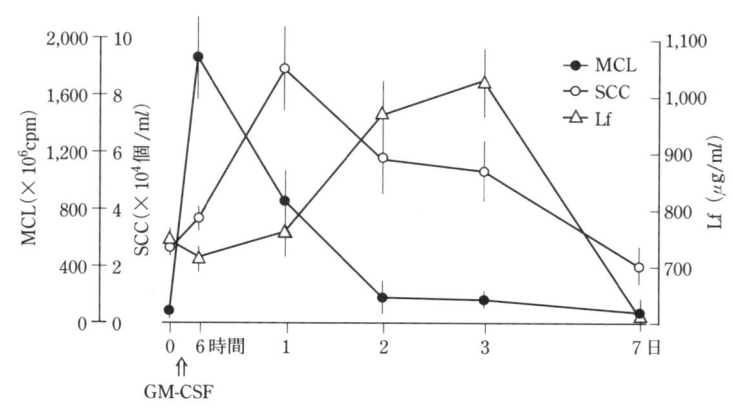

図9.2.2　組換え牛GM-CSFの乳房内投与にともなう乳汁化学発光能（MCL），体細胞数（SCC）およびラクトフェリン濃度（Lf）の反応速度の比較（mean ± SE of 7 animals）

③乳房炎を客観的に具体的数字で判定できる。

④測定操作が簡単で，迅速診断が可能である。乳汁50μlに貪食細胞刺激剤（オプソナイズしたザイモザン液）10μlと増光剤（ルミノール液）10μlを加えるだけであり，また1検体当たり5分以内に結果が出る（高橋ら，2001，2005）。

2. 化学発光法の酪農現場への応用

(1) 搾乳方式変換時の乳房炎発症予察への応用

図9.2.3は，公営酪農場の35頭の乳牛を用いて搾乳方式をロータリーミルキングパーラからパラレルミルキングパーラに移行した時の潜在性乳房炎の発生状況を調査した結果である。乳房炎陰性のウシでは，実験全期間を通して乳汁化学発光能はほぼゼロであった。一方，潜在性乳房炎を起こしたウシでは，CMT変法により陽性と判定される約1週間前から乳汁化学発光能の上昇が始まっていた。この結果は，乳汁化学発光法が従来の乳房炎診断法よりも早い段階で乳房炎発症を予察できる可能性を示している。

(2) 乳房炎の集中検査への応用

図9.2.4は，酪農家の乳牛47頭を用いて集中的に乳房炎検査を行った結果を示している。乳汁化学発光能の上昇は，10万個/ml以上の乳汁体細胞数の増加とよく相関している。また，CMT変法では乳汁体細胞数が約50万個/ml以上でないと乳房炎陽性と判定されないが，乳汁化学発光能は約10万個/mlから上昇が始まっている。このことは，乳汁化学発光能

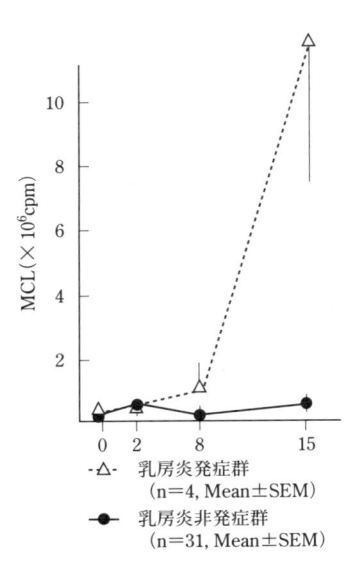

図9.2.3 潜在性乳房炎発症牛および非発症牛の乳汁化学発光能（MCL）の変化

潜在性乳房炎発症牛の乳汁化学発光能は搾乳方式変換8日目から上昇し，その時点から診断が可能であった。一方，従来法のCMT変法では15日目に初めて診断可能となった

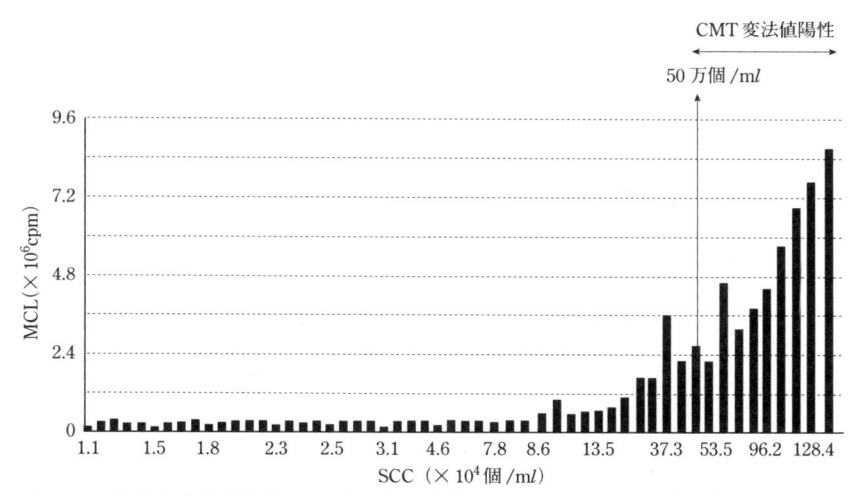

第9章 乳房炎への新たなアプローチ　279

図9.2.4　乳汁中化学発光能（MCL），体細胞数（SCC）およびCMT変法値の相関性

ウシ No.	合乳 MCL ($\times 10^6$cpm)	CMT 変法
948	0.12	—
562	0.24	—
555	0.30	—
556	0.36	—
559	0.39	—
474	0.46	—
440	0.88	—
540	1.47	—
534	3.57	—

分房	合乳 MCL ($\times 10^6$cpm)	CMT 変法
右前	0.12	—
右後	0.10	—
左前	0	—
*左後	7.84	＋
右前	0.06	—
*右後	6.15	＋
左前	0.11	—
左後	0.09	—

＊印の分房から，黄色ブドウ球菌を分離

図9.2.5　乳房炎乳汁の検出におけるCMT変法と乳汁化学発光法の感度の比較

CL法では合乳でも感染初期の乳房炎罹患牛を発見することができた（No.540，534；MCLは1.00×10^6cpm以上で乳房炎と診断）。しかし，従来法（CMT変法）では不可能であり，各分房乳をいちいち調べることによってようやく罹患乳房（右欄の左後房と右後房）を検出することができた

の検査によって感染の極早期の乳房炎も摘発が可能であることを示している。

(3) 乳質および乳房炎定期検査への応用

図9.2.5は，公営酪農場で2週間ごとに行っている乳質および乳房炎定期検査に合わせて行った乳汁化学発光能の検査結果である。個体乳を用いて行った従来のCMT変法の結果では，9頭すべてが乳房炎陰性と判定されたが，化学発光法では2頭が高い値を示した。そこで，その2頭の各分房ごとの化学発光能とCMT変法を改めて測定し直したところ，潜在性乳房炎に罹っている乳房（ウシNo.540の左後房とNo.534の右後房）を発見することができた。このように，従来の定期検査と平行して化学発光法による検査を行うことで，従来の方法では見落とされていた潜在性の乳房炎を見つけだすことが可能である。

（高橋秀之）

第3節 乳房炎の炎症生化学的研究

ウシ乳房炎を炎症生化学の立場から研究を進めることは，ウシの乳房炎感染に対する生体の防御機構を考えるうえで非常に重要である。筆者らが乳房炎を炎症生化学的に考えるにあたって注目したのは，乳房炎感染に対する生体防御機構にとしての役割を果たすライソゾーム中に含まれる加水分解酵素である。貪食細胞であるマクロファージや多型核白血球は，体内に入ってきた異物を細胞内に取り込み，異物の成分に応じて加水分解酵素を働かせて分解するという重要な作用をもっている。ライソゾームには核酸分解酵素，タンパク分解酵素，グリコーゲン分解酵素，ムコ多糖類分解酵素などの加水分解酵素が含まれており生体防御における兵器庫の役割を果たしているといえる。

1. 乳汁中ライソゾーム酵素活性測定による乳房炎診断

最初に，乳汁中に分泌されるライソゾーム酵素活性が，乳房炎の診断基準の指標になりうるか否かを検討する実験を行った（ObaraとKomatsu, 1984, Obaraら, 1986）。野外より乳房炎に感染している乳汁を含む分房乳を採取して，ライソゾーム酵素活性と乳房炎の指標としてすでに報告されている細胞数，

クロール，乳糖，ラクトフェリン濃度との関連性について検討した。Obaraらが注目したのは，乳房炎起因菌である細菌の構成成分の分解に関与すると思われるライソゾーム酵素である N-acetyl-β-D-glucosaminidase（NAG），β-glucronidase（GL），Acid phpsphatase（AP），α-Mannocidase，Arylsulphatase（AS）である。

細胞数と酵素活性の相関関係を見るとNAG（$r=0.722$），GL（$r=0.738$）が，かなり高い正の相関を示した。また，NAGは乳糖（$r=-0.803$），クロール（$r=0.816$）と細胞数（$r=0.722$）より高い相関を示した。さらに乳房炎時乳汁中に増加するタンパク質であるラクトフェリンとは$r=0.910$ときわめて高い相関を示した。次に細胞数150万個/ml以上のミルクサンプルの酵素活性の平均値と50万個/ml以下のミルクサンプル酵素活性の平均値を求め，その比率から細胞数の増加にともなう酵素活性の変化の度合を調べると，GLは2〜3倍，NAGは5倍の増加を示した。以上の結果から，ライソゾーム酵素としてNAGが乳房炎の診断に使えることが示された。

なお，この研究ではNAG活性の測定は比色法によってなされたが，その後，比色法はカゼインを取り除かなければならない煩雑さから蛍光法が主流を占めるようになり，現在はキットを用いた簡便な機器（日産合成KK製）が売り出されており容易にNAG活性を測定できる。

2. 乳牛を用いた乳房炎感染試験

泌乳牛の各分房内に潜在性乳房炎および臨床型乳房炎由来の黄色ブドウ球菌（S. aureus）を10^2, 10^8 CFUを摂取して，臨床症状，一搾乳中に5回サンプリングを行い搾乳経過にともなうNAG活性の変動パターン，電気伝導度の変動パターンを35日間にわたって観察した。さらに5日目と35日目に乳牛を屠殺し1分房あたり10カ所より乳腺組織を採取しNAG活性を測定して乳汁中のNAG活性パターンと比較した。乳腺組織は蒸留水とともにホモゲナイズし超音波処理後100,000g, 60分で遠沈し，その上清についてNAG活性を測定した。

菌接種後，12時間目には全頭に急性乳房炎の特徴的な全身症状が認められた。臨床症状は108 CFU接種した乳房で認められ，激しい腫脹と疼痛が観察された。これらの症状は約1週間で消失した。菌接種前の乳汁中NAG活性は4

〜7mmol/min/mlで搾乳期間中一定の値を維持した。臨床型乳房炎由来菌10^8 CFU接種した分房では，菌接種後1日目において乳汁中NAG活性は著しく増加し，2つの増減をともなうパターンや搾乳中期で低下するパターンを示した。3日以降は，搾乳前半から徐々に増加して後半にピークになるパターンを示し，日がたつに従ってピーク値が低下していった。このNAG活性の変動パターンは，搾乳時連続的に測定された電気泳動のパターンとよく一致した。潜在性乳房炎由来菌においては臨床型乳房炎由来菌の場合とほぼ同様の傾向を示したが回復が早かった。

NAG活性は菌接種後5日目の2分房において，その活性値に差があるものの10箇所の乳腺組織で明らかに高い値を示した。乳汁中のNAG活性と乳腺組織中のNAG活性の間の相関関係は各乳牛で$r=0.849〜0.956$と非常に高い相関関係を示し，各分房の組織中のNAG活性が乳汁中のNAG活性をよく反映していた（図9.3.1）。以上の結果から乳汁中NAG活性の測定は，乳房内の炎症状況を把握する意味で，乳房炎の診断上重要な意義を持つことが明らかにされた。

3. 搾乳経過にともなう NAG活性の変化

搾乳過程における乳汁中NAG活性の変化と細菌感染の状況の変化を観察した。

ホルスタイン種乳牛7頭を用い供試牛の各2分房について朝搾乳時に，前絞り後絞り，およびティートカップライナー尾部にT字管を付け，搾乳中にほぼ等間隔で5〜12回乳汁を採取した。乳汁材料は，電気伝導度，細胞数，NAG活性，細菌感染の状況について調べた。

搾乳経過にともなう細胞数，電気伝導度，NAG活性の変動は類似した傾向

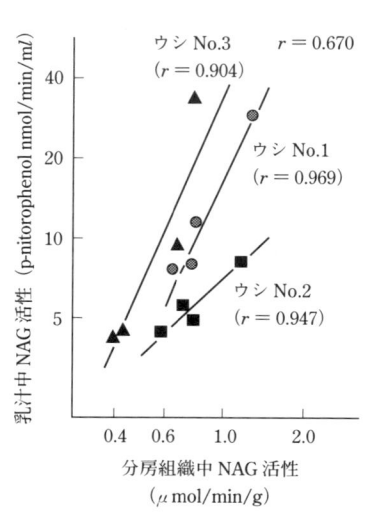

図9.3.1 *S. aureus* 感染牛における乳汁中と分房組織中NAG活性の関係

を示した。搾乳中の細胞数とNAG活性との相関はr=0.844と高かった。NAG活性の搾乳経過にともなう変動パターンを解析していると，前絞りの活性値が10mmol/min/ml以下の性状乳汁では搾乳経過にともなう変化は，ほとんど見られず，後絞りでわずかに増加するにすぎなかった。前絞りの活性値が10mmol/min/ml以上の乳房炎乳汁では，搾乳の経過にともなって徐々に増加し，後絞りでピークに達するもの，前絞りと後絞りで高くて搾乳の中間では低いものなど，さまざまな変動パターンを示し，このパターンが複雑な乳房炎像を反映しているものと思われた（図9.3.2）。

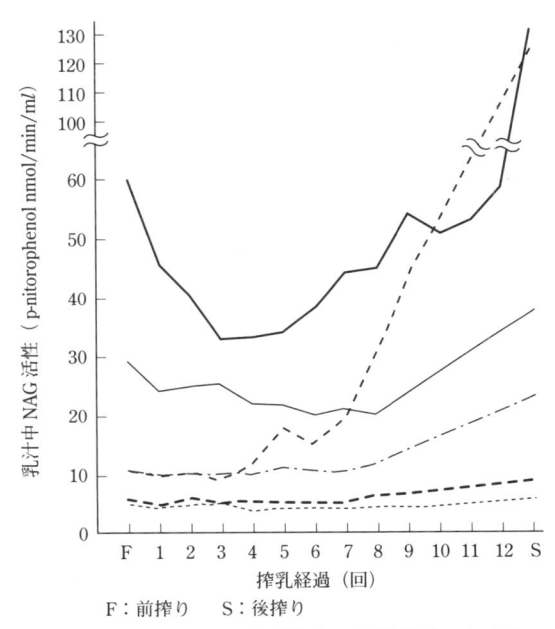

図9.3.2 健康牛と乳房炎感染牛の搾乳経過にともなう乳汁中NAG活性の変動

菌検索の結果は，Primary pathogenと考えられている*S. aureus*の感染分房中，搾乳の全課程から検出されたものは1例のみで2例は搾乳後期の乳汁から，1例は前絞り乳からのみ検出され，おそらく感染と発病の経過，病巣の位置などの違いを示しているものと思われる。これに対してSecondary pathogenの検出状況は一定の傾向が見られなかった。乳質の変動パターンと菌の消長とは関連性があり，感染と発病の経過に応じて変化しているものと思われる。

4．ウシ乳房炎におけるNAG測定の意義

ウシ乳房炎の診断は，動物側の疾病に対する反応，乳腺における乳汁の合成の減少，乳腺組織の損傷，血液浸透圧の亢進に関連して変化する種々の乳汁成

分について行われている。

小原（1988，1991）が注目したライソゾーム酵素は，生体組織細胞のライソゾーム中に含まれる加水分解酵素で，細胞内に取り込まれた細菌などの異物を分解する酵素として知られる。ライソゾーム酵素の一つであるNAGは，生体の炎症，繊維化と深いかかわりあいをもつことが知られている。NAGは細菌の細胞壁構成成分であるグルコサミノペプチドの中のNアセチルグルコサミンのグルコシド結合を切り，生体内に侵入してきた細菌を殺菌する一助をなしていると思われる。Obara（1984）の行った実験結果から，乳汁中NAG活性の測定は，乳房炎の炎症の度合を把握する意味で乳房炎診断上，重要な指標になるものと思われる（図9.3.3）。乳汁中のNAG活性を測定して乳房炎の診断に役立てる試みは，オーストラリア，フィンランド，日本で精力的に研究が行われ，マイクロプレートを用いた迅速定量法の開発し北欧を中心に使用されている。日本では，日産合成KKから改良された機器が発売されている。

Obara（1984）は，搾乳過程にともなうNAG活性，細胞数の変動パターン，細菌の動向を観察し，種々の変動パターンを示すことを明らかにし，さらに病理所見などからこの変動パターンは乳房炎の感染と発病の経過，病巣の位置などを反映して起こっているものと考察した。本観察は従来の乳房炎の一次元診断から二次元診断として乳房炎をとらえることができ，複雑な乳房炎の様相をより的確に把握できるものと期待される。

（小原嘉昭）

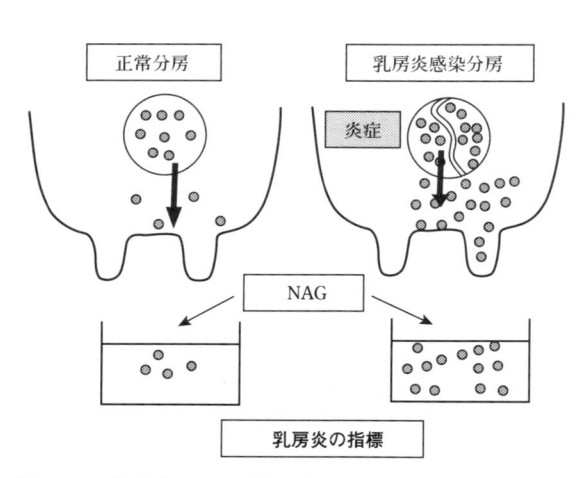

図9.3.3　乳汁中NAG活性測定による乳房炎診断の意義
　↓は乳腺細胞からのNAGの分泌を示す

第4節　乾乳期における乳房炎の診断・治療法の開発

　乳房炎の発症多発時期は乾乳導入前後と分娩前後であるが，分娩前後に発症するものの多くは乾乳期中の細菌感染に由来する。しかしながら，現状での乾乳期細菌感染および乳房炎の対策は，乾乳導入時に抗生物質軟膏を乳房内に注入するのみであり，発症がなければ分娩まで乳房に触れることは少ない。また，乾乳期における有効な診断方法は，発熱，食欲不振，乳房の腫張などの臨床症状によるもののみである。

　乳房内細菌感染では泌乳ステージをまたがる細菌の常在化により慢性乳房炎への移行を招く。特にS. aureusによる乳房炎では，慢性化しやすく，難治性の乳房炎となる場合が多い。山形，宮城両県における調査では，乳房炎の臨床症状が認められない乾乳牛の乳汁中から，そのステージによっては40〜80％の割合でS. aureusが検出された。このことは，これまでよりもより効果的な乾乳期乳房炎治療を施すことが急務であることを示している。すなわち，乾乳期乳房炎の早期発見のための新規診断法と，乾乳期に有効な治療法の開発を行うことが重要である。

　Komineら（2005，2006a，b，c）は，乳汁に含まれるタンパク質の一種であるラクトフェリン（Lf）に注目して，今まで臨床症状以外では診断が困難であった，乾乳期の乳汁を用いた乾乳期乳房炎の早期診断方法を検討した。さらに，黄色ブドウ球菌を起因菌とする，難治性の臨床型乳房炎に対する新規治療法を検討する研究を行った。

1. 乳房炎乳汁に増加するラクトフェリンの性状と生理的作用の解析

　乾乳期または乳房炎時には乳汁中ラクトフェリン濃度が上昇することが報告されている。しかしながら，増加したLfの働きと性状についてはほとんど報告されていない。そこで，乾乳期乳房炎乳汁中Lfの性状および生理作用を解析した（Komineら，2005）。

　その結果，健康乳汁ではレクチンの一種であるコンカナバリンA（Con A）

に対する親和性の高いLf（高Con A親和性Lf）のみが含まれ，乳房炎乳汁にはCon Aに対する親和性の低いLf（低Con A親和性Lf）が多く含まれ，高Con A親和性Lfとは異なる生化学的性状を示した．また，高Con A親和性Lfでは86，56kDaの分子群，低Con A親和性Lfでは，19，22，23，38kDaの分子群が認められた．

生理学的性状については，低Con A親和性Lfでは他のLfに比べ抗菌能と鉄結合能が低下し，脾臓接着細胞および末梢血単核球に対して炎症を惹起する作用，すなわち催炎性を有していた．低Con A親和性Lfの乳房内投与においては細胞浸潤ならびに炎症性サイトカインmRNA発現を誘導した（図9.4.1）．

以上より，乳房炎乳汁に多く含まれる低Con A親和性Lfは38kDa以下の分子群で，正常なLfで認められる抗菌活性および鉄結合能が低下し，各種細胞ならびに生体に対して催炎性を有していた．

2．Con A親和性ラクトフェリンの産生機構の解析

低Con A親和性Lfは38kDa以下の分子群に小分子化されていた．この一因としてプロテアーゼによる分解が予想される．プロテアーゼのうち，乳房炎乳汁での活性上昇，炎症時に浸潤してくる多形核白血球からの産生ならびにブドウ球菌からの産生が報告されているエラスターゼに着目し，低Con A親和性Lfの産生要因となっているかどうか検討した（Komineら，2006c）．

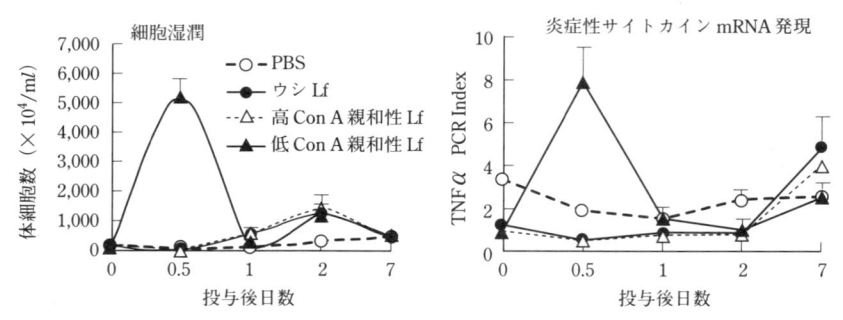

図9.4.1 Con A親和性の異なるLfの乳房内投与による細胞湿潤および炎症性サイトカインmRNA発現誘導の差異

その結果，ブドウ球菌性乳房炎乳汁に含まれる低Con A親和性Lfは黄色ブドウ球菌や多形核白血球から産生されるエラスターゼにより正常なLfが分解された結果生じたものである可能性が示唆された。また，低Con A親和性Lf，エラスターゼ処理Lfならびに合成ペプチドではNFκBの活性化に基づく炎症性サイトカインmRNA発現の増強が認められた。

3. 低Con A親和性ラクトフェリンを指標とした乾乳期乳房炎診断法

泌乳期乳房炎の診断基準の主なものは，臨床症状，乳汁中体細胞数，細菌数の3つである。このうち，乳汁中体細胞数は，28.3万個/ml以上（北海道NOSAI研修所）を乳房炎牛であると診断する。S. aureusは200個/ml以上の検出で黄色ブドウ球菌性乳房炎と診断される（NOSAI山形）。

しかしながら，乾乳導入期には生理的に体細胞数が急激に上昇して300万個/mlを超えることもあり，また，乾乳期に乳汁中細菌検査が行われることはまれであり，細菌数の明確な基準もなく，これら泌乳期での数値を乾乳期乳汁にそのまま当てはめることはできない。現行においては，臨床症状を中心に乾乳期乳房炎を診断している。そこで，乳汁中の低Con A親和性Lfを乾乳期の乳房炎診断の指標に応用することを検討した（Komineら，2005）。その結果，低Con A親和性Lf含有率が乾乳期のどの時期についても乳房炎症状に相関して有意に上昇した（図9.4.2）。

また，臨床上健康とみなされている分房乳について乳汁中低Con A親和性Lf含有率の高いもの（50％以上）と低いもの（50％未満）とに分類したところ，含有率の低いものでは1割の分娩後乳房炎発症率であったのに対して，高いものではその7割で分娩後に乳房炎を発症した）。また，乾乳期ブドウ球菌性乳房炎を治療後，治癒したものとしなかったものについて，乳汁中低Con A親和性Lf含有率の推移を調べたところ，治癒した分房では治療後3日目から含有率の有意な低下が認められ，7日目にはさらに含有率が低下した。以上の結果から，乾乳期乳汁中低Con A親和性Lf含有率は乳房炎の症状とよく相関し，治療経過および発症予測にも応用可能な診断マーカーとなり得る可能性が示唆された。

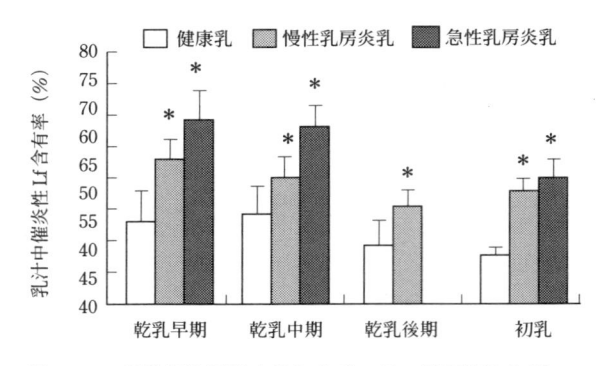

図 9.4.2 乾乳期乳房炎症状およびステージ別乳汁中催炎性 Lf 含有率

＊健康乳に対する有意差（p＜0.01）を示す

4. 乾乳期臨床型乳房炎に対するラクトフェリン・抗生物質の併用治療

　乳房炎の治療には抗生物質が広く用いられる。しかし，抗生物質を多用することにより耐性菌が出現する危険性を考え，Lfのような安全性が高い抗菌物質を乳房炎の治療に応用することが報告されている。そこで，抗生物質とLfを組み合わせて乾乳期乳房炎を治療することにより，抗生物質またはLf単剤での治療に比べて，より有効な治療効果が得られるか検討を行った（Komineら，2006b）。

　その結果，乾乳期臨床型黄色ブドウ球菌性乳房炎に対し，抗生物質・Lf併用治療群では，投与後7日目に80％近い分房で臨床症状が消失し，分娩後もほぼ同様の割合で正常乳汁の分泌が認められた。一方，単剤投与では治癒率約50％，分娩後正常乳汁分泌率は20～40％にとどまった（図9.4.3）。併用治療群では乳汁中低Con A親和性Lf含有率ならびにTNF-α mRNA発現の有意な低下が認められた。また，ウシ乳腺上皮株化細胞（BMEC）を用い，Lfの作用機構を解析したところ，低Con A親和性LfではTNF-α mRNAの発現とNFκBの活性化が認められたが，Lfとの共培養ではTNF-α mRNA発現の有意な低下，転写因子NFκB活性抑制が認められた。

　これらの結果から，乾乳期ブドウ球菌性臨床型乳房炎に対して抗生物質とLf

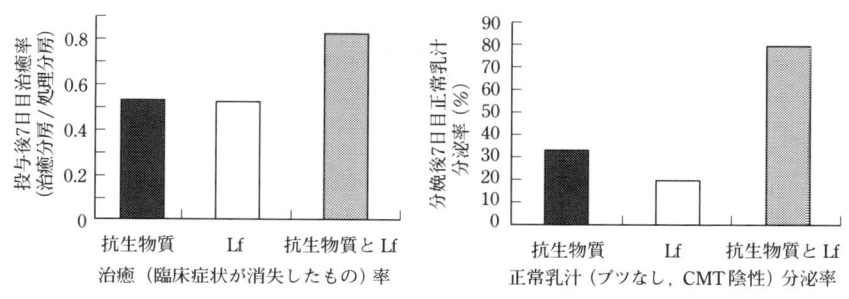

第9章 乳房炎への新たなアプローチ 289

図9.4.3 乾乳期黄色ブドウ球菌性臨床型乳房炎に対する抗生物質とLfの併用治療効果

とを併用して治療することにより，Lfもしくは抗生物質いずれの単剤治療群よりも，臨床症状の改善ならびに分娩後の再発率の点において優れた治療成績が得られた．

(小原嘉昭)

参考文献

第1節 ウシ乳房炎の診断と対策
第2節 化学発光を利用した乳房炎の診断・予察

1) Allen, R.C. and L.D. Loose (1976) Phagocytic activation of luminol-dependent chemiluminescence in rabbit alveolar and peritoneal macrophages. Biochem. Biophys. Res. Commun., 69: 245-252.
2) 安里 章 (1992) 牛乳汁におけるCMT変法，電気伝導度及び微生物学的検査所見の関連．家畜診療, 343: 41-44.
3) Craven, N. and M.R. Williams (1985) Defences of the bovine mammary gland against infection and prospects for their enhancement. Vet. Immun. Immunopath., 10: 71-127.
4) 金ヶ崎士朗・栗林 太 (1994) 好中球の殺菌能の生化学．臨床検査, 38: 401-407.
5) 中野 稔・松浦輝男・二木鋭雄 (1984) スーパーオキシドと疾病．スーパーオキシド．医菌薬出版．東京, 58-77.

6) 小原嘉昭 (1983) 乳房炎の診断：特に酵素について．臨床獣医, 1: 29-32.
7) Obara, Y. and M. Komatsu (1984) Relationship between N-acetyl-β-D-glucosaminidase activity and cell count, lactose, chloride, or lactoferrin in cow milk. J. Dairy Sci., 67: 1043-1046.
8) 大島正尚 (1983) 電気伝導度の利用による乳房炎の発見とその原理．臨床獣医, 1: 37-39.
9) 高橋秀之・松江登久・清水聖勝 (1999) 乳房炎診断装置．特許No.2995205.
10) Takahashi, H., T. Matsue and M. Shimizu (2001) Mastitis Diagnosing Apparatus. US Patent No.6297045.
11) Takahashi, H., M. Odai, K. Mitani, S, Arai, S. Inumaru and Y. Yokomizo (2001) Development of method for early diagnosis of mastitis in dairy cows by chemiluminescence. Japan Agric. Res. Quat., 35: 131-136.
12) 高橋秀之 (2004) 乳房炎の対策．進めよう！農場段階の新しい衛生対策：HACCP方式による乳用牛の管理．デイリーマン社．札幌, 78-83.
13) 高橋秀之 (2005) 貪食細胞の化学発光応用による乳房炎診断．獣医畜産新報, 58: 583-586.

第3節　乳房炎の炎症生化学的研究

1) Obara, Y. and M. Komatsu (1984) Relationship between N-acetyl-β-D-glucosaminidase activity and cell count, lactose or lactoferrin in cow milk. J. Dairy Sci., 67: 1043-1046.
2) Obara, Y. (1984) Diagnosis of bovine mastitis by determination of lysosomal enzyme activity in milk. Jap. Agri. Res. Quart., 18: 300-304.
3) Obara, Y., T. Nakano, T. Kume and M. Ooshima (1986) Mutual relationship between milk components and lysosomal enzymatic activity in abomasal milk. Jap. J. Vet. Sci., 45: 203-208.
4) 小原嘉昭 (1988) 乳汁中ライソゾーム酵素活性測定によるウシ乳房炎の診断．家畜生化学研究会報, 21: 26-39.
5) 小原嘉昭 (1991) 乳房炎の生化学的診断．家畜衛生試験場報告, 96, 429-432.

第4節　乾乳期における乳房炎の診断・治療法の開発

1) Komine, K., Y. Komine, T. Kuroishi, J. Kobayashi, Y. Obara and K. Kumagai (2005) Small molecule lactoferrin with an inflammatory effect but no apparent antiboacterial activity in mastitic mammary gland secretion. J. Vet. Med. Sci., 67: 667-677.
2) Komine, Y., K. Komine, T. Kuroishi, K. Kai, T. Kuroishi, M. Itagaki, Y. Obara and K. Kumagai (2006a) A new diagnostic indicator using Con A low-affinity Lf levels in mammary gland secretion in mastitic drying cows. J. Vet. Med. Sci., 68: 59-63.
3) Komine, Y., K. Komine, K. Kai, M. Itagaki, T. Kuroishi, H. Aso, Y. Obara and K. Kumagai (2006b) Effect of combination therapy with lactoferrin and antibiotics against staphylococcal mastitis on drying cows. J. Vet. Med. Sci., 68: 205-211.
4) Komine, Y., T. Kuroishi, J. Kobayashi, H. Aso, Y. Obara K. Kumagai, S. Sugawara and J.K. Komine (2006c) Inflammatory effect of cleaved bovine lactoferrin by elastase on staphylococcal mastitis. J. Vet. Med. Sci., 68: 715-723.

索 引

＜あ＞
あい気 ……………………………15, 38
アシドーシス ……………………208, 210
アスパラギン酸アミノトランスフェ
　　ラーゼ ……………………………252
アセチルコリン ……………………128
アセチル CoA ………………………179, 180
アセト酢酸 ……………………………124, 249
アセトン ……………………………124, 249
アディポカイン ……………………161
アポトーシス …………………18, 76, 162
アマニ油 ……………………………46
アミノ酸 ……………………………125
アミラーゼ …………………………128
アラキドン酸 ………………………155
アルギニン …………………………163
アルドステロン ……………………108
アルブミン ………………………76, 242
アンドロゲン ………………………116
アンモニア ………17, 42, 103, 110, 242

＜い＞
胃運動抑制 …………………………209
イオウ（S）…………………………47
イオノフォア ……………………40, 207
イオン輸送促進効果 ………………127
育成牛 ………………………………63
移行期飼料 …………………………238
維持エネルギー ……………………57
異常発酵 ……………………………108
異常風味 ……………………………51
異常プリオンタンパク質 ………17, 107
一側耳下腺唾液除去 ………………107
遺伝子組換えウシ GH ……………175
易発酵性炭水化物 ………18, 114, 239
イムノグロブリン …………………130
インスリン …100, 121, 125, 132, 160,
　　168, 175

インスリン感受性組織 ……………158
インスリン抵抗性 ……19, 59, 157, 159
インスリン非依存性 ………………162
インスリン分泌 ……………………129
インスリン様成長因子-I（IGF-I）…… 19,
　　100, 125, 134, 135, 141, 143, 155,
　　175, 185

＜う＞
ウシ GH 遺伝子 ……………………143
ウシ乳腺細胞 ………………………183
ウリジル酸（UMP）………………132
ウリジン ……………………………131

＜え＞
衛生的乳質 …………………………88
栄養状態 ……………………………146
栄養素配分調節 ……………………59
栄養素輸送体 ………………………102
エストロゲン ……………116, 118, 174
枝肉重量 ……………………………144
エネルギー出納試験 ………………62
エネルギー代謝 ……………………241
エネルギー蓄積量 …………………62
エネルギー要求量 …………56, 60, 66
エラスターゼ ………………………286
炎症性サイトカイン ………………239
炎症性組織反応 ……………………207
エンドサイトーシス ………………218
エンドトキシン（ET）………196, 239

＜お＞
黄色ブドウ球菌 …………258, 273, 281
黄体形成ホルモン（LH）…………116
オレイン酸 …………………………44
温室効果ガス ………………………78

＜か＞
回腸 …………………………………107
化学発光（CL）法 …………………275
核酸 …………………………………131

索 引

核酸関連物質 ……………………131
可消化エネルギー（DE）……………57
可消化タンパク質（DCP）……………64
可消化養分総量（TDN）……………59
下垂体（前葉）細胞 ………145, 146, 155
下垂体門脈（系）……………116, 149
粕類 ……………………………71
カゼイン ………………18, 183, 185
カチオン―アニオンバランス
　（DCAD）…………68, 221, 247
家畜共済統計 ……………204, 273
活性型ビタミンD₃ …217, 220, 222, 227
活性酸素 ……………………276
活性酸素放出能 ……………………276
活性卵白粉末（AEWP）……………262
カリウム（K）……………………46
カルシウム（Ca）…………47, 68, 242
カルシトニン ……………………220
環境因子 ……………………118
環境生理 ……………………11
環境負荷 …………………77, 83, 87
肝実質細胞 ……………………203
緩衝作用 ……………………27, 240
緩衝剤 ……………………50
乾乳期 ……………………76, 264, 285
乾乳期乳房炎 ……………285, 288
乾乳牛 ……………………159
肝膿瘍（症候群）………194, 207, 208
乾物（DM）……………………44
乾物摂取量（DMI）……68, 69, 80, 89,
　237, 235, 238, 241, 245
ガン抑制効果 ……………………130
＜き＞
気温の日較差 ……………………91
キシラナーゼ ……………………34
キシラン ……………………29
揮発性脂肪酸（VFA）…15, 36, 98, 103,
　107, 120, 122, 126, 127, 128, 145,
　150, 151, 154, 163, 229, 230, 239,
　248, 249, 268

ギャバ（GABA, γ-アミノ酪酸）………43
給餌回数 ……………………178
求心性自律神経系 ……………152
急性蹄葉炎 ……………………209
共役リノール酸（CLA）…………45, 93
虚血性麻痺 ……………………244
起立不能（症）……………68, 217
近赤外分光法（NIRS）……………72
＜く＞
空腸 ……………………103, 107
クッパー細胞 ……………201, 239
グラステタニー …215, 228, 230, 231
グラム陰性菌 ……………198, 239
グリセロール ……………251, 255
グルカゴン ……………160, 163
グルカン鎖 ……………………33
グルコース …102, 120, 121, 132, 133,
　147, 163
グルコース・カイネティクス …………156
グルコースの代謝量 ……………157
グルココルチコイド ……………167, 173
グレリン ……………………143, 159
クロール ……………………281
＜け＞
血液成分分析 ……………………75
血液（清）尿素（BUN）…………74, 113
血液pH ……………………193, 216
血漿代謝産物 ……………………99
げっ歯類 ……………………175
結石 ……………………210, 211
血清セレニウム（Se）………………260
血清Mg濃度 ……………………231
血中インスリン ……………………147
血中Ca濃度 ……………216, 218
結腸 ……………………127
血糖（GLU）………242, 251, 252
血流量 ……………………176
ケトーシス ………………11, 249, 267
ケトン体 ……………………99, 124
ケミカルメディエーター ……………196

ケラチン ……………………………………99
嫌気度 ………………………………………26
顕熱放散量 …………………………………90
<こ>
高 Con A 親和性 Lf ……………………286
抗酸化活性 …………………………………51
子ウシ ………………………………………16
恒常性 ………………………………………11
甲状腺刺激ホルモン（TSH）…………166
甲状腺刺激ホルモン放出ホルモン
　　（TRH）……………………………166
甲状腺ホルモン ……………163，169，173
抗生物質 …………………………………288
構造脂質 ……………………………………44
好中球 ……………………………………276
好中球NBT還元能 ……………262，265
好中球機能 ………………………257，259
後腸発酵動物 ……………………………126
高泌乳牛（スーパーカウ）………58，215
酵母発酵培養物 ……………………………52
コエンザイム A（CoA）…………………37
穀物飽食性疾患 …………………………196
穀類性鼓脹症（フィードロット
　鼓脹症）………………………………208
固形性飼料固着菌群 ………………………31
古細菌（アーケア）…………………38，79
個体乳 ……………………………………280
骨液コンパートメント境界膜 …………221
骨芽細胞 …………………………………222
骨吸収 ……………………………224，225
骨形態調節系 ……………………………222
骨代謝 ……………………………………233
コネキシン …………………………19，185
コバルト（Co）……………………………47
コラーゲン I ……………………………185
コラーゲン IV …………………………185
コリネバクテリウム・ボビス …………258
コリン作動性神経 ………………………152
コルチゾール ………135，148，160，167，
　　168，169

コレシストキニン（CCK）………17，105
コンカナバリン A（Con A）……259，285
混合飼料（TMR）…………………………66
<さ>
サージ状分泌 ……………………………117
サーモダイリューション ………………177
細菌 …………………………………………28
細菌感染 …………………………………277
細菌検査 …………………………………265
細菌数 ………………………………88，287
サイクリック AMP …129，143，154，223
サイクロデキストリン ……………………40
採食 ………………………………………150
サイトカイン …131，160，196，201，204
細胞外マトリックス（ECM）……19，185
細胞数 ……………………………281，282
細胞内 Ca イオン濃度 …………………182
細胞壁毒素 ………………………………196
サイロキシン（T_4）……………………166
酢酸 ………………37，99，108，109，191
酢酸とプロピオン酸の比率（A/P比）
　　………………………………………192
搾乳 ………………………………282，284
搾乳量 ………………………………………55
産褥性子宮炎 ……………………261，268
産褥熱 ……………………………250，257，258
酸性アミノ酸 ……………………………146
酸性デタージェント繊維（ADF）………34
<し>
シアル酸 …………………………………207
耳下腺神経 ………………………………109
耳下腺唾液分泌 …………107，109，110
自給粗飼料 …………………………………60
脂質分解菌 …………………………………44
視床下部 …………………………………158
視床下部―下垂体―性腺軸 ……………116
疾病管理プログラム ……………………267
シバヤギ …………………………………120
脂肪肝 ……………………………249，250
脂肪細胞 …………………………………134

脂肪酸 …………………102, 179, 183
脂肪酸カルシウム ………………46, 81
脂肪酸の不飽和度 …………………81
脂肪質飼料 ………………………90, 91
脂肪組織 ……………………160, 175
脂肪蓄積 ………………………63, 133
脂肪分解作用 ……………………149
収穫量逓減の法則 …………………58
周産期感染症 ……………………260
周産期疾病 ……237, 248, 258, 266, 268
重炭酸 ………………………………27
重炭酸ソーダ ……………17, 107, 192
十二指腸 …………………………103
絨毛 …………………………………98
絨毛発育刺激効果 ………………127
腫瘍壊死因子（TNF-α） ………135
循環型飼養技術体系 ………………86
循環血液量 ………………………224
消化管の発育 ……………………127
消化促進効果 ……………………128
飼養管理 …………………………239
飼養管理技術 ……………………268
飼養管理プログラム ……………267
硝酸塩 ………………………………41
上皮小体ホルモン（PTH） ……220
上皮小体ホルモン関連タンパク質 ……224
正味エネルギー（NE） ……………57
初回授精受胎率 …………………115
食品残さ ……………………………70
食品製造副産物 ………………70, 87
食品リサイクル法 …………………70
ショ糖注入 ………………………206
初乳 ………………………………131
暑熱ストレス ………………19, 91, 163
暑熱ストレス反応の指標 ………168
暑熱対策 …………………88, 90, 91
暑熱暴露 …………………………163
飼料生産基盤 ………………………87
飼料成分分析 ………………………75
飼料摂取量 …………………………83

飼料タンパク質 ……………41, 61, 64
真菌 …………………………………28
人工気象室（ズートロン） ……19, 163
心疾患 ……………………………217
心循環機能 ………………………226
新生子ウシ ………………………132
腎臓 ………………………………222
腎臓での再吸収 …………………225
浸透圧 ………………………………28
<す>
膵外分泌刺激 ……………………128
膵外分泌腺 ………………………129
ステアリン酸 ………………………45
ストレス反応 ……………………148
ストレス負荷試験 ………………133
<せ>
生産エネルギー ……………………57
生産病 ………………………190, 218
性腺刺激ホルモン ………………115
性腺刺激ホルモン放出ホルモン
 （GnRH） ………………………116
精巣ホルモン（アンドロゲン） ……116
成長ホルモン（GH） ………18, 100, 129,
 135, 141, 155, 163, 165, 169, 174,
 175, 180, 181, 182, 183, 185
成長ホルモン（GH）の遺伝子型 ……143
成長ホルモン放出ホルモン（GHRH）…129,
 141, 144, 155, 159, 165
成長ホルモン抑制因子（GIF, ソマト
 スタチン） ………………155, 165
精密栄養管理技術 …………………72
精密飼養管理技術 …………………74
精密農業 ……………………………74
赤外分析計（ミルコスキャン） ……73
セルラーゼ …………………………34
セルロース …………………18, 33, 34
セルロース分解菌 ……………29, 31
セルロソーム（セルラーゼ複合体）……34
セロオリゴ糖（セロビオース）……34, 52
繊維消化 ……………………………51

前胃発酵動物 …………………………126
潜在性ケトーシス …………249, 253, 255
潜在性乳房炎 …258, 265, 273, 278, 282
潜在性ルーメンアシドーシス …………239
潜熱放散量 ………………………………89
全毛類 ……………………………………30
<そ>
総エネルギー（GE）……………………56
総コレステロール ………………74, 242
増光剤 …………………………………278
増乳効果 …………………………174, 180
粗飼料摂取量 ……………………………91
粗繊維含量 ……………………………191
粗タンパク質（CP）………………42, 64
ソマトスタチン ………………………142
ソマトトロピン軸（somatotropicaxis）
　…………………76, 141, 150, 155, 175
ソマトトロフ（GH分泌細胞）…141, 153
<た>
第一胃炎 …………………………194, 207
第一胃不全角化症 ………………194, 207
体細胞（数）……88, 265, 274, 277, 287
第三胃 ……………………………………98
代謝エネルギー（ME）…………………57
代謝回転速度 ……………………17, 100
代謝機能 …………………………………98
代謝性ホルモン …………………………99
代謝タンパク質（MP）…………41, 64, 86
代謝プロファイルテスト …75, 238, 241, 242
大豆油 ………………………………46, 93
第二胃 ……………………………………98
胎盤停滞 …………………………257, 258
第四胃 ……………………………………98
第四胃アトニー …………………209, 245
第四胃右方変位（捻転）………………245
第四胃左方変位 ………………………245
第四胃平滑筋運動 ……………………201
第四胃変位 …201, 208, 209, 240, 245, 250, 268

ダウナー症候群 …………………243, 244
唾液 …………………………………17, 192
唾液腺（耳下腺）………………………103
唾液分泌 …………………………………17
多型核白血球 …………………………280
多ニューロン発火活動（MUA）………119
多発性膿瘍 ……………………………207
多量ミネラル ……………………………46
短鎖脂肪酸（SCFA）…………………126
炭酸イオン ………………………103, 108
炭酸脱水酵素（CA）……………17, 103
炭酸脱水酵素アイソザイム …………186
タンパク質代謝 ………………………241
タンパク質の輸送体 …………………102
タンパク質要求量 …………………63, 66
<ち>
地球温暖化 ………………………………77
地球温暖化指数 …………………………78
畜産環境問題 ……………………………18
窒素代謝 ………………………………100
窒素代謝のカイネティクス ……………18
窒素蓄積量 ………………………………68
窒素排泄量 ……………………………115
窒素排泄量低減 ……………………83, 84, 86
茶葉給与 …………………………………51
中性脂肪 ………………………………249
中性デタージェント繊維（NDF）…35, 71
腸管免疫 ………………………………133
長鎖脂肪酸 ………………………………44
長鎖脂肪酸受容体（GPR40）……154, 184
貯蔵脂質 …………………………………44
貯蔵多糖類 ………………………………37
<つ>
通過速度 ……………………………64, 81
通性嫌気性菌 ……………………………26
<て>
低栄養情報 ………………………120, 125
低カルシウム（Ca）血症 ……215, 216, 220, 226, 230, 243, 247
低級脂肪酸 ……………………………142

索 引

低 Con A 親和性ラクトフェリン
　（Lf） ················286，287
低脂肪乳 ···························93
蹄先部第3指骨 ···············209
ディッピング ····················268
蹄病 ································268
低マグネシウム（Mg）血症 ···228，230，
　231，232
低 Mg 牧草 ······················232
蹄葉炎 ······················209，240
デキサメサゾン ················134
鉄（Fe） ···························47
電気伝導度（法） ······274，282
デンプン分解菌 ··················31
＜と＞
銅（Cu） ···························47
同位元素希釈法 ······100，114，157，178
同化的代謝作用 ················129
動静脈差法 ···········176，177，178
糖新生 ····························114
糖新生の律速酵素 ··············101
糖代謝 ····························100
トランス脂肪酸 ··················93
トランスバクセン酸 ······45，46
トリヨードサイロニン（T$_3$） ······166
トレオニン ·······················84
貪食細胞 ········274，276，278，280
＜な＞
ナイアシン（ニコチン酸） ······48
内分泌制御 ··················11，14
ナトリウム（Na） ···············46
＜に＞
二価イオン（Ca と Mg） ·········215，233
日本型酪農業 ····················269
日本飼養標準 ·······60，61，63，69
乳牛飼養技術 ·····················76
乳酸 ··············125，205，206，242
乳酸菌（群） ·····················29
乳酸産生 ··························192
乳酸産生（グラム陽性）菌 ···198，205

乳脂補正乳（FCM）量 ········39，82，89
乳脂率 ··············61，70，88，91，92
乳汁化学発光（能，MCL） ······277，278
乳汁中ライソゾーム酵素活性 ········280
乳生産 ····························163
乳生産制御技術 ···················76
乳成分率 ···························91
乳腺 ································158
乳腺（上皮）細胞 ···18，175，180，181，
　185，186
乳腺上皮株化細胞 ················288
乳腺組織 ··············161，179，281
乳タンパク質 ······61，70，88，91，92
乳糖 ································281
乳糖合成 ···························177
乳熱（分娩性低 Ca 血症） ···215，216，
　243，244，267
乳房炎 ··············20，258，261，268，273
乳房炎コントロール ·············264
乳房還流 ···························176
乳房血流量 ···············177，227
乳量 ································177
尿細管 ····························222
尿石症 ····························210
尿素 ··············110，112，113，242
尿素サイクル酵素 ···············101
尿素再循環機構 ·······18，112，113，115
尿素再循環量 ················17，101
尿素代謝回転速度 ···············113
尿中尿素成分 ·····················74
尿中尿素排泄量 ··················113
＜ね＞
熱増加 ·······························57
熱発生量（HP） ····················56
＜の＞
濃厚飼料 ··························240
濃厚飼料多給 ···19，55，178，190，192，
　199，210
＜は＞
肺循環血流量 ····················226

バイパスアミノ酸 ……25, 43, 83, 84
バイパスタンパク質 ……………41, 84
破骨細胞……………………………222
バソプレッシン ……………129, 142
発酵パターン ………………50, 190
ハプトグロビン……………………203
パラレルミルキングパーラ ………278
パルス状分泌………………………117
パルミチン酸 ………………………45
繁殖機能 ……………118, 120, 123
繁殖制御中枢 ………………120, 122
反芻回数……………………………192
反芻動物……………………………175

<ひ>
非構造性炭水化物 …………………71
ヒスタミン …………………193, 210
微生物生態系 ………………………28
微生物増殖抑制効果 ……………126
微生物タンパク質（MCP）…18, 41, 114
微生物発酵 …………………………98
非繊維性炭水化物（NFC）………71
ビタミン ……………………48, 275
ビタミンE …………………………49
ビタミンA …………………………49
ビタミンA欠乏症 ………………205
ビタミンC …………………………49
ビタミンD …………………49, 267
ビタミンB_1（チアミン）………48
ビタミンB_{12} ……………………49
ビタミンB_2（リボフラビン，VB_2）…48, 265
ビタミンB_6 ………………………48
非タンパク態窒素（NPN）…18, 41, 64, 112
ヒドロゲノソーム …………………26
泌乳 …………………161, 173, 174
泌乳牛 ………………………158, 159
泌乳牛用飼料 ………………60, 239
泌乳曲線 ……………………………76
泌乳初期……………………………116
泌乳持続性 …………………………76
泌乳生理 ……………………………11
泌乳中・後期 ……………………157
泌乳量 ……………………………144
非必須アミノ酸（NEAA）………146
非分解性タンパク質（CPu）…61, 65, 85
ピペコリン酸 ………………………43
肥満牛症候群 ……………………204
病傷および死亡・廃用事故 ……235
微量ミネラル ………………………46
貧毛類 ………………………………30

<ふ>
フィードロット鼓脹症 ……194, 208
フォレージテスト …………………72
副腎皮質刺激ホルモン（ACTH）……129, 142, 148, 155
副腎皮質ホルモン ………………163
負のエネルギーバランス（NEB）……116, 120, 235, 245, 248, 251
不飽和脂肪酸 ………………………93
フマル酸 ……………………………40
ブリード法 ………………………274
プリモクリン ……………………173
プロゲステロン ……………116, 174
プロテアーゼ ……………………286
プロテイン・キナーゼ ……………154
プロトゾア ……26, 28, 35, 42, 43, 191
プロトゾア固着菌群 ………………31
プロバイオティクス ………………52
プロピオン酸 …18, 37, 108, 109, 114, 191
プロピレングリコール……………251
プロラクチン ……………………173
分解性タンパク質（CPd）……65, 85
糞尿排泄量 …………………………83
糞尿由来窒素排泄量 ………………82
分娩麻痺 …………………………216

<へ>
米国NRC飼養標準 …………50, 65
ヘキサナール ………………………51

ペクチン ……………………30, 35
ヘマトクリット ……………………75
ヘミセルロース ……………………35
偏性嫌気性菌 ………………………26
〈ほ〉
包接ブロモクロロメタン（BCM-CD）…40
放牧鼓脹症……………………………208
泡沫性鼓脹症…………………………208
ホースラディッシュペルオキシ
　ダーゼ（HRP）……………17, 107
ボディコンディションスコア
　（BCS）………………75, 238, 241
哺乳子ウシ…………………………159
ホメオレシス ………………69, 161, 165
ポリミキシンB……………………202
〈ま〉
マグネシウム（Mg）………………47, 229
マクロファージ（Mφ）…135, 201, 276, 280
末梢血のアンモニア濃度……………110
マメ科牧草性鼓脹症…………………208
慢性蹄病炎……………………………210
慢性乳房炎……………………………285
〈み〉
ミルキングパーラ……………………278
ミルク給与……………………………147
〈む〉
無機質代謝……………………………241
無脂固形分（SNF）率………61, 92
無乳性連鎖球菌………………………258
〈め〉
迷走神経………………………………109
メタン（CH₄）………………………38
メタン菌…………………………31, 38, 79
メタンの生成…………………………38, 39
メタン発生量…………………77, 79, 80, 81
メタン抑制効果………………………81
メチオニン…………………………42, 84
メルカプト酢酸………………………124
免疫機能低下…………………………257

免疫グロブリン……………………130, 134
免疫増強剤……………………………275
免疫抵抗性……………………………275
免疫賦活物質…………………………262
〈も〉
盲腸……………………………………127
モニタリング技術……………………75
モノカルボン酸輸送担体……………125
モリブデン（Mo）……………………47
〈ゆ〉
ユーグリセミック・インスリンクラ
　ンプ法…………………………19, 156
遊離アミノ酸…………………………41
遊離エンドトキシン…………………196
遊離型菌群……………………………30
遊離脂肪酸（NEFA）……123, 133, 135, 242, 251, 252, 253
遊離脂肪酸受容体……………………19
〈ら〉
ライソゾーム…………………………280
ライソゾーム酵素……………………284
酪酸…37, 98, 108, 109, 153, 163, 191
酪酸塩…………………………………127
ラクトジェニックホルモン……180, 181
ラクトフェリン（Lf）……………285, 288
ラミニン………………………………185
卵巣ホルモン…………………………116
卵胞刺激ホルモン（FSH）…………116
〈り〉
リードフィーディング………………66
リグニン………………………………34
リグノセルロース………………33, 79
リジン……………………………42, 84
離乳…………………16, 144, 145, 154
リノール酸………………………44, 93
リノレン酸……………………………44
リポタンパク質………………………132
良質粗飼料……………………………69
リン（P）………………………………46
リン酸…………………………………27

リン酸アンモニウムMg ……………230
リン酸マグネシウム塩……………210
リン脂質 ……………………………74
臨床型ケトーシス ……………250, 255
臨床型乳房炎 …250, 258, 265, 273, 282
リンパ球幼若化能（SI値）……257, 259, 260, 262, 265

＜る＞
ルーメン ……………………11, 25, 98
ルーメンアシドーシス …194, 205, 206, 238, 239
ルーメン運動 ……………110, 192, 201
ルーメン液…………………………239
ルーメン液の浸透圧 ………………28
ルーメン機能………98, 190, 231, 268
ルーメンコンディション ……248, 266
ルーメン上皮固着菌群 ………………31
ルーメン内（液）アンモニア …114, 229
ルーメン内の温度 ……………………28
ルーメンの恒常性 …………………268
ルーメン発酵 ……………17, 107, 190
ルーメン非分解性（バイパス）タンパク質 ……………………25, 41
ルーメン微生物（叢）………11, 27, 238
ルーメン微生物生態系 ……………28
ルーメン（液）pH ………27, 50, 229
ルミノロジー………………1, 11, 15

＜れ＞
レジスチン …………………………161
レプチン…17, 105, 106, 133, 142, 145, 184
レプチン遺伝子 …………………145, 185
連鎖球菌 ……………………………29
連続発酵槽 …………………………11

＜ろ＞
ロタウイルス特異IgG抗体 ………133

＜英数字＞
1, 25 (OH)$_2$D$_3$ ………………247
^{15}N-尿素 ………………………112

2-デオキシグルコース（2DG）………121
ATP ……………………………181, 182
ATP-クエン酸解裂酵素……………179
AVP（アルギニ・バソプレッシン）…148
B. subtilis 菌体粉末 ………………263
BCM-CD ……………………………40
BSE …………………………………211
Ca剤 ………………………226, 247, 267
Caの吸収 …………………………218
Caの再吸収量 ……………………222
Caポンプ …………………………218
Ca輸送関連タンパク質 ……………218
CCKレセプター ………………105, 106
CD36 ……………………17, 19, 103, 184
Cl$^-$ ………………………………103
CMT変法 ……………………274, 278
Con A 親和性 Lf ……………………287
CRH …………………………………155
de novo 合成………………………44
ESE剤 ………………………………262
GHRHアナログ ……………………156
GHSファミリー ……………………143
GH遺伝子第5エキソン ……………143
GH分泌 ………………………144, 146
GH分泌刺激ペプチド（GHRP）…143, 144
GH分泌抑制効果 …………………153
GLUT1 ………………………161, 162
GnRHの分泌様式 …………………117
GnRHパルス ………………………117
GnRHパルスジェネレーター …118, 119, 120, 123, 125
GPR120 ……………………………124
GPR40 ……………………………124
Gタンパク共役型受容体 …123, 129, 154
HCO$_3^-$ …………………………103
HPA axis（視床下部-下垂体-副腎軸）
……………………………………148
IGF-I受容体 ………………………134
IL-1 …………………………131, 202, 203
IL-6 …………………………131, 202, 203

LPS	135
MADP-リンゴ酸脱水素酵素	179
MUAボレー	119, 120
N-acetyl-β-D-glucosaminidase (NAG)	21, 281, 282
NAG活性測定法	274
Na/K比	108
NBT還元能	263
NEB	241, 251
NFκB	287, 288
paracellin-1	232
pH	27, 103, 190
PKC	223
PTH	222, 223, 227
PTH/PTHrP受容体	224
PTHrP	224
Rumeno-pituitary (ルーメン-下垂体) 軸	150
S. aureus	20, 283, 285, 287
S. bovis	208
SGLT1	17
SOD活性	133
tightjunctionタンパク質	232
TNF-α	131, 202, 203, 288
TNF-γ	131
UCP2	19
UV法	241
veal calf	147
VFA受容体	128
VFA組成	191
α-グルカン	38
α-リノレン酸	93
β-ヒドロキシ酪酸 (HBA)	99, 124, 179, 180, 249, 253
γグルタミルトランスペプチダーゼ (GGT)	252

【編　者】

小原嘉昭（おばら　よしあき）

略　　歴　1942年岩手県大船渡市に生まれる。1966年東北大学農学部畜産学科卒業，1971年東北大学農学研究科博士課程修了（農学博士）。農林水産省家畜衛生試験場，農林水産省畜産試験場生理第一研究室長・飼養技術部長・生理部長などを経て，1998年東北大学大学院農学研究科教授（動物生理科学分野担当）。2005年中華人民共和国揚州大学客員教授。2006年東北大学を定年退職。現在，明治飼糧株式会社研究顧問，麻布大学客員教授。

受賞歴　日本畜産学会賞「反芻家畜における尿素の生理学的意義とその再循環機構に関する研究」（1981年），森永奉仕会賞「泌乳牛における乳量増加と暑熱ストレスに対する内分泌機構」（2001年），日本農学賞，読売農学賞「乳牛の代謝・泌乳特性の解明と酪農生産技術開発への応用に関する栄養生理的研究」（2006年）

留学歴　ニュージーランド国立科学工業省応用生化学局（1986～1987年1年間），英国ニューキャッスル大学農芸化学科（1991，1993年各3カ月）

【執筆者】

板橋久雄	東京農工大学農学部
大蔵　聡	農業生物資源研究所
岡村裕昭	農業生物資源研究所
小原嘉昭	明治飼糧株式会社
加藤和雄	東北大学大学院農学研究科
佐藤　繁	宮城県農業共済連県南家畜診療センター
高橋秀之	動物衛生研究所
寺田文典	畜産草地研究所
内藤善久	岩手大学農学部
元井葭子	農業生物資源研究所

ルミノロジーの基礎と応用
―高泌乳牛の栄養生理と疾病対策―

2006年9月30日　第1刷発行

編者　小　原　嘉　昭

発行所　社団法人　農山漁村文化協会
郵便番号　107-8668　東京都港区赤坂7丁目6－1
電話　03(3585)1141(営業)　03(3585)1147(編集)
FAX　03(3589)1387　　振替　00120-3-144478
URL　http://www.ruralnet.or.jp/

ISBN4-540-06140-2　　　制作／(株)新制作社
〈検印廃止〉　　　　　　印刷／藤原印刷(株)
©小原嘉昭 2006　　　　製本／(株)石津製本所
Printed in Japan　　　　定価はカバーに表示
乱丁・落丁本はお取り替えいたします。

―――――――――― 農文協・図書案内 ――――――――――

反芻動物の栄養生理学
　　　　　　　佐々木康之監修・小原嘉昭編　　A5判 400頁 5,900円

新ルーメンの世界――微生物生態と代謝制御――
　　　　　　　小野寺良次監修・板橋久雄編　　A5判 632頁 8,250円

生産獣医療システム　乳牛編　①〜③
　　　　　全国家畜畜産物衛生指導協会編　A4判 188〜336頁 揃価 11,600円

生産獣医療システム　肉牛編
　　　　　　　全国家畜畜産物衛生指導協会編　A4判 266頁 3,900円

農学基礎セミナー 家畜飼育の基礎知識
　　　　　　　　　　　　大森昭一朗他著　A5判 394頁 1,800円

マイペース酪農――風土に生かされた適正規模の実現――
　　　　　　　　　　　　　三友盛行著　B6判 232頁 1,800円

肉質タイプ 系統牛を飼いこなす
　　　　　　　　　　　　　太田垣 進著　B6判 186頁 1,530円

和牛のノシバ放牧――在来草・牛力活用で日本的畜産――
　　　　　　　　　　　　上田孝道著　A5判 150頁 1,800円

家畜のお灸と民間療法
　　　　　　　　　保坂虎重・白水完児他著　A5判 128頁 1,890円

日本とEUの有機畜産――ファームアニマルウェルフェアの実際――
　　　　　　　　　　　　松木洋一他編著　B6判 308頁 2,200円

畜産環境対策大事典 第2版――家畜糞尿の処理と利用――
　　　　　　　　　　　　　農文協編　B5判 944頁 15,000円

そだててあそぼう
乳牛の絵本／肉牛の絵本／ヒツジの絵本／ヤギの絵本
　　　　　　　　　　各巻とも　農文協編　AB判 36頁 1,890円

（価格は税込。改定の場合もございます。）